"十三五"江苏省高等学校重点教材

编号：2016-2-125

新型环保涂料生产技术

仓 理　　徐翠香　主编

U0209883

化学工业出版社

·北京·

内 容 提 要

　　本书精选典型的环保涂料生产、涂装、检测等内容编写而成，共分五章。第一章总述了新型环保涂料的发展趋势和基础知识，对当前绿色环保涂料的品种做了较为详细的介绍。第二章到第五章，分别介绍了水性涂料、高固体分涂料、粉末涂料、光固化涂料四种典型的符合当下绿色环保概念的涂料的配方设计、生产方法以及性能测试方法等。

　　本书可作为高职高专院校化工类、材料类及相关专业的教材，也可作为建筑类、环境类专业的选修教材，还可供涂料生产、开发人员和涂料施工技术人员参考。

图书在版编目（CIP）数据

新型环保涂料生产技术/仓理，徐翠香主编. —北京：化学工业出版社，2019.11（2025.1重印）
ISBN 978-7-122-36017-5

Ⅰ.①新… Ⅱ.①仓…②徐… Ⅲ.①涂料-生产工艺-无污染技术-教材 Ⅳ.①TQ630.6

中国版本图书馆 CIP 数据核字（2019）第 283547 号

责任编辑：张双进　蔡洪伟　提　岩　　　　　文字编辑：刘永静
责任校对：王佳伟　　　　　　　　　　　　　装帧设计：王晓宇

出版发行：化学工业出版社（北京市东城区青年湖南街 13 号　邮政编码 100011）
印　　装：北京科印技术咨询服务有限公司数码印刷分部
787mm×1092mm　1/16　印张 14½　字数 368 千字　　2025 年 1 月北京第 1 版第 3 次印刷

购书咨询：010-64518888　　　　　　　　　　售后服务：010-64518899
网　　址：http://www.cip.com.cn
凡购买本书，如有缺损质量问题，本社销售中心负责调换。

定　　价：　45.00 元

前言

涂料行业是一个为国民经济多个行业起到服务和配套重要作用的行业。涂料广泛应用于国民经济的各个领域，如机械制造、交通运输、轻工、化工、建筑以及国防尖端工业，对金属、混凝土和木材等底材起着保护和装饰的作用，是无处不在且不可或缺的功能材料。由于城市化进程的不断加快以及人们对生活品质要求的不断提升，涂料在人们日常生活中的地位越来越重要，其应用范围和使用量也逐年扩大。然而，传统涂料在给人们带来美观的装饰的同时，对环境的影响也逐渐引起了人们的重视。

涂料行业目前已经被确认是大气污染的主要来源之一。通常情况下，传统涂料的制取采用有机物作为溶剂，在涂料的生产、加工以及使用过程中会释放出大量的挥发性有机化合物（VOCs）以及各种重金属离子，这无疑会给人们的身体健康和环境带来很大的危害。因此，近年来污染低或无污染、施工条件简单和资源及能源消耗低的环保涂料越来越受到人们的重视，成为涂料工业发展的主要方向。2015年以来，行业标准纷纷出台。2015年1月1日，"史上最严"环保法正式实施，对于涂料企业来说，只有进行升级改造，生产环保涂料才是出路。作为职业教育工作者，肩负着培养技术、技能人才的任务，本教材的编写宗旨是以新型环保涂料为载体，通过项目实施，培养学生责任关怀、勇于创新的意识，养成按章作业、文明生产、清洁生产、勇于开拓、勇于创新的良好习惯。因此，本书在原《涂料工艺》教材的基础上，增强实践性，以新型环保涂料为载体，更新涂料生产工艺、性能测试手段与方法，培养学生掌握与就业岗位"零距离"对接的实际动手操作能力，同时有利于理论知识学习的直观化。

本书由南京科技职业学院仓理、徐翠香担任主编，具体编写分工如下：第一章由南京科技职业学院陈腊梅编写；第二章由徐翠香编写；第三章由南京科技职业学院胡瑾编写；第四章由南京科技职业学院都宏霞编写；第五章由南京科技职业学院杭磊编写。全书由仓理、徐翠香统稿、校对。

本书在编写过程中参考了国内外一些成熟理论和最新的科技文献资料，在此向这些作者深表敬意！由于编者水平所限，书中不足之处在所难免，敬请广大读者批评指正。

编者
2019年9月

目录

第一章　新型环保涂料的认识

第一节　新型环保涂料的发展趋势 ———————————————————————— 001
一、涂料行业的发展趋势 ———————————————————————————— 002
二、涂料的发展趋势——绿色环保涂料 ———————————————————— 003
第二节　新型环保涂料的基础知识 ———————————————————————— 004
一、广泛应用的涂料 —————————————————————————————— 004
二、涂料的组成和分类 ———————————————————————————— 005
三、环保涂料 ————————————————————————————————— 007

第二章　水性涂料的生产及检验

第一节　乳液的合成 —————————————————————————————— 015
一、乳液聚合一般介绍 ———————————————————————————— 015
二、丙烯酸树脂涂料 —————————————————————————————— 021
第二节　水性涂料的复配 ———————————————————————————— 026
一、涂料的结构组成概述 ——————————————————————————— 026
二、次要成膜物质的组成、特性及其作用 ———————————————————— 027
第三节　水性涂料的施工 ———————————————————————————— 043
一、涂料施工概论 ——————————————————————————————— 043
二、涂料的施工过程 —————————————————————————————— 069
第四节　水性涂料的性能测试 —————————————————————————— 071
一、涂料的原漆性能检测 ——————————————————————————— 072
二、涂料的施工性能检测 ——————————————————————————— 074
三、涂膜性能检测 ——————————————————————————————— 076

第三章　高固体分涂料的生产及检验

第一节　高固体分涂料的配方设计 ———————————————————————— 082
一、高固体分涂料的特点 ——————————————————————————— 083
二、高固体分涂料的一般制备途径 ——————————————————————— 083
三、高固体分涂料的配方设计 ————————————————————————— 086
第二节　高固体分醇酸树脂的制备 ———————————————————————— 094
一、高固体分醇酸树脂概述 —————————————————————————— 094
二、低黏度醇酸树脂的合成 —————————————————————————— 095
三、添加活性稀释剂提高固体分 ———————————————————————— 097
四、高固体分醇酸树脂涂料的固化成膜 ————————————————————— 102

第三节　高固体分丙烯酸涂料的制备 ⸺⸺⸺⸺⸺⸺⸺⸺ 105

一、高固体分丙烯酸涂料概述 ⸺⸺⸺⸺⸺⸺⸺ 106

二、合成高固体分丙烯酸树脂的技术措施 ⸺⸺ 106

三、丙烯酸树脂低黏度化的基本方法 ⸺⸺⸺⸺ 110

四、丙烯酸高固体分涂料的配方设计 ⸺⸺⸺⸺ 117

五、丙烯酸高固体分涂料的进展 ⸺⸺⸺⸺⸺⸺ 121

第四章　粉末涂料的生产及检验

第一节　树脂的合成 ⸺⸺⸺⸺⸺⸺⸺⸺⸺⸺⸺⸺⸺⸺⸺ 128

一、醇酸树脂介绍 ⸺⸺⸺⸺⸺⸺⸺⸺⸺⸺⸺⸺⸺ 128

二、环氧树脂介绍 ⸺⸺⸺⸺⸺⸺⸺⸺⸺⸺⸺⸺⸺ 131

三、氨基树脂介绍 ⸺⸺⸺⸺⸺⸺⸺⸺⸺⸺⸺⸺⸺ 133

四、聚酯树脂介绍 ⸺⸺⸺⸺⸺⸺⸺⸺⸺⸺⸺⸺⸺ 136

五、丙烯酸树脂介绍 ⸺⸺⸺⸺⸺⸺⸺⸺⸺⸺⸺⸺ 138

第二节　粉末涂料的生产 ⸺⸺⸺⸺⸺⸺⸺⸺⸺⸺⸺⸺⸺ 140

一、热塑性粉末涂料 ⸺⸺⸺⸺⸺⸺⸺⸺⸺⸺⸺⸺ 142

二、热固性粉末涂料 ⸺⸺⸺⸺⸺⸺⸺⸺⸺⸺⸺⸺ 145

三、特殊粉末涂料 ⸺⸺⸺⸺⸺⸺⸺⸺⸺⸺⸺⸺⸺ 149

第三节　粉末涂料的涂装 ⸺⸺⸺⸺⸺⸺⸺⸺⸺⸺⸺⸺⸺ 151

一、粉末涂装概论 ⸺⸺⸺⸺⸺⸺⸺⸺⸺⸺⸺⸺⸺ 152

二、汽车涂装工艺 ⸺⸺⸺⸺⸺⸺⸺⸺⸺⸺⸺⸺⸺ 154

三、塑料涂装工艺 ⸺⸺⸺⸺⸺⸺⸺⸺⸺⸺⸺⸺⸺ 163

第四节　粉末涂料的性能测试 ⸺⸺⸺⸺⸺⸺⸺⸺⸺⸺⸺ 168

第五章　光（UV）固化涂料的生产及检验

第一节　光固化涂料树脂的合成 ⸺⸺⸺⸺⸺⸺⸺⸺⸺⸺ 173

一、光固化涂料概述 ⸺⸺⸺⸺⸺⸺⸺⸺⸺⸺⸺⸺ 173

二、常用低聚物的合成 ⸺⸺⸺⸺⸺⸺⸺⸺⸺⸺⸺ 177

第二节　光固化涂料的应用与配方 ⸺⸺⸺⸺⸺⸺⸺⸺⸺ 187

一、光固化竹木涂料 ⸺⸺⸺⸺⸺⸺⸺⸺⸺⸺⸺⸺ 187

二、光固化汽车涂料 ⸺⸺⸺⸺⸺⸺⸺⸺⸺⸺⸺⸺ 190

三、光固化纸张涂料 ⸺⸺⸺⸺⸺⸺⸺⸺⸺⸺⸺⸺ 193

第三节　光固化涂料的涂装 ⸺⸺⸺⸺⸺⸺⸺⸺⸺⸺⸺⸺ 195

一、刮涂 ⸺⸺⸺⸺⸺⸺⸺⸺⸺⸺⸺⸺⸺⸺⸺⸺⸺ 196

二、辊涂 ⸺⸺⸺⸺⸺⸺⸺⸺⸺⸺⸺⸺⸺⸺⸺⸺⸺ 196

三、浸涂 ⸺⸺⸺⸺⸺⸺⸺⸺⸺⸺⸺⸺⸺⸺⸺⸺⸺ 197

四、淋涂 ⸺⸺⸺⸺⸺⸺⸺⸺⸺⸺⸺⸺⸺⸺⸺⸺⸺ 197

五、喷涂 ⸺⸺⸺⸺⸺⸺⸺⸺⸺⸺⸺⸺⸺⸺⸺⸺⸺ 198

六、静电粉末喷涂 ⸺⸺⸺⸺⸺⸺⸺⸺⸺⸺⸺⸺⸺ 200

第四节　光固化涂料的性能测试··208

一、光固化涂料检测与评价··208

二、光固化原材料的测试方法··216

参考文献

第一章
新型环保涂料的认识

随着环境保护意识的觉醒，人们越来越重视自己赖以生存的环境，对各类产品的要求也越来越高。涂料应用范围广泛，研制环保涂料已经成为一个重要的课题，社会对环保涂料也提出了更高的性能要求。

涂料是一种新型的高分子材料，具有均匀附着在基板材料表面且形成坚固无开裂的膜的特性。涂料被广泛应用于装饰、防护等领域，甚至作为军事上的一种重要材料，如防红外线伪装涂料等，可防止目标被发现。据记载，早在几千年前，我国就有涂料的雏形出现，早期被称为油漆，用桐油调制。到了 20 世纪，随着科技的不断发展与工业的兴起，高分子以及有机溶剂开始大规模生产，给油漆的发展提供了较大的空间，直到那时，才正式有了"涂料"这个名称。

传统涂料使用有机物作为溶剂，在加工和生产过程中会释放出挥发性有机物（volatile organic compounds，VOCs），给环境带来污染。这些 VOCs 还有可能在有其他污染物存在的情况下，通过太阳光作用形成化学烟雾，对人类健康及环境产生影响。随着人们对生活环境要求的日益增高，更多的环保涂料不断问世，这些环保涂料具有无污染、使用无危险等特点，已经替代传统有机溶剂涂料，成为环保涂料的主要发展趋势之一。

第一节　新型环保涂料的发展趋势

 教学目标

能力目标
① 能够充分利用资源，查阅相关文献。
② 能够在理解的基础上，归纳总结有关环保涂料的知识。
③ 能够借助 PPT 等手段讲解汇报环保涂料的发展趋势。

知识目标
① 掌握涂料行业的发展趋势。
② 了解涂料的发展历史。

　　③ 掌握绿色环保涂料的发展趋势。

素质目标

　　① 培养绿色化学化工意识。

　　② 养成良好的学习习惯。

　　③ 培养团队合作精神。

　　自 1915 年上海开林油漆厂创建算起，中国涂料工业已有 100 多年的历史。涂料工业通过自身不断的挖潜改造、技术进步和设备更新，全行业取得了巨大的进步，产品产量、品种质量、技术装备水平以及为国民经济的配套能力都有了很大的提高。特别是改革开放以来，涂料行业陆续引进了建筑涂料、汽车涂料、船舶涂料、防腐涂料等各类专用涂料的生产技术和关键设备，形成了各类专用涂料的主要生产基地，一定程度上满足了国民经济发展的需要。

　　2009 年，我国涂料总产量已跃居世界第一，成为全球涂料生产、销售大国。在新的历史时期，涂料行业紧紧围绕绿色环保、创新发展的主线，稳中求进，持续推动行业绿色转型和科技创新的步伐。

一、涂料行业的发展趋势

　　近年来，涂料行业在坚持精细化工行业固有的科技创新促发展特性的基础上，努力克服上下游等诸多压力与挑战，行业增速缓中趋稳、稳中有变、变中存优。以供给侧结构性改革促行业转型、以绿色环保谋求行业发展与整合已成为行业共识，促使我国涂料行业呈现出以下发展特点。

1. 新经济

　　新的经济形势下，经济发展的方向已经明确由传统粗放扩张式的发展模式转变为注重精细化的高质量经济发展模式，涂料行业也出现了调整，总体增速缓中趋稳。

　　一方面，原材料上涨的压力虽然逐步趋缓，但大宗原材料价格总体上仍处于历史高位，直接影响到行业整体利润水平，也间接影响了企业在科研、市场等方面的投入。然而，原材料的价格波动注定是周期性的，供需关系变化导致价格波动是市场经济的必然现象。广大涂料企业仍坚持以科技创新保持产品核心竞争力，以改革思路加固客户服务关系，在此基础上进行逐步性价格上调，在原材料价格波动行情中稳步发展。

　　另一方面，下游变化所产生的影响，虽不像上游价格波动对行业的影响这般"急"，但却更"重"。新经济形势下，大量下游涂装行业发展降速，直接对涂料行业造成冲击。例如，乘用车行业产销量的下滑，迫使汽车生产企业将部分压力传递至相关涂料供应商，汽车涂料的增长与盈利水平均面临较大压力；房地产企业对于建筑涂料的成本控制，已经将相关涂料产品的利润压至较低水平。然而，下游涂装行业的发展情况也逐步呈现出细分领域的差异性变化。例如，相较于乘用车市场的低迷，货车产量稳中有升；工程机械行业市场情况逐步向好，呈现产销两旺之势。密切关注下游发展趋势，逐步提高细分特色产品与服务在主营业务中的比例，成为涂料企业新的关注点。

2. 新业态

　　我国涂料行业在总体平稳的大格局下，微观调整的新业态逐步成型，但对引导行业发展起核心作用的企业仍保持着稳定上升的势头，一升一降之间，彰显了稳中有变、变中存优的新业态。

"稳"是涂料行业多年来最突出的运行特点，其稳定的根基来自扎根广阔的下游应用领域，源自众多对引导行业发展起核心作用企业的稳定发展。然而，稳也是一种固化。近年来各规模梯队的企业阵容相对固定，企业依靠自身的原始发展仅能跟上所在梯队的发展，难以实现不同梯队间的越级，并且此难度随着前列梯队企业在市场与技术等多个领域的加速富集将愈发困难。这种被长期固化于某个梯队的企业，多为单一生产基地企业，可见，涂料的市场扩展确实存在地理半径效应，仅靠单一生产基地发展的企业容易进入发展的瓶颈期。

"变"在涂料行业多年来运行特点中逐渐凸显。梯队阶层的固化正在出现变化。一方面，部分企业借助涂装行业的巨大变革强势抢占原先稳定的市场份额，实现跨越式发展成为可能。涂装行业变革的诱因，既来自国家政策的产业结构调整与环境治理，也源自行业内部的资源整合与技术升级。另一方面，企业间的兼并重组悄然提速，跨梯队收购的案例逐步增多，加之同一梯队企业间的整合，打破了原有的梯队竞争格局。总体而言，涂料行业的"变"更倾向于产业结构调整、集中度提升等有利于行业发展的方面，表明中国涂料发展仍处在重要战略机遇期。

"优"成为近年涂料行业运行特点中的新亮点。对引导行业发展起核心作用的企业增速稳定，奠定了行业稳定发展的基础。一方面，小企业陆续被关停，释放出的市场资源继续向骨干企业聚集，行业集中度进一步提高；另一方面，大量小型下游涂装企业被关闭，对于一直关注绿色发展的规模型涂料生产企业与下游涂装企业是有利的。

3. 新动能

行业发展需要新动能的推动才能更上一个台阶。当前政策形势下，国家将环保、节能、安全等多方面整合为绿色发展理念，成为创新驱动行业发展的重要途径，并已在行业内形成共识。中国涂料在兼顾保护、装饰等原有功能的同时，绿色、健康、环保逐步成为发展的重点方向。

4. 新趋势

我国涂料行业经过多年来的产业结构调整，多方变量交互影响后已开始显现出作用于行业发展的新趋势。

在政策法规方面，政府对企业的管理逐步转为精细化调整，政策法规的制定更多地倾听行业呼声并体现行业实际情况。在企业生存发展方面，企业搬迁入园趋势已定，并成为影响涂料行业发展的关键因素。顺应此新趋势，抢先布局的企业占领了发展的先机。此外，新生力量的成长为涂料行业带来了新气象。近年来，众多管理者在内的企业主体人员的年轻化趋势开始提速，大量新生力量开始接过企业发展重任，带来新思维与管理理念的同时，也为行业未来持续发展打下坚实基础。

二、涂料的发展趋势——绿色环保涂料

涂料作为精细化工的重要产品之一，是国民经济各部门必不可少的配套材料。在高新技术蓬勃发展的今天，涂料产品在国民经济和人民生活中具有不可替代的作用。

面对供给侧改革、对落后产能的淘汰以及涂料行业的环保新门槛、中国制造新门槛，涂料企业正加快调整转型，实施水性漆替代油性漆，持续发展低 VOCs 的环境友好型涂料水漆，减少挥发性有机物排放，推动行业结构转型，引导行业健康、可持续发展。

目前我国工业涂料可分为水性涂料、溶剂型涂料和粉末涂料，其中溶剂型涂料仍占全球工业涂料技术的主导地位。以家具行业为例，在当前的国内涂料市场中，PU漆（聚氨酯涂料）占市场的份额高达78％，而水性漆的使用率只有7％～8％。据了解，水性涂料因自身所具有的环保性，在一些发达国家使用率已达90％，而在我国这一比例则明显偏低，可见水性涂料行业的发展空间是巨大的。

总之，绿色环保涂料性能优越，使用范围广，且对人们的身体和环境友好，具有较强的可持续发展空间，值得大力推广和广泛应用。

第二节　新型环保涂料的基础知识

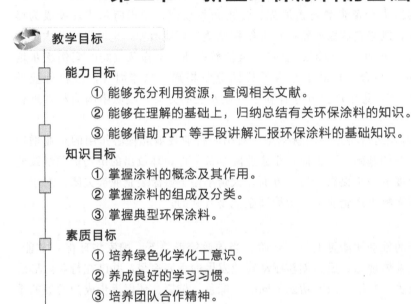

教学目标

能力目标

① 能够充分利用资源，查阅相关文献。

② 能够在理解的基础上，归纳总结有关环保涂料的知识。

③ 能够借助PPT等手段讲解汇报环保涂料的基础知识。

知识目标

① 掌握涂料的概念及其作用。

② 掌握涂料的组成及分类。

③ 掌握典型环保涂料。

素质目标

① 培养绿色化学化工意识。

② 养成良好的学习习惯。

③ 培养团队合作精神。

一、广泛应用的涂料

我们生活的世界是一个五光十色的世界，各种各样的商品层出不穷，涂料在其中扮演了十分重要的角色。看看我们的周围：天上飞的飞机、直升机；地上行驶的各种车辆；地下的输油管道；江河湖海中游弋的船只；道路上或街道边的标志线、标志牌、广告牌；建筑物的内外墙壁、门窗；生活中使用的各种家具、家用电器、文具；人们穿的皮鞋、皮衣……涂料的应用真是太广泛了。涂料在现实世界中扮演着美化城市环境、装饰商品、保护材料与商品不受损害并延长其使用寿命以及赋予各种物体以特殊功能的重要角色。

涂料属于精细化工产品，涂料工业是化学工业中一个重要的行业。

1. 涂料的概念

涂料是一种流动状态或粉末状态的物质，能够均匀地覆盖和良好地附着在物体表面形成固体薄膜。它是具有防护、装饰或特殊功能的材料。涂层（也叫漆膜、涂膜）是指经过物理化学作用，已干燥固化的涂料膜。

涂料分为有机涂料和无机涂料两大类，目前应用最广最多的是有机涂料。

2. 涂料的作用

涂料的主要作用有以下几方面。

① 保护作用　保护金属、木材、石材和塑料等物体不被光、雨、露、水和各种介质侵蚀。使用涂料覆盖物体是最方便可靠的防护办法之一，可以保护物体，延长其使用寿命。

② 装饰作用　涂料涂装可使物体披上一身美观的外衣，具有色彩、光泽和平滑性；美化的环境和物体使人们产生美和舒适的感觉。

③ 特种功能　在物体上涂装上特殊涂料后，可使物体表面具备防火、防水、防污、示温、保温、隐身、导电、杀虫、杀菌、发光及反光等功能。

二、涂料的组成和分类

1. 涂料的组成

涂料的种类众多，但基本上都是由成膜物质、颜料、溶剂和助剂组成的。有些涂料不含颜料，如清漆；有些涂料不含溶剂，如粉末涂料、辐射固化涂料。涂料的组成物如表 1-1 所示。

表 1-1　涂料的组成物

成膜物	天然油脂	干性油：桐油、亚麻仁油、苏子油、脱水蓖麻油； 半干性油：豆油、葵花油、玉米油、棉籽油； 不干性油：蓖麻油、椰子油、花生油
	天然树脂	虫胶、松香、沥青、天然漆
	人造树脂	硝基纤维、乙基纤维、氯化橡胶、石灰松香、甘油松香
	合成树脂	酚醛、无油醇酸、氨基、聚酯、丙烯酸、聚乙烯、环氧、聚酰胺、过氯乙烯、聚氨酯等
颜料	着色颜料	无机：钛白粉、氧化锌、炭黑、铅铬黄等； 有机：酞菁类、偶氮类等
	体质颜料	碳酸钙、硫酸钡、白炭黑、高岭土、硅灰石、云母粉、石膏粉、滑石粉
	功能性颜料	防锈颜料、消光颜料、防污颜料、电磁波衰减颜料、磁粉、导电颜料、玻璃微珠、润滑剂、防滑剂、耐磨剂、吸波颜料等
溶剂	不同沸点	高沸点：150～200℃； 中沸点：100～150℃； 低沸点：<100℃
	挥发速率	快速、中速、慢速、特慢速(相对于乙酸丁酯 100 或相对于乙醚 1)
	化学组成	有机物：脂肪烃、芳香烃、卤代烃、醇、酯、醚、酮； 无机物：水
助剂	在涂料生产中发生作用	乳化剂、分散剂、润湿剂、消泡剂、引发剂、偶联剂
	在涂料贮存中发生作用	防沉淀剂、防结皮剂、流变剂、杀菌防腐剂
	在涂料施工成膜过程中发生作用	催干剂、流平剂、防缩孔剂、防流挂剂、成膜助剂、增稠剂、流变剂、润湿剂
	对涂料性能产生作用	增塑剂、消光剂、增光剂、阻燃剂、防霉剂、增滑剂、防滑剂、耐磨剂、光稳定剂、导电剂、防静电剂、防污剂、紫外线吸收剂、自由基捕获剂

（1）成膜物

成膜物也称基料或黏结剂，是形成涂膜连续相的物质。它是决定涂膜性质的主要因素。在涂料的贮存、运输期间，成膜物不应发生明显的物理化学变化；涂装后，在规定条件下，涂料固化成膜。热塑性涂料的成膜物在成膜前就是聚合物。热固性涂料的成膜物是低聚物，交联成膜后形成聚合物膜。成膜物一般由天然油脂、天然树脂、人造树脂、合成树脂及无机物质构成。现代涂料有时使用单一品种的树脂作为成膜物，有时采用不同的树脂互相改性、互相补充，有时采用有机树脂与无机物共同组成成膜物。

（2）颜料

颜料的颗粒大小为 $0.2\sim100\mu m$，其形状可以是球状、鳞片状和棒状。通常用的颜料是 $0.2\sim10\mu m$ 的微细粉末，不溶于溶剂和油类。颜料能赋予涂料以颜色和遮盖力，提高涂层的力学性能和耐久性；有的能使涂层具有防锈、防污、磁性、导电等功能。

颜料按成分可分为无机颜料和有机颜料；按性能可分为着色颜料、体质颜料和功能性颜料。着色颜料应用广泛，品种也非常多。体质颜料加入的目的并不在于着色和遮盖力，而是作为填料来提高着色颜料的着色效果和降低成本。功能性颜料如防锈颜料、消光颜料、防污颜料、电磁波衰减颜料等，发展很快，占有越来越重要的地位。

涂料的性能受颜料性能的影响：a. 颜料的形状；b. 颜料的颗粒大小及其分布；c. 颜料的体积分数；d. 颜料在涂料中分散的效果。

颜料体积分数（φ）和临界颜料体积分数（$\varphi_{临界}$）对涂料的性能有重要影响，其表达式为：

$$\varphi=\frac{颜料的体积}{颜料的体积+固体基料的体积}\times100\%\tag{1-1}$$

式中，固体基料指涂料中不挥发的基料。涂料和涂膜的许多性能随 φ 值的变化而逐渐发生变化，当 φ 超过某一特定数值时，这些性能会发生突变，这一特定的 φ 值称为临界颜料体积分数 $\varphi_{临界}$。$\varphi_{临界}$ 是涂料配方中的一个重要参数，其物理意义为：当 φ 达到 $\varphi_{临界}$ 时，涂膜中的颜料颗粒正好被涂料中的树脂基料所包围和润湿；当 φ 低于 $\varphi_{临界}$ 时，基料的数量除了包围、润湿颜料外还有多余；当 φ 高于 $\varphi_{临界}$ 时，则涂膜中的基料数量不足以包围和润湿所有的颜料，涂层的一些物理性能就会发生急剧的变化。

（3）溶剂

除了无溶剂涂料外，溶剂是各种液态涂料中的重要组分。溶剂具有将成膜物质溶解或分散为液态，降低涂料的黏度，使之易于施工涂布的作用。溶剂对涂膜的形成与其形成质量是很重要的。

通常所说的溶剂，包括能溶解成膜物质的溶剂、能稀释成膜物质溶液的稀释剂和能分散成膜物质的分散剂。现代涂料中有些品种应用了一些既能溶解或分散成膜物质，又能在成膜过程中与成膜物质发生化学反应，形成新物质而存留于涂膜中的化合物。原则上它们也属于溶剂组分，被称为反应性溶剂或活性稀释剂。传统涂料中的溶剂通常是可挥发性液体，习惯上称为挥发分。水、无机化合物和有机化合物都可以作为溶剂，其中有机化合物品种最多，常用的有脂肪烃、芳香烃、醇、酯、醚、酮、氯烃类等，称为有机溶剂。

在一般的液体涂料中，溶剂的含量相当大。在热塑性涂料中，约占 50% 甚至 50% 以上（体积比）；在热固性涂料中，占 30%～50%。有的溶剂在涂料生产中加入，有的在施工时加入，后者常称为稀释剂或稀料。有的涂料中所含的溶剂是单一溶剂品种，有的涂料使用多个溶剂品种。溶剂的选用除了要考虑溶解性外，还要考虑挥发速度、闪点、沸点等多种因素。有机溶剂在涂料生产尤其是施工中易造成环境污染及资源浪费，这是涂料发展中需要解决的问题。

（4）助剂

助剂是涂料中的辅助材料组分，能对涂料或涂膜的某一特定方面的性能起到改进作用。不同品种的涂料，需要使用不同的助剂；而同一种类型的涂料为达到不同的目的，也可能使用不同的助剂；一种涂料可能同时加入几种不同的助剂。总之，助剂的使用是根据涂料的不同要求而决定的。现代涂料的助剂有四类：a. 在涂料生产过程中发生作用，如乳化剂、分散剂、润湿剂和消泡剂等；b. 在涂料贮存过程中发生作用，如防沉淀剂、防结皮剂等；c. 在涂料施工成膜过程中发生作用，如催干剂、流平剂和防流挂剂等；d. 对涂料性能产生作用，如增塑剂、消光剂、阻燃剂、防静电剂、紫外线吸收剂、自由基捕获剂和防霉剂等。

助剂在涂料中往往用量很少，但作用显著，有"四两拨千斤"之效。

2. 涂料的分类和命名

涂料的品种繁多，有不同的分类和命名方法。现行的分类和命名方法有以下几种。

① 以涂料的形态分类　有固态涂料，即粉末涂料；液态涂料，包括有溶剂涂料和无溶剂涂料两类。有溶剂涂料又分为溶剂型涂料、溶剂分散型涂料和水性涂料（包括水溶型、水乳胶型、胶体分散型），无溶剂涂料包括通称的无溶剂型涂料和增塑剂分散型涂料（塑性溶胶）。

② 以涂料干燥方式分类　有挥发干燥型（非转换型）和转化干燥型（反应型）两大类，后者可分为自干型、烘烤型、多组分分装型、蒸气固化型、辐射固化型等。

③ 按涂层体系的层次分类　有底漆、腻子、中间漆、面漆、罩光漆等。

④ 按涂膜光泽度分类　有光漆、半光漆和无光漆。

⑤ 按涂料施工方法分类　有刷涂涂料、喷涂涂料、浸涂涂料、淋涂涂料、静电喷漆涂料、电泳涂料等。

⑥ 按施工对象分类　有汽车涂料、船舶涂料、飞机涂料、铅笔漆、罐头漆等。

⑦ 按使用材质分类　有钢铁用涂料，有色金属用涂料，纸张、皮革、混凝土、塑料用涂料等。

⑧ 按涂膜性质分类　有罩光漆、防锈漆、绝缘漆、导电漆、可剥漆等。

⑨ 按成膜物质种类分类　有酚醛、醇酸、氨基、硝基、环氧、丙烯酸、聚氨酯、聚酯树脂涂料等。

目前，世界上还没有统一的分类命名方法。我国采用《涂料产品分类和命名》（GB/T 2705—2003），提出两种分类方法。命名原则为：涂料命名＝颜色或颜料名称＋主要成膜物质名称＋基本名称（特性或专业用途）。如成膜物基料中含有多种成膜物时，选取起主要作用的成膜物质命名。必要时也可选取两或三种成膜物质，主要成膜物质名称在前，次要者在后。

三、环保涂料

为了保护人类赖以生存的大气、水、土地，减少资源的浪费、枯竭，早在 20 世纪 80 年代初，发达国家就提出了发展涂料工业的"4E"原则，即经济（economy）、效率（efficiency）、生态（ecology）和能源（energy）。现在世界各国都在致力于使传统涂料向符合环保要求的省资源、省能源、低污染的现代涂料转化，大力发展高固分涂料、水性涂料、粉末涂料和辐射固化涂料等新型涂料和新的涂装工艺。

在涂料和涂装工程领域内，一个必须严肃对待的问题是环境污染的控制，它包括劳动保护、环境保护和节约能源、降低消耗等问题。尽管在许多应用领域，由于涂层性能要求和施工要求的限制，溶剂型涂料仍然不能被替代，但在降低污染的涂料品种方面，已取得十分可喜的进展。其中水性涂料、粉末涂料、反应性涂料和高固体分涂料目前被视为环保涂料的支柱产品。

下面介绍一些环保型的涂料和低污染涂料品种。

1. 水性涂料

水性涂料是以水作为溶剂或分散介质的一大类涂料，按物理特性可分为三种主要类型：即水分散型（或乳液）、胶体分散型和水溶型。这三种水性涂料的主要差别如表 1-2 所示。

表 1-2　三种水性涂料的主要差别

项目	水分散型	胶体分散型	水溶型
外观	不透明，呈现光散射	半透明，呈现光散射	透明，无散射
微粒粒径/μm	≥0.1	0.02～1	<0.005
分子量	10^6	$2 \times 10^4 \sim 2 \times 10^5$	$2 \times 10^4 \sim 5 \times 10^4$
黏度	低，与聚合物分子量无关	较高，稍取决于聚合物分子量	完全取决于聚合物分子量
固含量	高	中	低
黏度控制	需外加增稠剂	通过加入共溶剂增稠	由聚合物分子量调节
组成	复杂	居中	简单
颜料分散性	差	好～优	优
应用问题	多	一些	少
反射光泽	低	较接近水溶型	高

明尼苏达 Sierra 涂料公司的 Rich Johnson 将水性涂料分为四种类型，如表 1-3 所示。

表 1-3　水性涂料的类型

项目	水溶型	胶体型	水分散型	乳液型
贮存时间	6～24 月	稳定	4～24 月	2 年以上
粒子直径/μm	非常小	0.1～10	0.1～1	0.1～10
数均分子量	<5×10^4	—	$3 \times 10^3 \sim 1 \times 10^5$	<1×10^4
外观	透明到微浊	半透明到不透明	半透明	不透明到牛奶状
溶剂含量及作用	20%共溶剂；溶解性及成膜性	10%；聚集剂	2%；改善流动、挥发及流平	0～5%；帮助加工过程
稳定方式	像羧基、叔胺等亲水基团联在聚合物上	外加表面活性剂或引发体残体	聚合物上的亲水性基团	外加乳化剂或表面活性剂

有的文献资料将水性涂料分为两大类：一类是乳胶或乳液，另一类是水溶性体系。还有的文献把水性涂料分成水溶型（water-soluble coating）和水分散型（water dispersion coating）两类。

真正的水溶性树脂一般不作为涂料的主要成膜物，它们只作为保护剂和增稠剂等，如聚乙烯醇、聚丙烯酸钠、聚乙烯吡咯烷酮等。涂料中用作成膜物质的水溶性树脂，实际上是树脂聚集体在水中的分散体，也是一种胶体，由于其分散微粒极细，分散体呈透明状，因而被误认为是水溶液。于是，有的文献资料就把它称作水稀释涂料（water-reducible coating）。另外还有人提出，乳胶涂料（latex coating）和乳液涂料（emulsion coating）不应混淆：固体聚合物粒子在水中的分散体为乳胶；液体粒子在水中的分散体为乳液。

由于没有统一的分类标准，大家在读不同文献时应注意它们的区别。

（1）水性涂料树脂的合成方式

从可水性化的树脂特性来看，水性化的树脂必须具有可水性化的基因。阳离子基团：弱碱基团如胺，强碱基团如季铵盐。阴离子基团：弱酸性的羧酸基团，强酸性的磺酸盐基团。非离子基团：环氧乙烷基团和乙烯基吡咯烷酮等。

　　按水性涂料用树脂和添加剂的合成方法可以分成两大类：在有水存在下合成的树脂和本体合成或溶液中合成后再加水的树脂。

　　对于前者，合成可以是自由基缩合或逐步聚合，其合成方法有以下几种。

　　① 乳液聚合：既能保持较高的合成速率又能保证较高的分子量，而最终乳液的黏度独立于分子量。

　　② 悬浮聚合：用可溶于水的自由基，引发不溶于水的单体的合成，分子量反比于引发剂浓度，而聚合速率类似于本体合成。

　　③ 自由基溶液聚合：单体、引发剂、聚合物在水或水/溶剂混合物的连续相中进行聚合，如丙烯酸、丙烯酰胺等。此种合成物常用作水性涂料的分散剂或增稠剂。

　　④ 分散聚合：单体可溶于水而聚合物不溶于水，当聚合发生在含有合适表面活性剂的溶液中时，就会形成稳定的聚合物乳液。

　　⑤ 反乳化合成：把单体的水溶液利用乳化剂乳化成油包水型乳液，利用水溶或油溶的引发剂引发单体聚合，形成分散在油中的水溶胀聚合物粒子。它具有前述乳液聚合的优点，更重要的一点是向其中加过量的水会使乳液反相，从而使水溶胀的聚合物粒子溶解，即使聚合物分子量很高也会慢慢溶解。这种合成方法常用来作高分子量的絮凝剂。

　　⑥ 胶束聚合：利用表面活性剂将不溶于水的单体形成乳液和水溶性单体进行共聚合。此种方法合成的聚合物可作为增稠剂。

　　第二大类的水性树脂是合成后再加水的，如：

　　① 本体自由基聚合，然后加水形成水性树脂；

　　② 本体自由基聚合，随后在链中引入水溶性基团，然后加入水中；

　　③ 在与水互溶的溶剂中自由基聚合或在水/溶剂中聚合，在链中引入亲水单体后加入水，蒸馏除去溶剂；

　　④ 在溶剂中自由基聚合或离子聚合，随后在链上引入亲水官能团，再加入水，必要时可除去溶剂。

　　水溶性树脂制备的关键是在高分子化合物的分子上引入亲水性基团，获得水溶性树脂，通常有以下三种方式。

　　一是成盐法，应用最普遍。通过酸碱反应，将聚合物主链转变成阳离子或阴离子。例如，带有氨基的聚合物以羧酸中和成盐。

　　二是在聚合物中引入非离子基团，如在聚合物主链或侧链上引入羟基、醚基。

　　三是将聚合物转变成两性离子中间体。不过，这种方法得到实际应用的例子还不多。

　　(2) 可水性化的涂料树脂种类

　　随着涂料工业技术的不断发展和进步，可水性化的涂料树脂种类越来越多，主要有水溶性油、水溶性醇酸树脂、水性丙烯酸树脂、水性聚氨酯树脂、水性聚酯树脂、水性环氧树脂等。

　　① 水溶性油　一般由干性植物油与马来酸酐反应而制得。马来酸酐与干性油中共轭双键发生 Diels-Alder 反应而结合到油分子中，加成物与挥发性胺如氨水或低烷基胺中和转变成水溶性盐，从而实现树脂的水溶。

　　② 水溶性醇酸树脂　主要成分包括多元醇、多元酸、植物油（酸）、脂肪酸等。水溶性醇酸树脂的合成通常采用两种方法，即醇解法和脂肪酸法。醇解法多为两步法，首先是将多元醇和改性油一起反应，制得具有一定羟值的树脂，然后再加入多元酸如马来酸酐、富马酸、偏苯三酸酐等进行酯化反应，这样制得的树脂再用水稀释就得到水溶性醇酸树脂。脂肪

酸法是将多元醇和脂肪酸一起在高温下直接酯化。制得的树脂以胺中和而水溶。水溶性醇酸树脂可以常温干燥，也可以低温烘干，同时可以加入氨基树脂、环氧树脂、酚醛树脂等制成烘烤型涂料。加入丙烯酸树脂和硅树脂进行改性，可以进一步提高水溶性醇酸树脂的性能。

③ 水性丙烯酸树脂　由丙烯酸酯与丙烯酸共聚而成。丙烯酸树脂水性化的方法有以下几种。

a. 乳液聚合：用阴离子和阳离子乳化剂，必要时用非离子型表面活性剂，使丙烯酸单体在水相中聚合。

b. 含有阴/阳性基团的丙烯酸共聚体的水性化：例如用丙烯酸、甲基丙烯酸、顺丁烯二酸酐为酸的单体，赋予聚合物的水溶性；也可与含羟基单体并用。

c. 接枝聚合物的胶体分散：用吸水性聚合物与憎水性聚合物接枝共聚的方法，就可以得到能自行乳化的聚合物。

制备水性丙烯酸树脂可用的单体很多，包括丙烯酸烷基酯、羟烷基酯以及乙烯单体等。丙烯酸树脂的最终性能可通过选择适当的单体加以控制。调整硬单体和软单体的比例，可以达到硬度、耐冲击性和柔韧性的统一，丙烯酸提供羧基与胺中和而达到水溶，但用量不宜过多。丙烯酸树脂具有水解稳定性，但稀释行为和干燥性能与乙酸树脂类似。

④ 水性聚氨酯树脂　有单组分和双组分两种。单组分热塑性水性聚氨酯的生产方式主要有以下几种。

a. 丙酮法：用过量的双或多异氰酸酯与二元醇或多元醇进行反应，生成适当分子量的异氰酸酯封端的聚氨酯，将此预聚物溶入丙酮中，加入磺酸盐双胺进行扩链反应，在聚合物链上引入亲水基团，这时的高聚物链可称为聚氨酯脲。在此体系中加入水，转相后除去溶剂即为水溶性聚氨酯。

b. 如果已合成异氰酸酯封端的亲水性预聚物，则在预聚物加水稀释过程中加入双胺或多胺。由于胺与异氰酸根比水与异氰酸根优先反应，控制水温使其低于与异氰酸根的剧烈反应温度，即可形成胺扩链的水性聚氨酯。

c. 将异氰酸酯封端的预聚物与脲在高于130℃的条件下反应生成缩二脲，在水的存在下与三聚氰胺进行缩合而得到具有设计分子量的高聚物。

双组分热固型水性聚氨酯由亲水性的多异氰酸酯聚合物与水性聚合物组成，如具有羟基官能团的水分散聚氨酯和丙烯酸多元醇这两个组分，由于在成膜时异氰酸根与羟基、水的反应速率要小于水的蒸发速率，因此其中异氰酸根与羟基的反应仍是主要反应。

⑤ 水性聚酯树脂　常用的水性化基团是羧基和磺酸基，而磺酸基团的引入是利用带有磺酸碱金属盐基团的均苯四酸与多元醇反应而联结在聚酯主链上的。磺酸盐基团是一个非常有效的水性化基团，无须激烈搅拌和溶剂的存在即可水溶。作为涂层用的聚酯树脂分子量较小，靠与三聚氰胺甲醛树脂交联来得到分子量大的网状物。

⑥ 水性环氧树脂　水性环氧树脂可分成水乳化环氧树脂和水溶性环氧树脂两大类。其制备技术可分成两大类，即乳化法和成盐法。乳化法指的是环氧树脂的直接乳化、自乳化、固化剂乳化或乳液聚合技术；而成盐法指的是将环氧树脂改性成富酸或富碱基团的树脂，再利用小分子量的碱或酸进行中和成盐，从而实现水性化的技术。

水溶性环氧涂料中有脂肪醇环氧，但是固化物强度不高，只能作为双酚 A 环氧的活性稀释剂以及纺织品的织物整理剂。双酚 A 环氧树脂引入亲水基团后，能溶于水，制成电泳防锈底漆。

水分散性环氧涂料主要形态是乳化液。水分散性环氧涂料除具有双酚 A 环氧树脂的优良性能外，还具有水性环氧本身的特性，因此水分散环氧涂料得到迅速发展，习惯上简称为水性环氧涂料。因不含有机溶剂，水性环氧涂料比溶剂型环氧涂料使用安全。它易清洗，且以廉价的水为稀释剂取代了高价的有机溶剂，经济性好。该涂料湿面施工性好，可以在潮湿的表面进行涂装。溶剂型环氧涂料的重涂性差，必须在短期内重涂；而水性环氧涂料重涂性好，可以经过较长时间后重涂，仍然具有良好的附着力。水性环氧涂料虽有许多优点，但也有缺点，如水挥发慢、配好的涂料使用期短等。

2. 高固体分涂料

高固体分涂料是一种固含量较高的溶剂型涂料。其品种实际上仍是一般涂料的品种，但挥发分大大减少，比传统涂料固含量大大提高，可利用现有的涂料生产设备和施工工具，达到节省资源、减少污染的目的。高固体分涂料很难有确切定义，现在一般的溶剂型涂料，在喷涂要求的黏度下，其固含量（质量）通常为 40%～60%，而所谓的高固体分涂料的固含量则为 60%～80%。目前一般认为高固体分涂料固体分的质量比应不小于 72%。

提高传统涂料的固体分不能通过简单、机械地减少有机溶剂来达到，而是需要通过大量的理论研究和实验探索才能逐步实现。也不能简单地认为只要降低成膜物的分子量便可以得到高固体分涂料，因为高固体分涂料不仅要解决黏度高的问题，还要同时保证膜性能和涂料应用性能达到一般溶剂型、热固型涂料的水平或者更高水平，这是一个十分复杂的问题。实际上，早年的干性油或一些油性涂料，固体分都很高，它们不加或只加很少的溶剂，但这些涂料品质不高，现在也不能为了环保而将涂料水平降低到油性涂料的水平。所谓的高固体分涂料应当是一种高品质的涂料。不饱和聚酯涂料也具有高固体特征，但属于无溶剂涂料，不归于高固体分涂料。

高固体分涂料采用分子量分布很窄的低分子量聚合物，在获得高固含量的同时又不使涂料黏度太大，而这些低分子量的聚合物含有较多的反应官能团，便于交联固化。为了降低该涂料的施工黏度，常采用提高涂料施工温度的方法。由于固体分高，一次成膜厚度可比普通涂料厚 30%～50%，可减少涂装次数。这些聚合物的分子量也不能过低，不然，不含或只含一个官能团分子的概率会过大。如这种低聚物存在很多，会影响交联固化时分子量的增长和漆膜的交联密度，这就影响了漆膜的物化性能。况且当成膜物的分子量太低时，在固化温度下有挥发性，这增加了挥发成分的含量，对降低挥发有机物的排放量不利，所以高固体分涂料必须用分子量分布很窄且含有较多反应官能团的低分子量聚合物作为成膜物质。这是它与一般溶剂型涂料在结构上的不同。

提高固体分就是要使成膜物质低黏度化，而且涂料的其他组分也需正确选择。为了获得高质量的涂层，施工方法也非常重要。

在现代涂料中，高固体分涂料发展速度很快，国外高固体分涂料每年以 5% 的比例增加。鉴于其他低污染涂料品种在工业涂料推广应用中受到一定限制，高固体分涂料主要是在工业涂料中发展，引人注目的是要求较高的轿车面漆和中间漆里，高固体分涂料占比较大，美国已有 90% 的汽车中间漆是高固体分涂料，面漆占的比例也不小，日本也逐渐接近美国的水平。

高固体分涂料的主要品种是丙烯酸和聚氨酯，在防腐、汽车修补等工业涂装中应用广泛。高固体分热固性丙烯酸烘干汽车面漆（固含量≥65%）和高固体分热固型氨基丙烯酸烘干磁漆（固含量≥70%），兼装饰性和保护性为一体，主要用于车辆、家用电器及高档仪表。

高固体分聚氨酯涂料（分装）的固含量，高的可达 75％以上，主要用于飞机和高档汽车。工业上应用的高固体分涂料其他品种还有环氧、不饱和聚酯、氨基醇酸系列等，主要应用于钢质家具、家用电器、农机具、汽车零件及汽车、飞机等。

近年，美国 EPA 认可了三种溶剂为豁免溶剂（exempt solvent），即丙酮、对氯三氟化甲基苯、二聚环戊二烯与亚麻仁油的共聚物（商品名 Dilulin），其使用及含量均不属于 VOCs 范围。它们可用来代替一些现用溶剂。美国一家公司的水性丙烯酸涂料，由于采用豁免溶剂，因此是一种零 VOCs 涂料，现已用于金属饰品、珠宝等作装饰涂料；美国空军军方采用对氯三氟化甲基苯豁免溶剂制造航空涂料，也已完成了开发工作并正在向 EPA 申请许可。

3. 粉末涂料

粉末涂料分为热固性粉末涂料、热塑性粉末涂料和特殊粉末涂料三大类。

热固性粉末涂料的重要组成物是各种热固性的合成树脂，如环氧、环氧/聚酯、聚酯、丙烯酸、丙烯酸/聚酯、聚氨酯等。这类涂料中的树脂分子量小，本身没有成膜性能，只有在烘烤条件下，与固化剂起化学反应交联成大分子网状结构，形成不溶、不熔的坚韧牢固的保护涂层，适用于性能要求高的防腐性或装饰性涂装。热固性粉末涂料目前占粉末涂料总产量的 90％以上。

热塑性粉末涂料制造过程和应用方法相对较简单，不涉及复杂的固化机理，原材料易得，且性能可满足许多应用要求，因而具有一定的市场。尤其是某些热塑性粉末涂料具有独特的优异性能，如优良的耐溶剂性（聚烯烃）、极好的耐候性（如聚偏氟乙烯）、优良的耐磨性（聚酰胺）、相对好的价格/性能比（聚氯乙烯）和外观（聚酯）。但热塑性粉末涂料也有一些缺点，如高熔融温度、低颜料用量，有的品种耐溶剂性较差，与金属表面黏结性差，因而需要使用底漆。热塑性粉末涂料可用流化床涂覆，膜厚 $130 \sim 300 \mu m$，也可用静电喷涂，膜厚 $80 \sim 130 \mu m$。涂膜较厚是由于树脂的分子量大、粉末颗粒粗引起的。

热塑性粉末涂料的重要组成物是各种热塑性树脂，如聚乙烯、聚丙烯、聚氯乙烯、碳氟树脂、尼龙、聚酯、氯化聚醚、EVA（乙烯/乙酸乙烯酯共聚物）和聚氟树脂等。这些粉末涂料经涂装后，加热熔融、流平、冷却和萃取，可直接成膜，不需要加热固化，不含固化剂。热塑性粉末涂料常用作防腐涂层、耐磨除层及绝缘涂层，在化工设备、线材、板材、仪表、电器和汽车等行业都有应用。实际应用量在粉末涂料总量中不足 10％。

常用热固性粉末涂料的主要性能如表 1-4 所示；热固性粉末涂料树脂分类如表 1-5 所示；热塑性粉末涂料和热固性粉末涂料的特点如表 1-6 所示。

表 1-4　常用热固性粉末涂料性能

项目	环氧/ 双氰胺	环氧/ 双酐	环氧/ 咪唑类	环氧/ 聚酯	聚酯/ TGIC	聚酯/ 封闭异氰酸酯	丙烯酸/ 封闭异氰酸酯	丙烯酸/ 多元酸
固化速率	优	良～优	优	中～良	中～良	中	中	中
光泽	良～优	良	中～良	优	中～良	良～优	良～优	良～优
硬度	良～优	优	优	良	良	良	良	良
耐候性	差	差	差	差～中	优	良～优	良～优	良～优
耐化学性	良～优	优	良～优	中～良	中～良	中～良	中～良	中～良
附着力	良～优	优	优	良～优	良～优	良	良	中～良
柔韧性	优	良	优	优	优	优	中	中
耐溶剂性	良～优	良～优	良～优	中～良	良～优	中～良	中	差～中
耐腐蚀性	优	优	优	优	优	优	优	优

注：TGIC 为三缩水甘油异氰脲酸酯（triglycidyl isocyanurate）。

表 1-5 热固性粉末涂料树脂分类

树脂类别	交联剂	涂料特点
环氧树脂	①双氰胺或其衍生物; ②羧基型聚酯树脂; ③酸酐或聚酐	①成膜性好; ②应用面广; ③可高温快速固化
羟基型饱和聚酯	①酸酐或聚酐; ②封闭型异氰酸酯; ③氨基树脂	①涂膜性能好,外观好; ②成膜性能好,放出封闭剂; ③固化温度高,粉末易结团
羧基型饱和聚酯	①E型环氧树脂; ②三缩水甘油异氰脲酸酯(TGIC)	①成膜性好,应用广泛,固化温度高,加促进剂可降低固化温度; ②易反应,耐候性好,固化剂价高
含缩水甘油醚的丙烯酸树脂	多元酸	耐候性好
羟基型丙烯酸树脂	封闭型异氰酸酯	耐候性好

表 1-6 热塑性粉末涂料和热固性粉末涂料的特点

性能	热塑性粉末涂料	热固性粉末涂料
分子量	高	中等
熔融温度	高	中等
颜料分散性	高~很高	较低
粉碎性能	需要冷冻粉碎	需要冷冻粉碎
涂底漆要求	一般需要底漆	不需要涂底漆
薄涂型	困难	比较容易
涂膜耐污染性	差	良
涂膜耐溶剂性	优	优
附着力	中	优
涂装性	一般	比较容易

4. 光(UV)固化涂料

光(UV)固化涂料也称光(UV)固化漆,是在涂料行业里使用的 UV 光油。这种涂料是以高能量的紫外线作为固化能源,由涂料中的光引发剂吸收紫外线产生自由基,引发光敏树脂(低聚物)和活性稀释剂分子发生连锁聚合反应,使涂膜交联固化。这种技术起源于20 世纪 70 年代的国际涂料市场,是一种全新的绿色技术。利用该技术生产的紫外线固化涂料,简称光固化涂料。20 世纪末,光固化涂料开始流行于西方、日本等地,是一种代表时尚的涂料品种。最早应用于手机、DVD、随身听外壳的表面涂装处理,后来其应用领域进一步扩展到化妆品、电视机及计算机等领域。

光固化涂料具有不含挥发性有机物(VOC)、对环境污染小、固化速率快、节省能源、固化产物性能好、适合于高速自动化生产等优点。而传统涂料易挥发、固化速率慢,不利于环境保护。因此,光固化涂料是传统涂料的重要替代品之一。

和传统热固化涂料相比,光固化涂料在涂装方面具有以下优点。

① 固化速率快,生产效率高,固化机理属于自由基的链式反应,交联固化在瞬间完成,所设计生产流水线速度最高可达 100m/min,工件下线即可包装,使用光固化涂料的效率是传统烘干型涂料的 15 倍以上。

② 常温固化,很适合于塑料工件,不产生热变形。

③ 节省能源,光固化涂料靠紫外线固化,一般生产线能耗在 50kW 以内,能量消耗约为传统烘干型热固化涂料的 1/5。

④ 环境污染小,光固化涂料的挥发性有机物含量很低,是公认的绿色环保产品。

⑤ 涂层性能优异，光固化涂料固化后的交联密度大大高于热烘型涂料，故涂层在硬度、耐磨、耐酸碱、耐盐雾、耐汽油等有机溶剂各方面的性能指标均很高，特别是其漆膜丰满，光泽尤为突出。

⑥ 涂装设备故障低，由于光固化涂料没有紫外线辐射不会固化，因而不会堵塞和腐蚀设备，涂覆工具和管路清洗方便，设备故障率低。

⑦ 固化装置简单，易维修，加上与之相关的设备总体比传统涂料设备占用空间小，设备投资低。

光固化涂料可以应用的领域如下。

① 木器类　包括木地板、橱柜、板式家具、门。目前市场上聚酯漆（PU）类、硝基漆（NC）类、不饱和聚酯漆（PE）类、紫外线固化漆（UV）类木器涂料盛行。光固化木器涂料固化速率比 PU、NC、PE 快，漆膜坚韧耐候以及环保。光固化涂料中用量最大的是木器制品，约占总用量的 55%。在所有木器涂料中光固化涂料所占比例为 3%~4%。

② 塑料类　可以在包括塑料地板、PVC 扣板、PC 阳光板、PMMA 化妆品包装、汽车内饰件、电动车摩托车外壳、手机外壳、电子产品外壳、玩具礼品、光盘等范围广泛的塑料制品上进行光固化上光，赋予各类产品不易划伤、耐磨、低光泽、耐老化和美观等性能。

③ 金属类　用于汽车部件、器械、罐头盒、合金制件等的装饰，可以代替传统涂料而赋予多种金属制品高雅美观的外表以及防腐保护作用。

④ 纸张类　书籍、杂志封面、标签、卡片及包装箱纸板上光和壁纸的涂饰等。这类行业现在也有很快的发展。光固化涂料和传统的印刷技术相结合，间接促进了人类文明的进程。纸张类光固化涂料赋予了该系列产品不同光泽、耐磨或耐水性，使制品美观耐用。

⑤ 光纤　有些光学纤维是由石英玻璃拉制成的纤维，为了方便区分，光固化光纤涂料赋予它们不同的颜色以及增加强度和减少环境污染。

欧美等国家及地区已通过立法限制挥发性有机物排放量高的传统涂料的使用，逐步使用环保新材料如光固化涂料等来取代传统涂料。因此，光固化涂料这种环保新材料在未来会保持优势，市场空间巨大。

思考题

1. VOCs 指什么？查阅最新标准，找出不同类型涂料中 VOCs 各是多少。

2. 简述涂料行业的发展趋势。

3. 随着人们环保意识的增强，环保涂料成为涂料发展的趋势。环保涂料主要的发展方向是什么？

4. 涂料具有哪些作用？

5. 涂料的组成物有哪几类？每类中分别列举出组分中的 2 种物质。

6. 早在 20 世纪 80 年代初，发达国家就提出了发展涂料工业的"4E"原则。什么是"4E"原则？

第二章
水性涂料的生产及检验

第一节　乳液的合成

教学目标

能力目标
① 能根据乳液合成的原理，选择正确的原料。
② 能搭建正确的乳液合成装置。
③ 能在合成过程中控制好操作参数，合成产品。

知识目标
① 掌握乳液合成原理。
② 理解乳液的分类、特点与应用。
③ 掌握合成过程中操作参数的控制方法。

素质目标
① 自觉遵守各项规章制度。
② 严格按操作规程操作，有良好的工作习惯。
③ 具备良好的团队协作意识。
④ 能自主学习，具有研究问题和独立解决问题的初步能力。

一、乳液聚合一般介绍

单体在水介质中，由乳化剂分散成乳液状态进行的聚合，称为乳液聚合。乳液聚合最简单的配方由单体、水、水溶性引发剂、乳化剂四组分组成。工业上的配方则要复杂得多。

在本体、溶液和悬浮聚合中，使聚合速率提高的一些因素往往使分子量降低。但是乳液聚合中，速率和分子量都可以同时很高。显然，乳液聚合存在着另一种机理，控制产品质量的因素也有所不同。在不改变聚合速率的前提下，各种聚合方法都可以采用链转移剂来降低分子量，而欲提高分子量则只有采用乳液聚合的方法。

乳液聚合不同于悬浮聚合。乳液聚合物的粒径为 $0.05\sim0.2\mu m$，比悬浮聚合常见粒径

（0.05～2mm 或 50～200μm）要小得多，乳液聚合所用的引发剂是水溶性的，悬浮聚合则为油溶性的，这些都与聚合机理有关。乳液聚合时，链自由基处于孤立隔离状态，长链自由基很难彼此相通，以致自由基寿命较长，终止速率较小，因此聚合速率较高，且可获得高的分子量。

乳液聚合有许多优点：

① 以水作分散介质，价廉安全。乳液的黏度与聚合物分子量及聚合物含量无关，这有利于搅拌、传热和管道输送，便于连续操作。

② 聚合速率快，同时产物分子量高，可以在较低的温度下聚合。

③ 直接应用胶乳的场合，如水乳漆，黏结剂，纸张、皮革、织物处理剂，以及乳液泡沫橡胶，更宜采用乳液聚合。

乳液聚合有若干缺点：

① 需要固体聚合物时，乳液需经凝聚（破乳）、洗涤、脱水、干燥等工序，生产成本较悬浮法高。

② 产品中留有乳化剂等，难以完全除尽，有损电性能。

乳液聚合在工业上应用广泛。合成橡胶中产量最大的丁苯橡胶和丁腈橡胶采用连续乳液法生产，聚乙酸乙烯酯胶乳、丙烯酸酯类涂料和黏结剂、糊用聚氯乙烯树脂则用间歇乳液法生产。乳液聚合虽然不是苯乙烯、甲基丙烯酸甲酯、偏二氯乙烯等单体的主要聚合方法，但也可采用。

1. 乳液聚合机理

对乳液聚合配方变动很大的情况做机理分析时，先考虑单体和乳化剂不溶于水和聚合物溶于单体的理想情况。苯乙烯可以看作理想单体。早在 20 世纪 40 年代，Harkins 对理想体系乳液聚合的物理模型做了定性描述，接着 Smith Ewart 进行了定量处理。实际乳液聚合与理想体系虽有不少偏差，但根据理想体系的规律，可以提出修正方向。近年来有许多人对原有的乳液聚合理论做了补充和促进了其发展。

（1）聚合场所

聚合发生前，单体和乳化剂分别以下列三种状态存在于体系中：

① 极少量单体和少量乳化剂以分子分散状态溶解于水中；

② 大部分乳化剂形成胶束，直径 4～5nm，胶束内增溶有一定量的单体，胶束的数目为 10^{17}～10^{18} 个$/cm^3$；

③ 大部分单体分散成液滴，直径约 1000nm，表面吸附着乳化剂，形成稳定的乳液，液滴数为 10^{10}～10^{12} 个$/cm^3$。

引发剂溶于水，分解产生自由基。将在何种场所引发聚合，这是乳液聚合机理要解决的重要问题。

引发剂溶于水，在水相中分解产生自由基。在水中溶解的单体将发生聚合。但由于水中单体浓度极低，增长链在分子量很小时就从水相中沉淀出来，停止增长。因此，水相溶解的单体对聚合贡献很小，不是乳液聚合的主要场所。

单体液滴也不是聚合的场所，因为乳胶聚合用的引发剂是水溶性的，单体液滴中无引发剂，这和悬浮聚合有很大的区别。同时，由于单体液滴体积比胶束大得多，比表面积则小得多，引发剂在水相分解产生的自由基也不可能扩散进入单体液滴引发聚合。分析转化率接近完全的乳液聚合体系，发现单体液滴中生成的聚合物仅为总量的 0.1%，也证明了这一点。

胶束数约 10^{18} 个/cm³，而单体液滴数只有 10^{12} 个/cm³，胶束数约为单体液滴数的一百万倍。胶束直径约 5nm，10^{18} mL⁻¹ 胶束的肥皂/水的界面积达 8×10^5 cm²/cm。单体液滴直径约 10^3 nm，10^{12} 个/cm³ 单体液滴将有 3×10^4 cm²/cm³。可见，胶束比表面积比液滴要大得多，因此有利于捕捉来自水相的自由基。

绝大部分聚合发生在胶束内。胶束是油溶性单体与水溶性引发剂相遇的场所，同时，胶束内单体浓度很高，相当于本体单体浓度，比表面积大，提供了自由基扩散进入引发聚合的条件。随着聚合的进行，水相单体进入胶束，补充消耗的单体，单体液滴中的单体又复溶解于水中。此时体系中有三种粒子：单体液滴、发生聚合的胶束和没有发生聚合的胶束。胶束进行聚合后形成聚合物乳胶粒。生成聚合物乳胶粒的过程又称为成核作用，有些胶束不成核。

（2）成核机理

乳液聚合粒子成核有两个过程。一个过程是自由基（包括引发剂分解生成的初级自由基和溶液聚合的短链自由基）由水相扩散进入胶束，引发增长，这个过程称为胶束成核。另一个过程是溶液聚合生成的短链自由基在水相中沉淀出来。沉淀粒子从水相和单体液滴上吸附了乳化剂分子而稳定，接着又扩散入单体，形成和胶束成核过程同样的粒子，这个过程称均相成核。

这两种成核过程的相对重要性，取决于单体的水溶性和乳化剂浓度，单体水溶性大，从而乳化剂浓度低，有利于均相成核，反之，则有利于胶束成核。例如，乙酸乙烯酯在水相中溶解度较大，主要以均相成核形成乳胶粒；苯乙烯在水相中溶解度很小，则主要是胶束成核。

（3）聚合过程

根据乳胶粒的数目和单体液滴是否存在，可以把乳液聚合分为三个阶段。乳胶粒数在第Ⅰ阶段不断增加，第Ⅱ、Ⅲ阶段恒定，单体液滴存在于第Ⅰ、Ⅱ阶段，第Ⅲ阶段则消失。整个阶段聚合速率递增。

第Ⅰ阶段——成核阶段。水相中产生的自由基扩散进入胶束内，进行引发、增长，不断形成乳胶粒。同时，水相中单体也可引发聚合，吸附乳化剂分子形成乳胶粒。当第二个自由基进入乳胶粒时，则引发终止。

随着聚合的进行，乳胶粒内单体不断消耗，液滴中单体溶入水相，不断向乳胶粒扩散补充，以保持乳胶粒内单体浓度恒定，因此单体液滴是供应单体的仓库。这一阶段内，单体液滴数并不减少，只是体积不断缩小。随着聚合的进行，乳胶粒体积不断增大。为保持稳定，必须从溶液中吸附更多的乳化剂分子，缩小的单体液滴上的乳化剂分子，也不断被补充吸附到乳胶粒上。当水相中乳化剂浓度低于 CMC 值时，未成核的胶束变得不稳定，将重新溶解分散于水中，最后未成核胶束消失。从此，不再形成新的乳胶粒，乳胶粒数将固定下来。典型的乳液聚合中，能够成核变为乳胶粒的仅是起始胶束的极少一部分，约 0.1%，即最后乳胶粒数 N 为 $10^{13}\sim10^{15}$ 个/cm³。

总之第Ⅰ阶段是成核阶段，体系中含有单体液滴、胶束、乳胶粒三种粒子。乳胶粒数不断增加，单体液滴数不变，但体积不断缩小，聚合速率在这个阶段不断增加。未成核的胶束全部消失是这一阶段结束的标志。该阶段时间较短，转化率可达 2%～15%，与单体种类有关。水溶性较大的单体，如乙酸乙烯酯，达到恒定乳胶粒数的时间短、转化率低；反之，如苯乙烯，则时间长、转化率高。

第Ⅱ阶段——恒速阶段。自胶束消失开始，到单体液滴消失为止。

胶束消失后，乳胶粒数恒定，单体液滴仍起着仓库的作用，不断向乳胶粒提供单体；引发、增长、终止不断地在乳胶粒内进行，乳胶粒体积继续增大，最后可达 50～150nm。从增溶胶束成核开始，直到最终的乳胶粒，体积将增加几百上千倍。由于乳胶粒数恒定，乳胶粒内单体浓度恒定，故聚合速率恒定，直到单体液滴消失为止。在这一阶段，也可能由于凝胶效应，聚合速率有加速现象。

这一阶段体系中含有乳胶粒和单体液滴两种粒子。

第Ⅱ阶段结束时的转化率也与单体种类有关。单体水溶性大，单体溶胀聚合物程度大的，转化率低，因为单体液滴消失得早。例如氯乙烯在此阶段的转化率可达 70％～80％，苯乙烯、丁二烯为 40％～50％，甲基丙烯酸甲酯为 25％，乙酸乙烯酯仅 15％。

第Ⅲ阶段——降速期。单体液滴消失后，乳胶粒内继续进行引发、增长、终止，直到单体完全转化。但由于单体无补充来源，聚合速率随乳胶粒内单体浓度下降而下降。

该阶段体系内只有乳胶粒一种粒子，粒子数目不变，最后粒径可达 50～200nm，处于胶束和单体液滴尺寸之间。这样形成的粒子过细（0.05～0.2μm），一般不符合使用要求，可利用"种子聚合"的办法来增大粒子。

所谓种子聚合是指在乳液聚合的配方中加入上次聚合得到的乳液。单体和水溶性引发剂分解成的自由基或短链自由基扩散入原有的乳胶粒内在其中增长而使粒子增大，最终可达到 1～2μm 的粒子。因为原来体系中就有许多乳胶粒，所以可以保持较高的速率。如无新的成核作用，则可保持速率恒定。研究还发现，体积小的乳胶粒体积增大快些，因此可制得乳胶粒粒径趋于均匀的胶乳。

采用种子聚合时，为了维持胶乳的稳定性，还须另加一些乳化剂。但乳化剂的加入量希望只限于稳定体积逐渐增大的乳胶粒用，不希望再形成新的胶束或乳胶粒。

由于种子聚合中乳胶粒体积可以长得较大，一个粒子内可以同时存在一个以上的自由基，常有凝胶效应发生。

2. 高分子合成方法简介

高分子的合成主要由单体聚合及高分子的化学反应来实现，聚合方法有以下两种分类法。

（1）按单体和聚合物在组成和结构上发生的变化分类

这种分类法是在高分子化学发展的早期，1929 年由 Carothers 首先提出的。据此将当时为数不多的聚合反应分为加聚反应和缩聚反应两大类，相应得到的聚合物称为加聚物和缩聚物。

烯类单体通过打开双键互相连接起来而形成聚合物的反应，通常是加聚反应。这类聚合物的组成与其单体相同。聚合物主链由碳链组成，结构上主链不含官能团基团。缩聚反应通常是经由单体分子的官能团间的反应，在形成缩聚物的同时，伴有小分子副产物的失去。例如：由对苯二胺和对苯二甲酰氯反应生成聚对苯二甲酰对苯二胺，同时伴有氯化氢小分子的失去。所以在组成上，缩聚物和其单体不同了，其分子量不再像加聚物那样是单体分子量的整数倍。在缩聚物的主链结构中，通常有单体官能团间反应生成的键。例如：酸和醇反应生成的酯键，胺和酸反应生成的酰胺键等等。缩聚物通常是杂链聚合物。

随着高分子科学和工业的发展，新聚合反应和新聚合物层出不穷，这种分类方法的局限就日益明显。

（2）按聚合反应机理和动力学分类

20世纪50年代，Flory等根据聚合反应的机理和动力学，将聚合反应分为链（增长）聚合（链式聚合，chaingrowth polymerization）和逐步（增长）聚合（stepgrowth polymerization）两大类。

烯类单体的加聚反应，绝大多数属于链增长聚合反应，链增长聚合中的活性中心可以是自由基、阴离子、阳离子和配位离子等等，因此有自由基聚合、阴离子聚合、阳离子聚合和配位离子聚合之分。当然也有例外，由Diels-Alder反应制得的聚合物，其反应机理是逐步增长聚合。例如：

$$
n CH_2{=}CH{-}R{-}C
\begin{matrix} CH_2 \\ \\ HC \\ CH_2 \end{matrix}
\longrightarrow
\begin{matrix} R & CH_2 \\ C & CH \\ HC & CH_2 \end{matrix}
\begin{matrix} R & CH_2 \\ C & \\ HC & CH_2 \end{matrix}
$$

有一些阴离子聚合是链增长聚合机理，但它的引发极快，增长极慢，且无终止，即所谓的活性聚合，其产物的分子量和转化率呈线性关系，在生物体内的蛋白质是缩聚反应，但它是在特殊酶分子催化控制下，将一个个氨基酸分子逐个按规定顺序加成上去。

绝大多数缩聚反应以及合成聚氨酯的聚加成反应，生成酚醛树脂的加成缩合反应，生成聚对二甲苯的氧化偶合反应等都是逐步增长聚合。

多数环状单体的开环聚合（ring-opening polymerization）是链增长聚合，但也有些环状单体可有两种聚合反应机理。例如己内酰胺聚合生成尼龙6，乙酸作催化剂时是逐步（增长）聚合；以碱作催化剂时，又是阴离子聚合。而从聚合物和单体的组成结构上看则是完全一样的。

从上述讨论可以看出，逐步增长聚合和缩聚聚合反应，或者链增长聚合和加聚反应，虽然在对聚合反应分类时似乎经常一致，但不是同义语，而且常有例外。

这里要指出的是，不管是上述哪种聚合反应都不可能完全如化学反应式所示的那样单一地进行，往往有一些副反应存在。因而聚合物的结构式也并非其链结构的精确表示，这些最终均将影响产物的性能，这也是聚合反应对单体纯度要求特别高的原因。

3. 影响聚合物化学反应的因素

聚合物化学反应的影响因素很多，可以从物理因素和化学因素两方面来考虑，物理因素影响主要从反应物质的扩散速率和局部浓度来考虑，结晶和无定形聚集态，交联和均相溶液对反应物的扩散也有着不同的影响；化学因素主要是邻近基团和分子构型对反应基团活性的影响。

（1）结晶的影响

进行化学反应的必要条件是相互作用的基团能够接触。当部分结晶的聚合物进行非均相反应时，化学试剂只能渗入到聚合物的无定形区域，无法渗入到结晶之中，于是反应试剂与部分结晶聚合物的官能团的反应仅发生在聚合物的无定形区和晶区的表面，导致反应不完全和不均匀。如聚乙烯醇从溶液状进行均相反应，聚合物均匀地进行缩甲醛化；后者属非均相反应，缩甲醛反应仅发生在聚合物的无定形区。再如纤维素乙酸酯的制备，当采用纤维素薄膜时反应速率慢，当采用均相反应时反应速率较快。

（2）溶解性的影响

聚合物在进行化学变化后，其物理性能也随之改变。如聚合物原来溶于某溶剂，经化学变化后，大分子链上的某些化学基团发生了变化。这种新聚合物可能依旧溶于原溶剂，也可能不溶于原溶剂而从溶液中沉淀析出或形成冻胶。如果这时反应尚未到达终点，这种溶解性能的改变对聚合物进一步的反应必然带来很大的影响。

当反应物形成很稀的冻胶，由于冻胶中含有大量溶剂和化学试剂，化学试剂的扩散速率并不因之而降低，于是，反应转化率甚至反应速率也不会受到影响。若聚合物在化学反应时产生沉淀或冻胶，一般说来对进一步反应会造成阻碍。然而，偶尔也会出现反应速率随反应进程而增加的反常现象。例如，在分析聚乙酸乙烯酯醇解产物时，发现分子量高的部分醇解度也高。这可能是分子量较高的醇解物首先析出，它从溶液中吸附了催化剂，使醇解的速率比处于溶液中的分子量较低者还快。

聚合物的官能团反应如始终在黏度不大的溶液中进行，则反应速率较高，此时与低分子同系物的反应速率相近。若溶液黏度较大，反应速率就较低。相反，适当的溶胀剂是聚合物处于溶胀状态进行的反应，有利于试剂对聚合物中官能团可及程度的提高，从而有利于反应速率和转化率的提高。

（3）邻近基团的静电和立体位阻的影响

由于大分子链上反应基团较多，邻近基团相距很近，因此静电和立体位阻会增加或降低聚合物链上的官能团的反应能力。

在许多反应中发现，大分子中的一种官能团转化为离子后，如果它带的电荷与进攻试剂相同，由于静电相斥效应，会显著地阻碍邻近基团受试剂的攻击。如聚甲基丙烯酰胺碱性水解，转化率不超过72%。这是因为当一部分酰胺基转化为羧基后，由于羧基阴离子对进攻的 OH^- 的静电排斥作用，使余下的处于两个羧基包围的酰胺基的水解受到限制。这种现象也可称为离子基团的屏蔽效应。

当邻近基团转化为具有进攻能力的离子时，能促进聚合的化学反应。例如，均聚或共聚的甲基丙烯酸酯进行皂化时，发现反应开始后不久即出现自催化效应。这是由于羧基阴离子形成之后，酯基的水解不再是氢氧基进攻，而是在相邻基团羧基阴离子的作用下，通过形成环状酸酐的过渡形式促进了皂化：

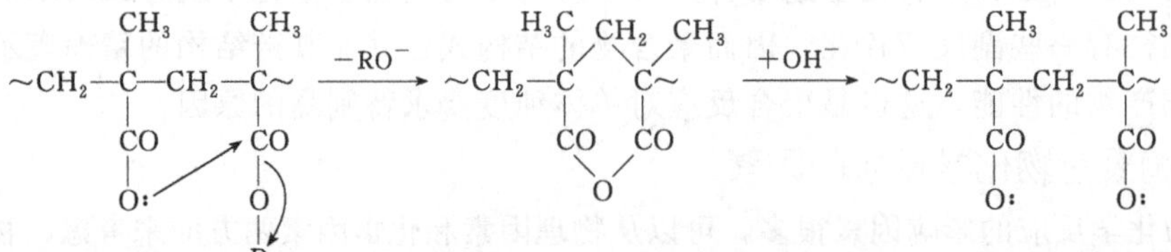

邻近基团对大分子化学变化的影响也表现在邻近的立体位阻上。例如，等规聚甲基丙烯酸甲酯的水解速率比相应的间规或无规聚合物快，在等规聚合物中，相邻基团的排布对它们之间的相互作用和形成酸酐中间体是最有利的。

（4）官能团的隔离效应

当一个试剂分子必须和大分子链上相邻的两个基团都反应时，反应不能进行到底。因为随即反应的结果，大分子上的集团总有一些被单个地孤立起来，从而不能再实现相邻两个基团都与同一试剂反应。例如，聚乙烯醇的缩醛化，假定不发生全分子的反应，其反应式如下：

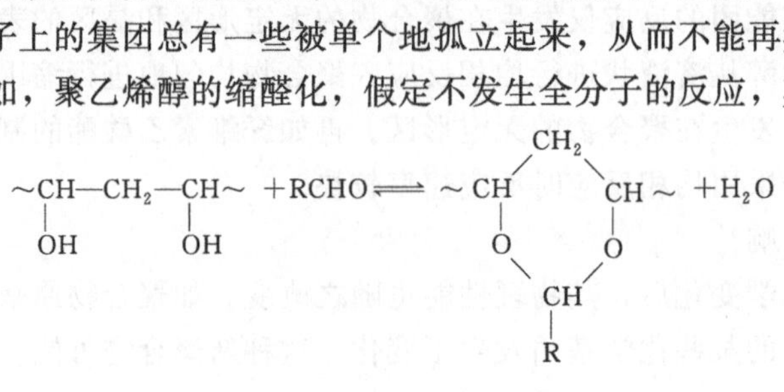

当缩醛化反应随机地进行到转化率较高时，大分子链上总有一部分孤立的未反应的羟基残留下来。该反应按统计计算，羟基的转化率最高可达 86.5%，实验测得为 85%～87%，与理论值相当符合。86.5% 是基团成对反应的极限值，该值对聚丙烯酰胺的环化反应及聚氯乙烯在锌作用下的脱氯反应都适合。

聚氯乙烯在锌粉作用下脱氯时的可逆反应与不可逆反应相比，可逆反应的转化率常常稍高一些。

（5）链构象的影响

由于大分子有各种内旋异构体，大分子链可处于不同的构象，从而呈现不同的卷曲状态。大分子链的构象与大分子链本身的结构及反应介质的性质有关。例如，在等浓度的情况下，在不良溶剂中，大分子呈线团状，此时大分子内反应的概率就比在良溶剂中大，从而使反应的可能性增加。

二、丙烯酸树脂涂料

丙烯酸树脂涂料是由丙烯酸酯或甲基丙烯酸酯的聚合物制成的涂料，这类产品的原料是石油化工生产的，其价格低廉，资源丰富。为了改进性能和降低成本，往往还采用一定比例的烯烃单体与之共聚，如丙烯腈、丙烯酰胺、乙酸乙酯、苯乙烯等。不同共聚物具有各自的特点，所以，可以根据产品的要求，制造出各种型号的涂料品种。它们有很多共同的特点：具有优良的色泽，可制成透明度极好的水白色清漆和纯白的白磁漆；耐光耐候性好；耐紫外线照射，不分解或变黄；保光、保色，能长期保持原有色泽；耐热性好；可耐一般酸、碱、醇和油脂等；可制成中性涂料，调入铜粉、铝粉则具有金银一样光耀夺目的色泽，不会变暗；长期贮存不变质。

丙烯酸树脂涂料由于性能优良，已广泛用于汽车装饰和维修、家用电器、钢制家具、铝制品、卷材、机械、仪表电器、建筑、木材、造纸、黏合剂和皮革等生产领域。其应用面广，是一种比较新的优质涂料。

1. 丙烯酸单体

常用单体有丙烯酸酯、甲基丙烯酸酯、丙烯酸、甲基丙烯酸、顺丁烯二酸酐、丙烯腈、甲基丙烯酰胺、苯乙烯等。

丙烯酸（AA，acrylic acid）又称败脂酸，分子式 $C_3H_4O_2$，无色液体，有刺激气味，相对密度 1.0511，熔点 13℃，沸点 141.6℃，溶于水、乙醇和乙醚，化学性质活跃，易聚合成为透明白色粉末，还原时生成丙酸，与盐酸加成时生成 2-氯丙酸。通常加甲氧基氢醌或氢醌作阻聚剂，它主要用于制备丙烯酸树脂等，也用于其他有机合成。它是强有机酸，有腐蚀性。

1843 年 Joseph Redtenbach 首先发现丙烯醛氧化生成丙烯酸，由于当时对其性能不够了解，长期以来没有得到充分发展，直到 1873 年 Carpray 和 Tollen 发现丙烯酸酯的聚合作用后，才受到重视。1931 年，美国罗姆-哈斯公司开发以氰乙醇水解制丙烯酸应用于工业生产，该方法长时间来一直是工业上唯一的生产工艺。氰乙醇水解法已被淘汰。

1939 年，德国人 W.J. 雷佩发明了乙炔羰化法制丙烯酸：

$$HC{\equiv}CH + H_2O + CO \longrightarrow CH_2{=}CHCOOH$$

此法正逐渐被丙烯氧化法所取代。1954 年美国建立了工业装置，与此同时还成功地研究发展了丙烯腈水解制丙烯酸工艺。

丙烯腈在硫酸存在下，进行二次水解再经减压蒸馏可得纯丙烯酸：

$$CH_2\!\!=\!\!CHCN + H_2O + H_2SO_4 \longrightarrow CH_2\!\!=\!\!CHCONH_2 \cdot H_2SO_4$$

$$CH_2\!\!=\!\!CHCONH_2 \cdot H_2SO_4 + H_2O \longrightarrow CH_2\!\!=\!\!CHCOOH + NH_4HSO_4$$

近年，由于丙烯氨化氧化制丙烯腈工艺迅速发展，为丙烯酸生产提供了廉价的丙烯腈。直到 1969 年由美国联合碳化物公司研究成功以丙烯氧化法制丙烯酸后，各国相继采用此法。近年来，丙烯氧化法在催化剂和工艺方面进行了许多改进，已成为生产丙烯酸的主要方法。

丙烯氧化法：分两步进行，第一步用钼-铋系或锑系催化剂，使丙烯氧化为丙烯醛；第二步用钼-钒-钨系催化剂使丙烯醛氧化为丙烯酸。

$$CH_2\!\!=\!\!CHCH_3 + O_2 \longrightarrow CH_2\!\!=\!\!CHCHO + H_2O$$

$$CH_2\!\!=\!\!CHCHO + \frac{1}{2}O_2 \longrightarrow CH_2\!\!=\!\!CHCOOH$$

目前，世界上丙烯氧化法制丙烯酸技术主要有美国索亥俄（Sohio）技术、日本触煤技术（NSKK）、日本三菱化学技术（MCC）。

由联碳公司开发的丙烯氧化合成丙烯酸工艺，是目前各国合成丙烯酸的主要方法。

$$CH_2\!\!=\!\!CHCH_3 + \frac{3}{2}O_2 \longrightarrow CH_2\!\!=\!\!CHCOOH + H_2O$$

此外，还可用直接酯化法和酯交换法合成各种丙烯酸酯单体。

① 直接酯化法：

$$CH_2\!\!=\!\!\overset{R^1}{\underset{}{C}}\!\!-\!\!COOH + R^2OH \longrightarrow CH_2\!\!=\!\!\overset{R^1}{\underset{}{C}}\!\!-\!\!COOR^2 + H_2O$$

式中，R^1 为 H 或—CH_3；R^2 为烷基。

② 酯交换法：

$$CH_2\!\!=\!\!\underset{R^1}{\overset{}{C}}\!\!-\!\!COOR^2 + R^3OH \longrightarrow CH_2\!\!=\!\!\underset{R^1}{\overset{}{C}}\!\!-\!\!COOR^3 + R^2OH$$

式中，R^1 为 H 或—CH_3；R^2 为烷基；R^3 为比 R^2 碳数更多的烷基。

为了保证聚合反应的正常进行，烯类单体必须达到一定的纯度。除了用仪器分析测量各单体中的杂质含量外，还可用各项物理常数来鉴别单体纯度的高低。

在贮存过程中，丙烯酸单体在光、热和混入的水分以及铁作用下，极易发生聚合反应。为了防止单体在运输和贮存过程中聚合，常添加阻聚剂。

2. 阻聚及贮运

丙烯酸酯单体在光、热影响下极易产生自身聚合反应，所以在这些单体中一般要加阻聚剂，常用的阻聚剂有：对苯二酚、对甲氧基苯酚、对乙氧基苯酚等。生产中，单体在聚合反应时，其中的阻聚剂必须除去，否则会影响聚合反应的正常进行。去除阻聚剂的方法有：

① 蒸馏法：阻聚剂沸点较高。

② 洗涤法：用碱水洗涤，因为酚类化合物极易与碱反应。

不含阻聚剂的单体的贮运在温度不高于5℃及避光的条件下进行，但贮存时间也不能过长；加入阻聚剂后，可在不高于20℃的条件下贮存较长时间。

3. 单体检验方法

丙烯酸酯单体的质量直接影响其聚合体的质量，所以在聚合生产前必须严格控制其质量。主要检验项目有：外观、纯度、相对密度、蒸馏范围、酸值以及是否含有阻聚剂和聚合体等。

（1）用皂化法测定纯度

$$CH_2=CH-COOCH_3+NaOH \longrightarrow CH_2=CH-COONa+CH_3OH$$

$$NaOH+HCl \longrightarrow NaCl+H_2O$$

50mL 容量瓶称定重量后，加入 2.5mL 单体，再称得重量后，以乙醇稀释到 50mL，吸出 20mL 加入原已吸有 25mL 0.5mol/L 氢氧化钠溶液的 250mL 三角烧瓶中，同时做一空白试验，加热回流管，合并洗液，用 0.5mol/L 验算标准液滴定，以酚酞作为指示剂。

（2）检验是否有阻聚剂

① 碱检验法　对苯二酚在碱性水中呈黄色或者红棕色，利用这一性能可检验单体是否存在对苯二酚。取等容量的单体与 5％ NaOH 溶液量于试管中，塞紧振荡之，静置后分层，碱水层中如出现微黄、深黄、棕褐，则表明有微量、中量、大量的对苯二酚存在。

② 亚硝化法检验对甲氧基苯酚的存在　对甲氧基苯酚与 $NaNO_2$ 反应时，可生成黄色亚硝基衍生物，通常因对甲氧基苯酚含量低而呈现柠檬黄色。

（3）含聚合体的定性检验

将要测定的单体按比例加入选定的溶液之中，由于聚合体不溶于该溶剂而发生混浊，说明有聚合体存在。单体选用溶剂及放置时间如表 2-1 所示。

表 2-1　单体选用溶剂及放置时间

单体	体积比	溶剂	体积比	放置时间/min
丙烯酸甲酯、丙烯酸乙酯	2	5％乙酸水溶液	98	5
丙烯酸丁酯	2	甲醇	98	5
甲基丙烯酸甲酯、甲基丙烯酸乙酯、甲基丙烯酸丁酯	2	甲醇	98	5
甲基丙烯酸	10	25％NaCl 水溶液	90	15

4. 热塑性丙烯酸酯树脂漆

热塑性丙烯酸酯树脂漆是依靠溶剂挥发干燥成膜。漆的组分除丙烯酸酯外，还有溶剂以及其他助剂，有时也和其他能互相混溶的树脂拼用以改性。因此，热塑性树脂作为成膜物质，其玻璃化转变温度（T_g）应尽量低些，但又不能低到使树脂结成块或胶凝。它的性质取决于所采用的单体、单体配比和分子量及其分布。由于树脂本身不再交联，因此用它制成的涂料若不采用接枝共聚或互穿网络聚合，其性能如附着力、玻璃化转变温度、柔韧性、抗冲击力、耐腐蚀性、耐热性和电性能等就不如热固性树脂。

一般来说，分子量大的树脂物理机械及化学性能好，但这样的树脂在溶剂中溶解性能差、黏度高，喷涂时易出现"拉丝"现象。所以，一般漆用丙烯酸树脂的分子量都不是太高。这类树脂的主要优点是：水白色、透明、有极好的耐水和耐紫外线等性能。因此早先用它作为轿车的面漆和修补漆，近来也用作外墙涂料的耐光装饰漆。其他主要用途是作为水泥混凝土屋顶和地面的密封材料和用作塑料、塑料膜及金属箔的涂装。

（1）丙烯酸树脂清漆

以丙烯酸树脂作主要成膜物质，加入适当的其他树脂和助剂，可根据用户需要来配制。如航空工业使用丙烯酸树脂漆要求高耐光性和耐候性，皮革制品则需要优良的柔韧性。加入增塑剂可提高漆膜柔韧性及附着力，加入少量硝化棉可改善漆膜耐油性和硬度。

热塑性丙烯酸树脂清漆（表2-2）具有干燥快（1h即可干）、漆膜无色透明、耐水性强于醇酸清漆等特点。在户外使用，其耐光、耐候性也比一般季戊四醇醇酸清漆好。但由于是热塑性树脂，其耐热性差，易受热发黏，同时不易制成高固含量的涂料，喷涂时溶剂消耗量大。

表 2-2　热塑性丙烯酸树脂清漆配方（质量比）

丙烯酸共聚物(固体分50％)	65	甲苯	16
邻苯二甲酸丁苄酯	3	甲乙酮	16

（2）丙烯酸树脂磁漆

由丙烯酸树脂加入溶剂、助剂与颜料碾磨可制成丙烯酸树脂磁漆（表2-3）。高速电气列车应用丙烯酸树脂磁漆，比醇酸磁漆检修间隔大、污染小、耐碱性好，并且干燥迅速。

表 2-3　丙烯酸树脂磁漆配方（质量比）

丙烯酸树脂	1	磷酸三甲酚	0.016
三聚氰胺甲醛树脂	0.125	钛白粉	0.44
苯二甲酸二丁酯	0.016	溶剂	4.70

（3）底漆

丙烯酸底漆常温干燥，附着力好，特别适合于各种挥发性漆（如硝基漆）配套做底漆。丙烯酸底漆对金属底材附着力好，尤其是浸水后仍能保持良好的附着力，这是它突出的优点。一般常温干燥，但经过100～120℃烘干后，其性能可进一步提高。

5. 热固性丙烯酸树脂漆

热固性丙烯酸树脂涂料在树脂溶液的溶剂挥发后，通过加热（即烘烤）或与其他官能团（如异氰酸酯）反应固化成膜。这类树脂的分子链上必须含有能进一步反应而使分子链节增长的官能团。因此，未成膜前树脂的分子量可低一些，而固体分则可高一些。这类树脂有两类，一类是需要在一定温度下加热（有时还需加催化剂），使侧链活性官能团之间发生交联反应，形成网状结构；另一类则是必须加入交联剂才能使之固化。交联剂可以在制漆时加入，也可以在施工应用前加入（双组分包装）。表2-4为轿车漆配方。

表 2-4　轿车漆配方（质量比）

含羟基丙烯酸树脂	59.6	甲基硅油(0.1％二甲苯溶液)	3.0
丙烯酸树脂黑漆片	15.5	低醚化变二聚氰胺甲醛树脂(60％)	24.8

注：140℃烘烤1h，固化。

聚丙烯酸酯乳胶涂料（polyacrylate latex paint）的配制方法如下。

（1）主要性能和用途

聚丙烯酸酯乳胶涂料为黏稠液体，其耐候性、保色性、耐水性、耐碱性等性能均比聚乙酸乙烯酯乳胶涂料好。聚丙烯酸酯乳胶涂料是主要的外用乳胶涂料，由于聚丙烯酸酯乳胶涂料有许多优点，所以近年来品种和产量增长很快。

（2）配制原理

① 聚丙烯酸酯乳液。聚丙烯酸酯乳液通常是指丙烯酸酯、甲基丙烯酸酯，有时也有用少量的丙烯酸或甲基丙烯酸等共聚的乳液。丙烯酸酯乳液与乙酸乙烯酯乳液相比有许多优点：对颜料的粘接能力强，耐水性、耐碱性、耐光性、耐候性均比较好，施工性能优良。在新的水泥或石灰表面上用聚丙烯酸乳胶涂料比用聚乙酸乙烯酯乳胶涂料好得多。因丙烯酸酯乳胶的涂膜遇碱皂化后生成的钙盐不溶于水，能保持涂膜的完整性。而乙酸乙烯酯乳液皂化后的产物是聚乙烯醇，是水溶性的。

各种不同的丙烯酸酯单体都能共聚，也可以和其他单体（如苯乙烯和乙酸乙烯酯等）共聚。乳液聚合一般和前述乙酸乙烯酯乳液相仿，引发剂常用的也是过硫酸盐。如用氧化还原法（如过硫酸盐-重亚硫酸钠等），单体可分三四次分批加入。

表面活性剂也和聚乙酸乙烯酯相仿，可以用非离子型或阴离子型的乳化剂。操作也可采取逐步加入单体的方法，主要是为了使聚合时产生的大量热能很好地扩散，使反应能均匀进行。在共聚乳液中也必须用缓慢均匀地加入混合单体的方法，以保证共聚物的均匀。

常用的乳液单体配比可以是丙烯酸乙酯65％、甲基丙烯酸甲酯33％、甲基丙烯酸2％，或者是丙烯酸丁酯55％、苯乙烯43％、甲基丙烯酸2％。甲基丙烯酸甲酯或苯乙烯都是硬单体，用苯乙烯可降低成本；丙烯酸乙酯或丙烯酸丁酯两者都是软单体，但丙烯酸丁酯要比丙烯酸乙酯软些，其用量也可以比丙烯酸乙酯用量少些。

在共聚乳液中，加入少量丙烯酸或甲基丙烯酸，对乳液的冻融稳定性有帮助。此外，在生产乳胶涂料时加氨或碱液中和也起到增稠的作用。但在和乙酸乙烯酯共聚时，如制备丙烯酸丁酯49％、乙酸乙酯49％、丙烯酸2％的碱增稠的乳液时，单体应分两个阶段加入，在第一阶段加入丙烯酸和丙烯酸丁酯，在第二阶段加入丙烯酸丁酯及乙酸乙烯酯。因为乙酸乙烯酯和丙烯酸共聚时有可能在反应中有酯交换发生，产生丙烯酸乙酯，它能起交联作用而使乳液的黏度不稳定。

② 聚丙烯酸酯乳胶涂料。聚丙烯酸酯乳胶涂料的配制和聚乙酸乙烯酯乳胶涂料一样，除了颜料以外要加入分散剂、增稠剂、消泡剂、防霉剂、防冻剂等助剂，所用品种也基本上和聚乙酸乙烯酯涂料一样。

聚丙烯酸酯乳胶涂料由于耐候性、保色性、耐水耐碱性都比聚乙酸乙烯酯乳胶涂料要好些，因此主要用作制造外用乳胶涂料。在外用时钛白就需选用金红石型，着色颜料也需选用氧化铁等耐光性比较好的品种。

分散剂都用六偏磷酸钠和三聚磷酸盐等，也有介绍用羧基分散剂，如二异丁烯顺丁烯二酸酐共聚物的钠盐。增稠剂除聚合时加入少量丙烯酸、甲基丙烯酸加碱中和后有一定增稠作用外，还加入羧基纤维素、羟乙基纤维素、羟丙基纤维素等作为增稠剂。消泡剂、防冻剂、防锈剂、防霉剂和聚乙酸乙烯酯乳胶涂料一样，但作为外用乳胶涂料，防霉剂的量要适当多一些。

思　考　题

1. 简述缩聚反应的特点。
2. 聚合机理有哪些？
3. 聚丙烯酸酯合成机理是什么？

第二节　水性涂料的复配

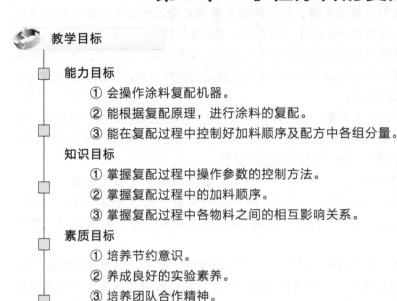

教学目标

能力目标
① 会操作涂料复配机器。
② 能根据复配原理，进行涂料的复配。
③ 能在复配过程中控制好加料顺序及配方中各组分量。

知识目标
① 掌握复配过程中操作参数的控制方法。
② 掌握复配过程中的加料顺序。
③ 掌握复配过程中各物料之间的相互影响关系。

素质目标
① 培养节约意识。
② 养成良好的实验素养。
③ 培养团队合作精神。

一、涂料的结构组成概述

涂料要经过施工，在物件表面形成涂膜，因而涂料的组成中就包含了为完成施工过程和组成涂膜所需要的组分，如表 2-5 所示。

表 2-5　涂料的组成

组成		原料
主要成膜物质	油料	动物油：鲨鱼油、带鱼油、牛油等； 植物油：桐油、豆油、蓖麻油等
	树脂	天然树脂：虫胶、松香、天然沥青等； 合成树脂：酚醛、醇酸、氨基、丙烯酸酯树脂等
次要成膜物质	着色颜料	无机颜料：钛白粉、氧化锌、铬黄、铁蓝、炭黑等； 有机颜料：甲苯胺红、酞菁蓝、耐晒黄等； 防锈颜料：红丹、锌铬黄、偏硼酸钡等
	体质颜料	滑石粉、碳酸钙、硫酸钡等
辅助成膜物质	助剂	增塑剂、催干剂、固化剂、稳定剂、防霉剂、防污剂、乳化剂、润湿剂、防结皮剂、引发剂等
	稀释剂	石油溶剂（如 200 号油漆溶剂）、苯、甲苯、二甲苯、氯苯、松节油、环戊二烯、乙酸丁酯、丁醇、乙醇等

其中组成涂膜的组分是最重要的，是每一个涂料品种中所必须含有的，这种组分通称成膜物质。在带有颜色的涂膜中，颜料是其组成中的一个重要组分。为了完成施工过程，涂料组成中有时含有溶剂组分。为了施工和涂膜性能等方面的需要，涂料组成中有时含有助剂组分。其中，作为主要成膜物质的树脂是最重要的组成部分，涂料最终的物理力学性能，主要取决于主要成膜物质的性质。植物油和天然树脂曾经是最早的主要成膜物质，直到今天，它们仍是油性漆不可缺少的重要组成部分。随着石油工业的发展，合成树脂作为一类新的成膜

物质迅速在涂料领域得到了广泛的应用和发展。由于原料丰富、成膜性能良好并具有植物油和天然树脂所无法替代的优异性能，如今绝大部分涂料都是以合成树脂作为主要成膜物质的。

作为次要成膜物质的颜料主要包括着色颜料和体质颜料。体质颜料又称填料，是通过对天然石料研磨加工或通过人工合成方式制造而成的不溶于基料和溶剂的微细粉末物质，在涂料中没有着色作用和遮盖能力。在其涂料中的主要作用是降低涂料的成本，同时，它对涂料的流动、沉降等物理性能以及涂膜的力学性能、渗透性、光泽和流平性等也有很大的影响。最常用的品种主要有：重晶石粉、硫酸钡、滑石粉、碳酸钙、瓷土、云母粉和石英粉等。

着色颜料按其化学成分可分为无机颜料和有机颜料，这两种颜料在性能和用途上有很大区别，但在涂料中应用都是很普遍的，共同之处是用来使涂料具有各种色彩和遮盖力。作为保护性涂料（包括各种防锈涂料等）主要使用无机颜料，而有机颜料则主要用于各种装饰性涂料中。最常用的几种着色颜料主要有：用作白色颜料的钛白粉、立德粉、氧化锌和铅白、锑白等；作为黄色颜料的铬黄、锌铬黄、铁黄、镉黄等无机颜料以及耐晒黄、联苯胺黄 G、永固黄等有机颜料；作为红色颜料的氧化铁红、红丹等无机颜料以及甲苯胺红、大红粉、甲苯胺紫红等有机颜料；作为蓝色颜料的铁蓝、群青等无机颜料以及酞菁蓝 BS 等有机颜料；此外，还有黑色的炭黑、绿色的铅铬绿、酞菁绿 G 等无机和有机着色颜料。

催干剂、固化剂、分散剂、流平剂、增稠剂、消泡剂等助剂以及稀释剂等辅助成膜物质，对涂料的物理性质、施工性能、成膜性能以及成膜后的涂层物理力学性能等都有很大的影响。各类助剂的合理选用，可以大大改善涂层的装饰与防护性，同时，助剂的合理应用也是涂料研制者需要花大力气研究的问题。

二、次要成膜物质的组成、特性及其作用

1. 颜料的构成及在涂料中的作用

颜料是涂料中一个重要的组成部分，它通常是极小的结晶，分散于成膜介质中。颜料和染料不同，染料是可溶的，以分子形式存在于溶液之中，而颜料是不溶的。涂料的质量在很大程度上依靠所加的颜料的质量和数量。

颜料最重要的是起着遮盖和赋予涂层以色彩的作用，但它的作用不止于此，还有以下几种。

（1）增加强度

如炭黑在橡胶中的作用，颜料的活性表面可以和大分子链相结合，形成交联结构。当其中一条链受到应力时，可通过交联点将应力分散。

颜料与大分子间的作用力一般是次价力，经过化学处理可以得到加强。颜料粒子的大小和形状对强度很有影响，粒子愈细，增强效果愈好。

（2）增加附着力

涂料在固化时常伴随有体积的收缩，产生内应力，影响涂料的附着，加入颜料可以减少收缩，改善附着力。

（3）改善流变性能

颜料可以提高涂料黏度，还可以赋予涂料以很好的流变性能，例如，通过添加颜料（如

气相 SiO_2）赋予涂料触变性能。

（4）改善耐候性

如炭黑既是黑色颜料又是一种紫外线吸收剂。

（5）功能作用

如防腐蚀作用，在防腐蚀涂料中有起钝化作用的颜料，如红丹（Pb_3O_4），也有起屏蔽作用的颜料，如铝粉、云母及玻璃鳞片，还有作为类似牺牲阳极的锌粉等。

（6）降低光泽

在涂料中加入颜料可破坏漆膜表面的平滑性，因而可降低光泽，在清漆中常用极细的二氧化硅或蜡来消光。

（7）降低成本

许多不起遮盖和色彩作用的颜料（如 $CaCO_3$、SiO_2、滑石粉等）价钱便宜，加入涂料中不影响涂层性质，但可增加体积，大大降低成本。它们称为体质颜料。

2. 颜料的分类、特性及选择和应用

（1）着色颜料

① 白色颜料

a. 钛白。钛白是最重要的白色颜料，其分子式为 TiO_2，是一种白色稳定的化合物（又称二氧化钛）。它对大气中各种化学物质稳定，不溶于水和弱酸，微溶于碱，耐热性好。二氧化钛具有优异的颜料品质，由于它的折射率比一般白色颜料高（在 2.5 以上），对光的吸收少，而散射能力大，使它的光学性能非常好，表现在光泽、白度、消色力、遮盖力都好，在粒度分布最佳时能发挥出最大效益。

二氧化钛有 3 种结晶体：锐钛型、板钛型和金红石型。板钛型属斜方晶形，无工业价值。锐钛型和金红石型同属四方晶形，在工业上有突出价值。颜料用钛白粉分为金红石型和锐钛型两类。这两种钛白粉虽然化学成分相同，但由于晶型结构不同，也带来了一系列性能上的不同。它们虽同属四方晶系，但晶体结构的紧密程度不同，锐钛型晶体间空隙大，在常温下稳定，在高温下会转化为金红石型；金红石型是最稳定的结晶形态，结构致密，比锐钛型有更高的硬度、密度、介电常数和折射率，在耐候性和抗粉化方面比锐钛型优越，但锐钛型的白度要比金红石型好。虽说钛白对可见光的所有波长都能强烈地散射，很少吸收，因而白度高，但毕竟还存在着少量的吸收，金红石型钛白粉对靠近蓝端的可见光谱吸收稍多于锐钛型，因而色调略带黄相，两者区别如表 2-6 所示。

表 2-6　锐钛型钛白与金红石型钛白性能比较

项目	金红石型	锐钛型	项目	金红石型	锐钛型
晶系	四方晶系	四方晶系	熔点/℃	1850	高温向金红石型转化
折射率	2.74	2.52	消色力	1650～1700	1200～1300
相对密度	4.2～4.3	3.8～3.9	吸油量/%	20～22	23～25
莫氏硬度	6.0～7.0	5.0～6.0	耐光坚牢度	很高	低
介电常数	114	48	抗粉化性	优	差

注：消色力数据为雷诺数。当和标准样比较时，达到明度相同所消耗标准蓝颜料的毫克数为雷诺数。消耗的蓝颜料量越大，说明白颜料的消色力越强。

　　b. 氧化锌。氧化锌又名锌白，是一个比较老的颜料品种。氧化锌不溶于水，但易溶于酸中，尤其是无机酸，它也溶于氢氧化钠或氨水中。用直接法生产的氧化锌纯度不低于98%，其颗粒为小球或短针形两种结构；而间接法生产的氧化锌纯度不低于99%，其颗粒极为细小（为胶态颗粒）。两者的折射率都在2.0左右，一般球形粒子的平均粒度在0.2μm左右，遮盖力随粒子大小和粒度分布的情况而有所不同，总的来说遮盖力不高，不如锌钡白，它的消色力亦低于锌钡白，比钛白更低。表2-7列举了各种白色颜料的折射率、消色力与遮盖力的关系。

表 2-7　各种白色颜料的折射率、消色力与遮盖力关系

颜料名称	折射率	消色力	遮盖力相对值	颜料名称	折射率	消色力	遮盖力相对值
金红石型钛白	2.71	1650～1700	100	锌白	2.03	300	—
锐钛型钛白	2.52	1200～1300	—	铅白	1.99	300	—
硫化锌	2.37	660	78	立德粉	1.84	260	—

　　注：消色力数据为雷诺数。

　　氧化锌的消色力低，但具有良好的耐光、耐热及耐候性，不粉化，适用于外用漆。氧化锌本身的熔点可达（1975±25）℃，特别适用于含硫化合物的环境，因为氧化锌能与硫结合成硫化锌，也是一种白色颜料。

　　氧化锌带有碱性，可与漆基中游离脂肪酸作用而生成锌皂，制漆后有变稠倾向。氧化锌的主要优点是它的防霉作用，它对紫外线有一定的不透明性，因此户外抗粉化性好。

　　氧化锌按制造方法不同，分为直接法氧化锌、间接法氧化锌、含铅氧化锌。它们的颗粒状态、化学组成都有一定的区别，因此在使用上要加以注意。

　　c. 锌钡白。锌钡白又名立德粉。标准立德粉是硫酸钡和硫化锌的等分子混合物，锌钡白的遮盖力只相当于钛白粉的20%～25%，但它具有化学惰性和优异的抗碱性。它不耐酸，遇酸分解产生硫化氢，在阳光下有变暗的现象，其原因是含有较高的氯化锌及水分，为此必须在生产过程中严格控制生产条件，使成品中所含的杂质氯化锌不能大于1.2%。

　　锌钡白广泛用于室内装饰涂料，由于产品本身受大气作用而不稳定，故不适宜制造高质量的户外涂料，主要用于水乳胶漆及油性漆中。

　　d. 锑白。锑白以 Sb_2O_3 为主要成分，外观洁白，遮盖力略次于钛白，和锌钡白相近，耐候性优于锌钡白，粉化性小，故耐光、耐热性均佳，对人无毒，主要用于防火涂料中。防火机理是高温下和含氯树脂反应生成氯化锑，能阻止火焰蔓延。在油基漆中使用，不与脂肪酸起反应，但有抗干性，常和 ZnO 合用。

　　锑白产品规格（含量）：$Sb_2O_3 > 99\% \sim 99.5\%$，$As < 0.05\%$。锑白相对密度较大，价格较高，故在一般色漆中较少使用。

　　② 黑色颜料

　　a. 炭黑。炭黑是由液态或气态碳氢化合物在适当控制条件下经不完全燃烧或热分解而制成的酥松、极细的黑色粉末。其主要成分是碳，也含有少量来自原料的挥发物。根据炭黑生产时的原料及生产方式不同，把炭黑划分为不同类型，有灯黑、槽黑、热裂黑、乙炔黑、炉黑。表2-8为典型炭黑特性。

表 2-8　典型炭黑特性

项目	灯黑	槽黑	热裂黑	乙炔黑	炉黑
平均粒度/μm	0.05～0.1	0.01～0.027	0.15～0.5	0.035～0.05	0.01～0.07
比表面积/(cm^2/g)	20～95	100～1125	6～15	60～70	20～200
吸油量/(cm^3/g)	1.05～1.65	1.0～6.0	0.3～0.46	3～3.5	0.67～1.95
pH 值	3～7	3～6	7～8	5～7	5～9.5
氢含量/%	—	0.3～0.8	0.3～0.5	0.05～0.10	0.71～0.45
氧含量/%	—	2.5～11.5	0～0.12	0.1～0.15	0.19～1.2
挥发度/%	0.4～9.0	3.5～16.0	0.10～0.50	0.4	0.3～2.8
密度/(g/cm^3)	—	1.75	—	—	1.8
灰分/%	0～0.16	0～0.10	0.02～0.38	0	0.1～1.0

b. 氧化铁黑。下面介绍氧化铁黑的组成和性能。

组成：$(FeO)_x \cdot (Fe_2O_3)_y$，含量＞95%；分散性：15$\mu$m 以下；粒度：0.2～0.6$\mu$m；遮盖力：7～10g/$m^2$；密度：4.95g/$cm^3$；pH 值：7±1；吸油量：(20±3)g/100g。

氧化铁黑的制造主要有两种方法，一种是用亚铁盐加碱形成的氢氧化亚铁物，然后控制pH 值在 9～10，温度 95℃以上，进行加成反应；然后再经水洗、过滤、干燥、粉碎而成。另一种方法是利用高铁氧化铁（铁红 Fe_2O_3 或铁黄 $Fe_2O_3 \cdot H_2O$）再补加一定量的亚铁盐与碱，形成氢氧化亚铁，再与高铁氧化物进行加成反应，然后经热煮脱水，再经过水洗、过滤、干燥、粉碎而得。氧化铁黑具有一定的磁性，故适宜作金属底漆，其附着力和防锈性好。

③ 无机彩色颜料

a. 铬酸盐颜料

ⓐ 铅铬黄。由于色泽鲜亮、遮盖力较好、价格低廉等因素，目前它仍是涂料工业不可缺少的品种。

ⓑ 钼铬酸。钼铬酸作为颜料应用始于 1930 年，是发展速度较快的一种颜料，它的外观鲜艳，可从浅橙色到红色，密度比较大，为 5.4～6.3g/cm^3，吸油量 15.8%～40%，颗粒大小为 0.1～1μm。钼铬橙是一种含有铬酸铅的钼颜料，它具有高的光泽和着色强度，遮盖力和耐久性均较好。

b. 镉系颜料

ⓐ 镉黄。镉黄颜色鲜艳，它及其冲淡产品都具有良好的遮盖力，但着色力一般或较差，由于吸油量低，它们易分散在漆基或塑料中。因为它是煅烧制成的，故耐温性好，耐碱性好，但耐酸性一般，在盐酸中不溶解，但能溶解在浓硫酸和稀硝酸中，并能溶在 1∶5 沸腾稀硫酸中。它的耐光性、耐候性都很好，但有潜伏的毒性，应用时要注意。

ⓑ 镉红。它的性能基本同于镉黄，坚牢度强，具有耐热、耐光、耐候等优良性能。虽然它的颜色鲜艳，性能好，但价格贵，只能用在有特殊要求如耐高温、耐光、耐候等方面，可用于涂料、搪瓷、玻璃等工业中。

在制造时，取得镉盐原料的第一步骤同镉黄，接着有两种方法将硒添入：一是在硫化镉沉淀之前，将硒溶于碱金属硫化物，形成碱金属硒化物；二是在精制碳酸镉干粉基础上，配以硒粉硫黄粉高温密闭煅烧，其他湿磨、水洗、过滤、干燥、粉碎等步骤同镉黄。

c. 铁系颜料

ⓐ 铁黄。铁黄的化学成分是 $Fe_2O_3 \cdot H_2O$，它具有优异的不渗色性，耐化学药品性，

耐碱、耐烯酸性，可溶于热浓酸中，耐光性、分散性好，无毒，耐热性一般，超过177℃脱水变红。

氧化铁黄的颜色可从带绿相的柠檬色直至带红相的橘黄色，根据对色光的需要，掌握不同的工艺条件去进行控制。铁黄的主色调为黄色，具有强烈吸收蓝色和紫外线的能力，因而当涂膜中含有氧化铁黄颜色时，可以避免高分子材料因遭受紫外线的照射而发生聚合物的降解。

ⓑ 铁红。氧化铁红颜料是一种古老的颜料，当时都是天然产品，近几十年发展为人工合成氧化铁红颜料，颜色更鲜艳。性能更优越的合成产品逐步取代了天然产品，现在合成产品数量已占80％以上。氧化铁红是重要的无机彩色颜料，仅次于钛白，这是因为它具有优良的颜料品质和较简单的工艺过程，原料简单易得，还可充分利用其他工业的废料、副料做原料。其成品毒性极小，制造过程中公害较小，成品价格又相当低廉，故用途甚广。

d. 绿色颜料

ⓐ 铬绿。铬绿颜料不是单一化学组分形成的颜料，它是基于在光谱上黄与蓝两种颜料经减差混合，可以复配成绿色颜料的原理，由带绿相的铬黄与铁蓝拼混而成。铬绿颜料具有良好的遮盖力，强的着色力，较好的化学稳定性（耐碱性除外），耐久性适中，耐光性稍差（经助剂处理可在颜料制造中解决），耐热性一般（烘烤温度在149℃之下）。

ⓑ 氧化铬绿。氧化铬绿是单一成分的绿色颜料，不同于黄、蓝复配的绿色颜料，它的色光在绿色颜料中不算鲜艳，为橄榄绿色，遮盖力不如铅铬绿，着色力也不如其他绿色颜料，但它的突出优点为：它是绿色颜料中坚牢度最好的品种，有很强的化学稳定性，不溶于酸或碱，耐光性能强，耐高温达1000℃。

由于它的热稳定性及化学稳定性高，常用于高温漆的制造，尤其是用于陶瓷及搪瓷工业，没有其他的绿色颜料可以替代；另外它用来制绿橡胶，也适用于在化学环境恶劣的条件下使用的防护漆。

它的生产方法比较简单，大多采用重铬酸钾或重铬酸钠，用碳或硫在高达1100℃下进行还原反应制得，然后洗去水溶盐，经干燥、粉碎后获得成品。

e. 蓝色颜料

ⓐ 铁蓝。铁蓝的着色力在蓝色颜料中是很高的，但与酞菁蓝相比，只有后者的一半，铁蓝的遮盖力不高，不耐晒，不耐稀酸，不耐浓酸，耐碱性极差，耐热性中等，在177℃时开始变色，在200℃以上铁蓝开始燃烧。铁蓝外观是一深色粉末，颜料的密度比较小（$1.7 \sim 1.85 g/cm^3$），它的水萃取液为弱酸性，若不含一定的酸性就说明质量有问题，规定水萃取液的pH值不大于5。铁蓝的分散比较困难，在制造时应引起注意。

ⓑ 群青。群青除作为最美丽的蓝色颜料外，最大的特点是耐久性高，它耐光、耐候、耐热、耐碱，但遇酸分解、变黄。

由于群青颜色鲜艳、耐久性高，早已用于古代的绘画及装饰品中。它耐碱，可以在蓝色颜料中和铁蓝相互补足，在要求耐酸的环境中使用铁蓝，在要求耐碱的环境中使用群青。在白漆中使用群青是抵消白漆泛黄的最理想的方法，使白漆洁白纯正，多用一些还会显出美丽的蓝相，作为增白用。

在房屋粉刷中用的碳酸钙等白灰浆中使用群青可消除黄相，纯粹的群青主要是用来制造绘画彩色，也可用于橡胶、漆布、壁纸、釉光纸、水泥等的着色。

④ 有机彩色颜料　20世纪80年代以后，世界上有机颜料总产量已达20万吨，生产能

力超过 25 万吨。Sun、Hoechst、BASF、Ciba-Geigy 等 5 个大公司产量占世界总产量的 50％，其中美国为 3.4798 万吨，日本为 1.9290 万吨。

由于有机颜料有鲜亮的色彩，着色力强，不易沉淀及具有良好的耐化学性能，所以在涂料工业中的应用日益增加，美国涂料工业用有机颜料的数量已占总有机颜料的 26％，日本为 22％。

自 1858 年 perkims 发明第一个色素以来已经过去了一个多世纪，有不少品种现在仍在大量生产与应用，例如甲苯胺红（1905 年）、耐晒黄 G（1909 年）、酞菁蓝（1935 年）等至今仍受用户欢迎。20 世纪 50 年代开始出现合成颜料新品种，偶氮缩合系颜料、喹吖啶酮系颜料、苝系颜料陆续投放市场；到 60 年代有苯并咪唑酮系颜料出现；70 年代以来又发明了氮甲川系、喹酞酮系两类颜料，但这两类新品种至今打不开局面，原因是价格高、宣传和推广应用工作不力。

有机颜料按其结构分为偶氮颜料、酞菁颜料、喹吖啶酮颜料、异吲哚啉颜料、还原颜料、氮甲型金属络合颜料、其他杂环颜料。

⑤ 金属颜料

a. 铝粉。铝粉又称银粉，其颗粒呈微小的鳞片状，厚度 0.1～2.0μm，直径 1～200μm。由于铝粉是片状结构，在色漆中会形成十几层的平行排列，从而具有屏蔽作用。这种屏蔽作用对紫外线有良好的反射性，从而延缓紫外线对涂层的老化破坏，良好的屏障性也阻止了水、气体和离子的透过，保护了漆膜，使铝粉漆的耐候性优于一般色漆。

b. 锌粉。锌粉在色漆中作为防锈颜料使用，其防锈机理是其电极势比铁小，活性比铁大，涂覆在钢铁上时，自己先被腐蚀，生成氧化物，从而保护了钢铁底材。目前国内已能大量生产涂料用的锌粉，配制富锌底漆，用于户外钢结构设施。

c. 铜粉。铜粉又称金粉，具有金黄色的色泽，是由锌铜合金制成的鳞片状粉末。纯铜粉易变色，故由不同比例的锌铜合金制成的铜粉质量较好。纯铜粉密度为 8.0g/cm^3，铜锌比例为 7∶3 时，密度为 7.62g/cm^3。

铜粉与铝粉相比，质地较重，遮盖力较弱，反射光和热的性能较差。铜粉主要用于装饰，10％用于色漆，80％用于油墨和包装材料，5％用于塑料，其他用途占 5％。

（2）防锈颜料

① 红丹　红丹不耐酸碱，耐温 480℃，温度再升高就分解为黄丹。红丹虽有一定毒性，但仍不失为一种重要的金属防锈颜料。它能钝化钢铁表面从而抑制腐蚀，即使红丹漆膜出现破裂，由于红丹漆附着力强，还可以阻止腐蚀的蔓延。红丹漆膜的吸潮性很低，可抑制潮气和氧气的渗透，从而达到防锈的目的。

红丹的防锈机理既有物理防锈又有化学防锈，尤其是化学防锈最为重要。用红丹制漆，它的颜料体积浓度可以很高，红丹颜料可以起到很好的物理屏蔽作用；红丹颜料的化学防锈作用是利用它的化学稳定性稍差的特点，红丹可以看作是 Pb_2O_4，与受腐蚀的铁产生的 Fe^{2+}、Fe^{3+} 反应生成 Fe_2PbO_4 或 $Fe_4(PbO_4)_3$，这些物质惰性更强，而游离出的 Pb^{2+} 还可以吸收所处环境的腐蚀性物质，与 SO_4^{2-}、Cl^-、CO_3^{2-} 结合成铅的难溶物。红丹与油基漆基形成微量的铅皂也可起到防锈作用。红丹具有氧化性，能把直接接触的钢铁表面氧化成致密的三氧化二铁封闭膜，阻止钢铁的进一步腐蚀。红丹的防锈有各种方式，由于它可和钢铁表面的微量锈蚀起化学反应，因而它对底材除锈要求不苛刻，可以带锈施工。

② 锌铬黄　锌铬黄由于化学成分不尽相同，所形成的颜料在性能上也存在着一些差异。

它的颜色和它的防腐性能相互矛盾，CrO_3 和 K_2O 含量低或不含钾的，颜色呈暗黄色，吸油量高，着色力和遮盖力低，耐光性差，不适宜作为普通的着色颜料，但是作为轻金属防锈效果很好。当 CrO_3 和 K_2O 含量增加时，颜色越来越鲜艳，其他颜料性能也随之改善，着色力、遮盖力增强，吸油量变小，吸湿性及沉淀物在水中所占体积减小，耐光性提高。锌铬黄的密度为 $3.36\sim3.46g/cm^3$，吸油量为 28%，颗粒直径为 $0.2\sim5.0\mu m$。四碱式锌黄的密度为 $3.87\sim3.97g/cm^3$，吸油量为 46%，颗粒直径为 $0.5\sim2.0\mu m$。

锌黄的耐热性极差，普通锌铬黄在 $100℃$ 以下可耐 $1h$，四碱式锌黄只能耐 $0.5h$。

③ 磷酸锌　磷酸盐类也属于防锈颜料的一个重要组成部分，其中最重要的是磷酸锌，它的化学成分为 $Zn(PO_4)_2\cdot(2\sim4)H_2O$，外观为乳白色粉末，能和多种漆基相容，能溶于酸形成二代磷酸根，能溶于氯水中形成络合物。磷酸锌可以水解生成氢氧化锌及二代磷酸盐离子，这些水解产物形成附着和阻蚀络合物，可使金属底材表面磷化，形成在阳极范围内特别有效的保护层，白色凝胶状氢氧化锌和底材具有很好的附着力。

磷酸锌的防锈作用在于它的结晶水，它逐渐水解，主要作用在防腐剂的后阶段。用于带锈涂料时，在有 CrO_4^{2-} 存在的情况下，使铁表面形成络合物与漆膜牢固结合，不再继续锈蚀，因而磷酸锌经常和在防腐蚀初期特别起作用的防锈颜料复配，如锌黄、四碱式锌黄、铬酸钡等铬酸盐，用于底漆和洗涤底漆，有效的 pH 值为 7.7。

④ 其他铬酸盐（铬酸钙、铬酸锶、铬酸钡）　这 3 个黄色铬酸盐均为防锈颜料，它们的防腐机理同铬酸盐类防锈颜料，都具有一定的水溶性，比铅铬黄溶解度大很多倍，所以溶出的铬酸离子增加了颜料的防锈性能。它们的溶解度分别为：铬酸钙 $17g/L$，铬酸锶 $0.5g/L$，铬酸钡 $0.001g/L$，铬黄仅 $0.00005g/L$。它们都是同族化合物，随着原子序数的增加，其水溶性逐渐减小。

a. 铬酸钙。简称钙黄，其化学成分为 $CaCrO_4$，外观为柠檬黄色，是这一类铬酸盐中三氧化铬含量最高的，将近 60%，而且水溶性铬酸离子又最大，因此在理论上应是防锈能力最强的一个品种。由于水溶性过大，影响了漆膜的耐水性，使得钙黄的使用范围受到了限制，只能用于抗水性漆料之中；如与其他防锈颜料拼用，既能增加选用单一颜料的防锈能力，又能使本身水溶性大的副作用得到降低。

钙黄可用石灰乳或碳酸钙与铬酸酐反应而成，再经过滤、干燥、粉碎为成品。

b. 铬酸锶。简称锶黄，其化学成分为 $SrCrO_4$。锶黄是比较重要的铬酸盐颜料，它的防锈能力及颜色都很好，所以具有很重要的地位。锶黄的外观呈鲜艳的柠檬黄色，可用来制作绘画颜料、着色颜料，后因有机黄的颜色可以和它相媲美，又因制造锶黄时消耗的铬酸盐比一般铅铬黄高，锶盐原料昂贵导致锶黄成本高，因此在着色方面的应用已逐渐被有机黄所取代。只是在要求高的防锈能力方面，锶黄的三氧化铬的含量比锌黄高，水溶性是锌黄的 $1/2$ 为 $0.5g/L$，这样形成的铬酸离子含量大，防锈能力强，水溶性小，漆膜耐水性强。锶黄的耐光性好，超过了其他的铬酸盐颜料（铅铬酸和锌铬黄），但遮盖力、着色力弱，在酸中可以溶解，在碱中则分解，耐热性很高，可以达到 $1000℃$。普通型的锶黄密度为 $3.67\sim3.77g/cm^3$，吸油量为 33%，粒子直径为 $10\sim15\mu m$。低遮盖力型锶黄表现为颗粒粗大，吸油量低，遮盖力弱，密度为 $3.72\sim3.82g/cm^3$，吸油量为 20%，颗粒直径为 $10\sim30\mu m$。

锶黄可用作洗涤底漆，与四碱式锌黄按 50% 比例混合，可以增加铬酸盐的可溶性又不影响与底层的黏附能力。利用它在展色剂中比锌黄活性低、耐热、耐光的特性，可以做成化学防腐涂料，它是铅、镁及其合金材料的良好防锈颜料。低遮盖力型锶黄可用于铝粉浆涂料，增加铝粉浆的防锈能力。

锶黄可由硝酸锶或氯化锶与铬酸钠反应制得，再将沉淀物水洗、干燥、粉碎为成品。注意成品中硝酸钠含量必须洗至 0.8% 以下，防止用在涂膜中时发生起泡现象。

c. 铬酸钡。简称钡黄，其化学成分为 $BaCrO_4$，外观为略带黄相的奶黄色粉末。三氧化铬含量按钙黄、锶黄、钡黄的顺序逐渐减小，钡黄的三氧化铬含量大致在 32% 以上，是这类颜料中颜色最浅、水溶性（0.011g/L）最低的，它作为着色颜料已无意义，主要用作防锈颜料。它比上述几个铬酸盐防锈颜料的化学活性都低，由于有少量铬酸离子溶出，它仍有一定的防锈能力，而且水溶性差使漆膜稳定性高，可以同锌黄、锶黄配合制防锈漆。

钡黄可由氯化钡与铬酸钠溶液反应沉淀而成，再经水洗、干燥、粉碎为成品。

（3）体质颜料

体质颜料和一般的消色颜料及着色颜料不同，在颜色、着色力、遮盖力等方面和后者不能相比，但在涂料应用中可改善某些性能或消除涂料的某些弊病，并可降低涂料的成本。

习惯上，体质颜料称作填充料。但实际上并不是所有体质颜料都等同于填充料，因为体质颜料除增加色漆体系的 PVC 值外，还可以改善涂料的施工性能，提高颜料的悬浮和防止流挂的性能，还能提高色漆涂膜的耐水性、耐磨性和耐温性等。因此在色漆中应用体质颜料已从单纯降低色漆成本的目的转向其他功能，这也是涂料工作者目前和今后重要的研究课题，应开发出更多性能优异、价格低廉的新型体质颜料，以满足涂料工业飞速发展的需要。表 2-9 为常用体质颜料的品种、性能及规格。

表 2-9　常用体质颜料的品种、性能及规格

填料名称	化学组成	密度 /(g/cm³)	吸油量 /%	折射率	主要物质含量 /%	pH 值
重晶石粉	$BaSO_4$	4.47	6~12	1.64	85~95	6.95
沉淀硫酸钡	$BaSO_4$	4.35	10~15	1.64	＞97	8.06
重体碳酸钙	$CaCO_3$	2.71	10~25	1.65	—	—
轻体碳酸钙	$CaCO_3$	2.71	15~60	1.48	—	7.6~9.8
滑石粉	$3MgO \cdot 4SiO_2 \cdot H_2O$	2.85	15~35	1.59	SiO_2:56; MgO:29.6; CaO:5	8.1
瓷土（高岭土）	$Al_2O_3 \cdot 2SiO_2 \cdot 2H_2O$	2.6	30~50	1.56	SiO_2:46; Al_2O_3:37; H_2O:14	6.72
云母粉	$K_2O \cdot 3Al_2O_3 \cdot 6SiO_2 \cdot 2H_2O$	2.76~3	40~70	1.59		
白炭黑	SiO_2	2.6	25	1.55	SiO_2:99;R_2O_3:0.5	6.88
碳酸镁（天然）	$MgCO_3$	2.9~3.1	—	—	1.51~1.70	
碳酸镁（沉淀）	$11Mg_2CO_3 \cdot 3Mg(OH)_2 \cdot 11H_2O$	2.19	147			9.01
石棉粉	$3MgO \cdot 4SiO_2 \cdot H_2O$	—	15~35			7.39

下面将简单介绍常用的体质颜料品种。

① 碳酸钙　碳酸钙的化学成分为 $CaCO_3$，用作颜料的碳酸钙有天然的和人工合成的两种，天然产品称为重体碳酸钙，人工合成的称为轻体碳酸钙。

天然产品碳酸钙又称大白粉、白垩，来源于石灰石、白云石、方解石等，天然产品的主要成分是碳酸钙，但纯度低，往往含有少量的或大量的碳酸镁，以及二氧化硅及三氧化二铝、铁、磷、硫等杂质。碳酸钙为白色粉末，颗粒粗大。以方解石为原料的产品，粒度为 1.5~12μm，相对密度为 2.71，吸油量为 6%~15%，pH 值为 9。

合成碳酸钙纯度都在98％以上，不但纯净而且平均粒度在$3\mu m$以下，一些超细品种的粒度可在$0.06\mu m$左右，由于颗粒细，吸油量大大增加，达28％～58％，随品种不同而异，pH值在9～10范围内。超细型的颜色比一般碳酸钙更白、更纯净。

总的来讲，碳酸钙在酸中可以溶解，它是碱性颜料，由于它的pH值在9左右，不宜与不耐碱颜料共用，却能用于乳胶漆中起到缓冲作用。另外，它的分解温度为800～900℃，可以用在耐高温的漆中。

碳酸钙主要用于橡胶、塑料、造纸、涂料等行业，作为填料，既降低被填充物料的成本，又增强某些性能，如补强作用，提高硬度、不透明性等。在涂料中，它可以起填充作用，加上价格低，性能又较稳定，吸油量也比较低，对漆基需要量低，因此它是涂料中最通用的体质颜料，既降低涂料的成本，又起到骨架作用，增加涂膜厚度，提高机械强度、耐磨性、悬浮性、中和漆料酸性等。在室外用漆中使用，可减缓粉化速率，并有一定的保色性和防霉作用。天然碳酸钙大量用在底漆、腻子中，它是很好的接缝材料，既能在底材上沉积，又可与漆料相容，增加漆的强度。在面漆中由于碳酸钙的加入，可以制成平光漆、半光漆。在需要消光的情况下，如建筑用漆中可大量采用。在防锈漆系统中加入碳酸钙，由于它可水解生成氢氧化钙，从而增加对底材的附着力，碳酸钙还能吸收酸性介质，有利于漆的防锈，因此防锈漆中也大量使用碳酸钙来填充。目前，天然碳酸钙已大量用于水粉建筑涂料中。

天然碳酸钙的制造是将天然矿石如方解石经筛选、破碎、干磨或湿磨再经分级而成。合成碳酸钙多采用沉淀法，将石灰石煅烧成氧化钙后制成氢氧化钙，与煅烧出的二氧化碳反应生成沉淀碳酸钙，再经过滤、烘干、粉碎、筛分，最后成为成品。这一方法是重新结晶和提纯的过程。

② 硫酸钡　硫酸钡的化学成分是$BaSO_4$，有天然的和合成的两种，天然产品称重晶石粉，合成产品称沉淀硫酸钡。

硫酸钡是一种中性物质，这种颜料化学稳定性高，外观是一种致密的白色粉末，是体质颜料中密度最大的品种，它的密度为$4.3～4.5g/cm^3$，体质颜料的密度与折射率有一定关系，一般来讲，密度越大的体质颜料它的折射率就越大。硫酸钡是这类颜料中折射率最大的（1.63～1.65），表现为颜色比较白，遮盖力稍强。硫酸钡耐酸、耐碱、耐光、耐热，熔点可达1580℃，不溶于水，吸油量低，天然产品吸油量为9％左右，合成产品稍高，在10％～15％范围内。天然产品硫酸钡纯度在85％～95％，合成产品纯度不小于97％。天然产品粒度较粗，粒度分布宽，一般在$2～30\mu m$，合成产品粒度小而均匀，一般在$0.3\mu m$到几个微米之间。硫酸钡是一种中性颜料，合成产品质量优于天然产品。

天然产品主要用于油井钻探时泥浆压盖物、化学制剂、玻璃、橡胶、涂料等，在涂料工业中主要用于底漆中，利用它的低吸油量、少的耗漆基，可制成厚膜底漆，具有填充性能好、流平性好、不渗透性好等优点，并可增加漆膜硬度和耐磨性，缺点是密度大，制漆易沉淀。但它易研磨，易与其他颜料、涂料混合，用于底漆。

合成硫酸钡性能更好，白度高，质地细腻，一般用于更高级用途上，例如照相纸、染料。X射线技术利用合成硫酸钡的白度和不透明性作观测用；还可以用它制作其他白色颜料，如钛钡白、锌钡白、钛锌钡白。

天然硫酸钡是由重晶石经破碎、湿磨、水选、干燥、筛分后制成的成品。

沉淀硫酸钡是在可溶性钡盐如氯化钡等溶液中添加硫酸钠溶液制得硫酸钡溶液，经水洗、过滤、干燥、粉碎、筛分后制成的成品。

③ 二氧化硅　二氧化硅的化学分子式为 SiO_2，有天然产品和人造产品两大类，主成分都是二氧化硅，但有部分品种是含水二氧化硅。由于天然产品的来源和合成路线的不同形成了系列产品，在外观上和使用性能上有很多差异。它们在化学属性上都具有 SiO_2 的特性，外观为白色粉状中性物质，化学稳定性比较高，耐酸不耐碱，不溶于水，耐高温，但在物理状态上却有极大的差别。一般来讲，天然产品颗粒粗大，吸油量很低，颜色不够纯净，白色或近于灰色，颗粒比较致密，质地硬，耐磨性强。二氧化硅的密度小，是体质颜料中折射率比较低的品种，但比合成的二氧化硅高，达 1.54 左右。合成产品颗粒由一般到极细，吸油量由一般到非常高，颜色白或略带蓝相，折射率较低在 1.45 左右，颗粒状态可以做得相当膨松。

a. 天然无定形二氧化硅。所谓无定形是指其颗粒微细，达到在显微镜下无法观测的程度，不成结晶形，颗粒大部分在 $40\mu m$ 以下。外观为细白粉末，密度为 $2.65g/cm^3$，折射率为 $1.54\sim1.55$，吸油量为 $29\%\sim31\%$，熔点为 1704℃，pH 值为 7。主要用作抛光剂，因其价廉和具有不活泼性，在涂料中广泛用作填充剂，用于底漆、平光漆、地板漆，也用于塑料。

b. 天然结晶型二氧化硅。天然结晶型二氧化硅即天然石英砂，经粉碎风选而得，外观为白色粉末，吸油量为 $24\%\sim36\%$，密度为 $2.65g/cm^3$，折射率为 1.547，pH 值为 7，粒径为 $1.5\sim9.0\mu m$。它的用途广泛，涂料工业的用量只是很少一部分。由于它的色白，耐热，化学稳定性好，在乳胶漆中使用不仅起到填充作用，而且涂刷性能好，平光作用及耐候性均好。

c. 天然硅胶土。前面两个品种均为不含水的二氧化硅，此产品为含水的二氧化硅，水的数量不定，其化学分子式为 $SiO_2 \cdot nH_2O$，它是海生物的遗骸，资源非常丰富。由于来源和制造方法的不同，质量波动比较大，外观可由灰色粉末至白色粉末，它的密度很小（为 $2g/cm^3$），体轻，颗粒蓬松，折射率相当低（为 $1.42\sim1.48$），颗粒较粗，粒径为 $4\sim12\mu m$，具有多孔性，吸油量高达 $120\%\sim180\%$。它主要用于涂料、平光剂，也用于底漆；其次用于塑料、造纸。

d. 沉淀法二氧化硅。沉淀法二氧化硅的外观为白色无定形（非晶体）粉末，密度为 $2g/cm^3$，吸油量为 $110\%\sim160\%$，折射率为 1.46，平均粒径为 $0.02\sim0.11\mu m$。它的化学成分为 $SiO_2 \cdot nH_2O$ 或写成 $(SiO_2)_x \cdot (H_2O)_y$，x/y 为 $3\sim10$，这种水合的二氧化硅中的结合水含量通常为 4.6%，具有吸湿性。产品还存在一定量的游离水分，在 105℃ 下的灼烧失重为 5%，总量在 $8\%\sim15\%$，大多用于橡胶和造纸，在涂料工业中用作体质颜料、中性颜料，它的稳定性好，但难以分散。

其制造工艺是在水玻璃溶液中添加酸如碳酸，先沉淀出二氧化硅，再经水洗、过滤、干燥、粉碎而成。

e. 合成气相二氧化硅。合成气相二氧化硅是一种极纯的无定形二氧化硅，在不吸附水的情况下，其纯度超过 98.8%。其外观为带蓝相的白色松散粉末，密度为 $2.2g/cm^3$，折射率为 1.45。粒子极为微细，平均粒度为 $0.012\mu m$，粒度范围在 $0.004\sim0.17\mu m$，由于颗粒细，比表面积可达 $50\sim350m^2/g$，吸油量相应也非常高，达 280%。化学稳定性强，除了氢氟酸和强碱之外，不溶于其他溶剂。

气相二氧化硅在液体介质中呈现增稠性和触变性，在静止情况下形成一定的结构，从而使体系黏度提高。当受外界机械力作用时，形成的结构被破坏，体系的黏度降低，利用这个性能可使涂料呈现适度的触变结构，从而使较厚的漆膜不致出现流挂现象，一般加入 1%～

4%的气相二氧化硅就可获得适宜的触变性。

气相二氧化硅还可防止颜料在漆中下沉，因为二氧化硅颗粒可形成三维式链，轻微的触变性改善漆的涂覆性，减轻流挂及发花现象，由于颗粒极小，在漆中不能起平光作用。使用憎水剂气相二氧化硅可作防沉降剂，同时提高涂膜的耐水性。

气相二氧化硅是由四氯化硅在氢气-氧气流中于高温下水解，制得的颗粒极细的产品。

④ 硅酸盐类

a. 滑石粉。滑石粉的主要化学成分为 $3MgO \cdot 4SiO_2 \cdot H_2O$，外观为白色有光泽的粉末，密度为 $2.7 \sim 2.8g/cm^3$，折射率为 $1.54 \sim 1.59$，热稳定性可达 900℃，pH 值为 $9.0 \sim 9.5$，吸油量为 30%～50%。它是一种天然产品，如滑石块、皂石、滑石土、纤维滑石等，硅酸镁的含量不等，滑石粉的颗粒形态有片状和纤维状两种，片状滑石粉比纤维状滑石粉对漆膜的耐水、防潮性更为有利。

滑石粉在涂料中不易下沉，并可使其他颜料悬浮，即使下沉也非常容易重新搅起，也可以防止涂料流挂，在漆膜中能吸收伸缩应力，免于发生裂缝和空缝的病态现象，因此滑石粉适用于室外漆，也适用于耐洗、耐磨漆中。

滑石粉的用途很广泛，主要用于制陶、涂料、造纸、建筑、塑料、橡胶等工业中，但滑石粉比大多数体质颜料更易于粉化，因此用于涂料中时，应和其他颜料共同使用，做一个折中处理，以改善它的粉化程度。

滑石粉的制造工艺师将天然碱石经挑选、粉碎和研磨至所需细度时即为成品。

b. 高岭土。高岭土的主要成分是 $Al_2O_3 \cdot 2SiO_2 \cdot 2H_2O$，又称水合硅酸铝、瓷土、白陶土，这种天然产品常含有石英、长石、云母等。它的外观为白色粉末，质地松软，洁白，密度为 $2.58 \sim 2.63g/cm^3$，折射率为 1.56，吸油量为 32%～55%，粒度为 $0.5 \sim 3.5\mu m$，用于底漆中可改进悬浮性，防止颜料沉降，并增强漆膜硬度，也适合制作水粉漆及色淀。高岭土在涂料中的用量只占它全部用途的极小的一部分，它大量用在造纸工业、橡胶工业中等。

近年来发现微细的体质颜料可提高钛白粉或其他白色颜料的遮盖能力，这是由于光的散射受颗粒大小的影响，钛白粉能发挥最大遮盖效率的粒度范围在 $0.2 \sim 0.4\mu m$，因此应选择同样粒度范围的高岭土才能达到提高钛白粉在涂料中的遮盖力的要求。

高岭土的制造方法简单，它的硬度很低（2.5），经破碎、水漂、干燥即成成品。

c. 硅灰石。它的化学成分为硅酸钙（$CaSiO_3$），有天然的和合成的两种产品，涂料工业用的天然硅灰石产品为极明亮的白色粉末，密度为 $2.9g/cm^3$，折射率是体质颜料中比较高的（为 1.63），吸油量为 25%～30%，熔点为 1540℃，在水中的溶解度为 $0.095g/cm^3$，是一种碱性颜料，pH 值为 9.9。天然硅酸钙在乙酸乙烯酯乳胶漆中作缓冲剂，防止 pH 值偏离合理的碱性。由于它的吸油量低，也常用于油基漆中。

人工合成产品为水合硅酸钙，其化学组分为 $CaSiO_3 \cdot nH_2O$，它是由硅藻土与石灰混合后，高温下在水浆中形成，这种合成产品又分为两种：常规型和处理型。它们的性能指标存在一定的差异，常规型的水合硅酸钙是白色膨松的粉末，比天然硅灰石体轻、膨松，具有较高的吸附能力，粒度较小（$10 \sim 12\mu m$），高的比表面积（$175m^2/g$），吸油量高达280%，密度为 $2.26g/cm^3$，折射率为 1.55，pH 值为 9.8。

合成水合硅酸钙主要用于稀薄水浆内墙平光涂料中，它提供了不透明性和对低白度光泽的优异的控制能力，呈现一定程度上的遮盖能力，改善在湿的情况下的耐磨性，有高的平光效应，体现比较好的"修饰"特性。它的平光效应与它具有非常高的附着力及多种颗粒形状有关。这些优点赋予了它很高的利用价值。

d. 云母粉。化学成分是 $K_2O \cdot 3Al_2O_3 \cdot 6SiO_2 \cdot 2H_2O$，一般涂料常用云母矿，呈棕绿色光的大层叠体，经过干式或湿式研磨后形成细粉，漂去杂质，经过滤、干燥，成为极细的有珍珠光片状的细粉产品。外观为银白色至灰色膨松粉末，密度为 $2.82g/cm^3$，折射率为 1.58，吸油量为 56%～74%，硬度为 2.5，颗粒粒径为 5～20μm。这种片状细粉的体质颜料用于漆中可增加漆膜弹性，它在漆中的水平排列可阻止紫外线的辐射而保护漆膜，防止龟裂，还可防止水分穿透。它的化学稳定性强，能提高漆膜的耐温、耐候性，起到阻尼、绝缘和减震的作用，还能提高漆膜的机械强度、抗粉化性、耐久性，用于防火漆、耐水漆。与彩色颜料共用可提高光泽而不影响其颜色。

(4) 其他特殊颜料

① 珠光颜料　使用珠光颜料是为了获得珍珠光泽、彩虹效应和金属光泽。它是透明的薄皮状结晶，这种粒子的直径为 5～100μm，厚度小于零点零几微米，这种珠光片结构在树脂和涂膜中在层薄片上经反射透射后产生一种深度的珍珠光泽。大多数的珠光颜料是白色的，把彩色颜料加入珠光颜料中形成彩色的珠光或金属光泽现象即为彩虹现象。珠光颜料有天然产品和合成产品。

a. 天然珍珠精（鱼鳞箔）。天然的有机片晶化合物，来自鱼鳞或鱼片，将刀鱼或青鱼精制出的六羟基嘌呤和 2-氨基-6-羟尿环的固溶体片状结晶作为珠光物质，片状厚度 0.07μm，片状最大直径 30μm，密度小，仅 1.6g/cm^3。它的优点是耐光性优，耐硫化性优，耐热性优良（可达 270℃），遇酸碱都溶，耐溶剂性优，具有优异的珍珠光泽，无毒性；缺点是耐化学性较差，来源受限制，价格高。它可用于各种化妆品。

b. 片晶状碱式碳酸铅。片晶状碱式碳酸铅的成分为 $3PbCO_3 \cdot 2Pb(OH)_2$ 或为和 $2PbCO_3 \cdot Pb(OH)_2$ 的混合物，为六角板状晶体，粒径为 8～20μm，厚度为 0.05～0.34μm，密度特别大（为 $6.8g/cm^3$），耐热性良，耐光性优；但不耐硫化，能形成黑色硫化铅，不耐酸，耐溶剂，有毒。

c. 氧氯化铋。氧氯化铋的成分为 BiOCl，与白云母可配成珠光颜料，片状粒子，有结晶形和无定形两种，结晶形粒径为 80μm，片的厚度为 0.15μm；无定形的粒径为 20μm，片的厚度为 0.12μm。两者都是白色细粉，密度为 $7.7g/cm^3$，耐热性良好，耐光性差，耐硫化性差，能溶于强碱，耐溶剂性优良。

d. 云母钛。以云母为基片，用二氧化钛进行包膜形成的珠光颜料，比上述合成珠光颜料有更多的优点，无论从毒性或从性能来看，都显示了更大的生命力。这种新型的合成珠光颜料是主要的珠光颜料。云母钛的粒度为 5～140μm，厚度为 0.1～1μm，可随包膜情况不同，形成多色彩的许多品种。一种是银色，按二氧化钛的覆盖率粒度不同，得到多种银白色珍珠光泽的颜料，大粒子可获得金属样闪烁的光泽，小粒子获得丝绢般柔和的光泽，一般外包锐钛型二氧化钛，在耐候性有特殊要求的场合则用金红石型二氧化钛包膜。另一种是彩虹色，这种云母钛的彩虹效应是由光的干涉现象造成的，油光干涉得到的颜色，随着二氧化钛层的膜厚而改变，透过紫色，反射金黄；透过绿色，反射红色；透过黄色，反射紫色；透过橙色，反射蓝色；透过红色，反射绿色。还有一种是着色类，在天然云母的表面用二氧化钛包膜，在此基础上，再用有色无机化合物的胶状粒子包覆，这样既保持了原云母钛的珍珠光泽，又赋予了各种颜色；不同的二氧化钛的覆盖率，不同的着色颜料含量，可产生不同的色彩，如添加氧化铁类，可得到亮金色到红铜色。

根据用途不同，可选用不同的云母钛系珠光颜料品种。它的耐热、耐光、耐硫化、耐化学性均很好，而且无毒。

云母钛珠光颜料在使用时应注意不能与干涉色系混色使用（会出现反射、透射色消失的情况）。与其他颜料、染料拼用时成为不透明色，涂底色时要按反射色、透过色的效果进行选择，在涂料中使用时要考虑沉降性、分散性、取向性等。

云母钛是通过水选后的白云母水浆投入硫酸氧钛，经热水解、水洗、脱水、干燥、燃烧，得到云母钛，若再进行表面处理，就能改进性能。

② 荧光颜料　荧光颜料有无机和有机两大类，品种很多。这种物质在紫外线的激发下或可见光的照射下，部分光波被吸收，同时放出一些可见光波形成颜色，称为荧光颜料。

具有荧光性质的染料（大都有蒽环结构），经树脂处理后成为不溶性带色颜料，并具有荧光现象。染料浓度控制在一定范围内（一般为 2% 左右），浓度过高其发光集团受光的作用会减少，活动范围受到限制，荧光强度降低；浓度过低则不能呈现足够的颜料强度。无机荧光颜料主要由 ZnS 与 CdS 组成，还会有极微量（0.003%～1%）的 Cu、Ag 或 Mn 的化合物作为活化剂。根据 Cu 活化剂含量不同，产品呈现绿到深红色。用 Ag 作活化剂时，则颜色由深蓝到深红。用 Mn 作活化剂，呈现黄色荧光现象。无机荧光颜料在日光下无色或呈微弱的颜色，但可根据需要选择只有在紫外线照射下才呈现颜色的品种。

荧光颜料色感非常强烈，耐光性一般较差。可罩涂含有紫外线吸收剂的罩光清漆，延缓涂膜褪色。

日本 Sinioini 厂产品有 FZ-2000 型、FZ-5000 型、FZ-6000 型或 FA 型荧光颜料。FZ-2000 型中有红光橙、绿、大红、橙、柠檬黄、橙黄、桃红 7 种颜色，平均粒度 3.5～4.5μm，软化点 105～110℃。上述荧光颜料除可用于溶剂型漆，还适用于水性漆。

③ 示温颜料　使用变色颜料做成色漆，涂刷在不易测量温度变化的地方，可以从漆膜颜色的变化观察到温度的变化，这种颜料称为热感性颜料或示温颜料。这类颜料分为两类：一类为可逆性变色颜料，当温度升高时颜色发生改变，冷却后又恢复到原来的颜色。另一类为不可逆变色颜料，它们在加热时发生不可逆的化学变化，因此在冷却后不能恢复到原来的颜色。具有这两类变色情况的物质很多。

可逆性变色颜料在受热时变色物质发生了一定程度的改变，如复盐的变体、结晶水的失去，冷却后，物质结构又可恢复到原来的状态，或由于吸收空气中的水分又形成结晶水，因此可逆性变色颜料只能用在 100℃ 以内温度变化的场合，常用的可逆性变色颜料列入表 2-10。

表 2-10　常用的可逆性变色颜料

化合物	颜色改变时的温度/℃	原色	变化色
$CoCl_{12} \cdot 2C_6H_{12}N_4 \cdot 10H_2O$	35	粉红色	天蓝色
$CoBr_2 \cdot 2C_6H_{12}N_4 \cdot 10H_2O$	40	粉红色	天蓝色
$HgI_2 \cdot AgI$	45	暗黄色	暗褐色
$CoI_2 \cdot 2C_6H_{12}N_4 \cdot 10H_2O$	50	粉红色	绿色
$CoSO_4 \cdot 2C_6H_{12}N_4 \cdot 9H_2O$	60	粉红色	紫色
$NiCl_2 \cdot 2C_6H_{12}N_4 \cdot 10H_2O$	60	亮绿色	黄色
$NiBr_2 \cdot 2C_6H_{12}N_4 \cdot 10H_2O$	60	亮绿色	天蓝色
$HgI_2 \cdot CaI$	65	胭脂红色	咖啡色
$Co(NO_3)_2 \cdot 2C_6H_{12}N_4 \cdot 10H_2O$	75	粉红色	绛红色

可逆性变色颜料配制成涂料可以涂刷在电动机、发电机及不易直接测定温度的机器

表面，通过观察颜色的变化来确定温度。使用时还应注意，正确的温度与观测面的清洁程度有关。

3. 颜料体积浓度理论、配色技术及在配方中的应用

(1) 颜料体积浓度理论

① 颜料体积浓度（PVC）　在色漆形成干漆膜的过程中，溶剂挥发，助剂的量很少，干漆膜中的主要成分是主要成膜物质和颜料。漆膜的功能是通过主要成膜物质和颜料来实现的。因此，决定干漆膜性能的也是主要成膜物质和颜料，它们各自的性能影响漆膜的性能，它们在漆膜中占有的体积之间的比例很显然对漆膜性能有重要影响。因此重点介绍颜料体积浓度的概念及其在涂料中的应用。在干膜中颜料所占的体积分数叫颜料的体积浓度，用 PVC 表示：

$$颜料体积浓度（PVC）＝颜料体积/漆膜的总体积$$

② 临界颜料体积浓度（CPVC）　当颜料吸附树脂，并且恰好在颜料紧密堆积的空隙间也充满树脂时，此时的 PVC 称为临界 PVC，用 CPVC 表示。

在 100g 颜料中，把亚麻油一滴滴加入，并随时用刮刀混合，初加油时，颜料仍保持松散状，但最后可使全部颜料黏结在一起成球，若继续再加油，体系即变稀。把全部颜料黏结在一起时所用的最小油量为颜料的吸油量（OA）。油量和颜色的 CPVC 具有内在的联系，吸油量其实是在 CPVC 时的吸油量，因此它们可通过下式换算：

$$CPVC＝1/(1＋OA×\rho/93.5) \tag{2-1}$$

式中，ρ 为颜料的密度；93.5 为亚麻油的密度乘以 100 所得。

针状氧化锌的密度 $\rho＝5.6g/cm^3$，实验得到其吸油量 OA＝19，计算用它配制涂料的 CPVC。

$$CPVC＝1/(1＋19×5.6/93.5)＝0.468(46.8\%)$$

对于混合颜料，采用下式计算：

$$CPVC＝1/(1＋\Sigma OA_i×\rho_i\varphi_i/93.5) \tag{2-2}$$

式中，φ_i 是某颜料的体积分数。

几何学上的 CPVC 值是一个明确的数值。但实际上，由于漆基润湿颜料的能力，以及颜料被润湿的难易程度等因素的影响，CPVC 值是一个狭窄的、多少有些模糊的过渡区间，在该区间两边，涂膜的性质呈现过渡态的变化。CPVC 值是根据配方中所采用颜料的含量求出的。对于许多体系来说，其 CPVC 值在 50%～60%，而配方的 CPVC 值的确切数据，只能通过实验积累的经验和涂膜性能检测数据测定。

基料组成影响吸附层的厚度，但具有给定颜料或颜料组合的 CPVC 值却基本上不依赖于基料组成。CPVC 值主要取决于涂料中颜料或颜料组成及颜料絮凝程度：

a. 易被湿润的颜料或加入分散助剂后，会降低 CPVC 值。因为颜料分散得好，每个颜料颗粒上都能够吸附树脂，所以导致体系中 CPVC 值下降。

b. 颜料组成相同时，颜料粒径越小，CPVC 值就越低，对较小粒径颜料，其表面积对体积的比例就越大。因此，在较小颜料颗粒表面吸附的颜料较多，在紧密填充的最终涂膜中颜料体积较小。

c. 在紧密堆积的颜料中，粒径分布越广，粒径的颗粒能填充到大粒径颗粒形成的间隙中，间隙的体积就越小，所以 CPVC 值就越高。

　　d. 用含絮凝颜料的涂料制成的涂膜，其 CPVC 值低于那些不含絮凝颜料涂料制成的涂膜的 CPVC 值。絮凝是颜料在制成涂料已经均匀分散后，又重新聚集的现象。用含絮凝颜料聚集体的涂料制成的漆膜，颜料分布均匀性较低，因此无法确定哪里颜料浓度会局部过高。含溶剂树脂被陷入到颜料聚集体内。当涂膜干燥时，溶剂从陷于絮凝颜料中的树脂溶液中扩散出来，导致填充空间的基料不足。有报道的一个例子是，当絮凝增加时，CPVC 值从 43％降到 28％。

　　③ 比体积浓度（Δ）　PVC 和 CPVC 之比称为比体积浓度，其计算式如下。

$$比体积浓度(\Delta)＝PVC/CPVC \tag{2-3}$$

　　PVC 与漆膜的性能有很大的关系，如遮盖力、光泽、透过性、强度等。当 PVC 达到 CPVC 时，各种性能都有一个转折点。当 PVC 增加时，漆膜的光泽下降。当 PVC 达到 CPVC 时，Δ＝1，高分子树脂恰好填满颜料紧密堆积所形成的空隙。

　　若颜料用量再继续增加（Δ＞1），漆膜内就开始出现空隙，这时高分子树脂的量太少，部分的颜料颗粒没有被黏住，漆膜的透过性大大增加，因此防腐性能明显下降，防污能力也变差。但是由于漆膜里有了空气，增加了光的漫散射，使漆膜光泽（光泽是对光定向反射的结果，漫散射使定向反射光的比例减少）下降，遮盖力迅速增加，着色力也增加，但和漆膜强度有关的力学性能以及附着力明显下降。

　　腻子的 Δ＞1，漆膜的强度较小，而且强度大，因此容易用砂布打磨除去。腻子不做表面涂层，腻子中的空隙能够被随后涂料中的漆料重新渗入黏合。

　　高质量的有光汽车面漆、工业用漆和民用用漆（面漆），其 Δ 值在 0.1～0.5，漆膜中高分子树脂含量多，赋予漆膜好的光泽和保护性能，高光泽涂料的 Δ 值低，保证其漆基大大过量。在漆膜形成过程中，漆基随溶剂一起流向外部，在漆膜表面形成一个清漆层，得到一个平整的漆膜，涂膜的反射性高，增加了漆膜的光泽。

　　半光的建筑用漆 Δ 值在 0.6～0.8，其 Δ 值较高。平光（即无光）建筑漆的 Δ 值为 1.0 或接近 1.0 的水平。有时制备平光漆不是采取增大 Δ 值的办法，而是采用加入消光剂来解决，这样可以发挥低 Δ 值时的涂膜性能，增加防污能力，降低涂膜的渗透性。

　　保养底漆的 Δ 值在 0.75～0.9 可以得到最佳抗锈和抗起泡能力。富锌底漆的防锈原理是牺牲阳极保护钢铁，锌粉颗粒相互接触维持漆膜的导电性，而且漆膜需要一定的透水性以形成电解质溶液，因此 Δ＞1。木器底漆的 Δ 值宜在 0.95～1.05，以保证涂膜的综合性能最佳。

　　虽然 PVC 值和 Δ 值对色漆配方设计有重要的参考价值，但在实际应用中，往往因为所用漆基与颜料的特性，色漆制造工艺的影响，以及加入分散助剂的作用，使 Δ 值的参考作用受到干扰。颜料的附聚导致堆积不紧密，因而 CPVC 值较低。相反，非常高效的分散助剂的应用，可能得到一个比预期要高的 CPVC 值。底漆按规定时间在球磨机中进行研磨分散，其 PVC 值已固定，而 CPVC 值随其在球磨机中研磨分散时间的增加而增加。如果加工过程中研磨分散时间为达到规定要求而过早出磨，Δ 值可能会高于设计的数值，颜料与漆基就没有完全湿润分散为均匀的分散体系，导致涂膜的性能尤其是抗腐蚀性能明显下降。在色漆制造工艺中，需要解决 Δ 值与配方一致的问题。

　　（2）配色技术

　　涂料厂配色这里仅介绍人工配色，即根据色卡或指定颜色样板进行目测调配的配色方法。涂料涂膜的显色是减法成色，较之加法成色要复杂得多，而且配色时所用的颜料还不止减法混合的三原色。同时，颜料的色调、明度和饱和度指标和着色能力等并不是始终完全相同，这都增大了涂料配色的复杂性和技术难度。因此，人工配色目前只能依靠经验进行，对配色员配色经验的依赖性很大，并要求配色员在开始配色前充分了解各种影响因素，配色时耐心细致，切忌急躁。

① 参照物确定　配色前应先仔细研究色卡或指定的颜色样卡或提供的涂料样品，弄清楚颜色的色调范围，主色是什么颜色，副色是什么颜色，需要使用哪几种颜色的颜料，并初步拟定出各颜料在配方中的大概用量。此外，还要对颜料的物理性能和颜色特性参数心中有数。

② 色浆检验　配色前应对调色用色浆的细度进行检验，达到细度要求时才能用于调色，同时要求色浆的细度一致，颜料含量一致。在配制批次多时可将不同批号的色浆混合均化，然后再用。

③ 调色　在充分搅拌的情况下，向基准涂料（白色涂料）或基料中缓慢地加入色浆。调色时应先调深浅，后调色调。例如，调制深绿色涂料时应以中铬黄色浆为主，加入氧化铁蓝色浆调成暗绿。随着铁蓝色浆的加入，颜色逐渐加深，然后再加入少量炭黑色浆使绿色加深。

④ 色浆品种　在保证颜色符合要求的前提下，所用色浆的品种应尽可能地少，因为加入的颜色种类越多，被吸收的光量也越多，在成色后其明度越低，色彩变得越暗。同时，色浆品种越多，配色的工作量也越大。

⑤ 预留基料　使用色浆配色时，开始可预留一部分基料，这样可根据加入色浆的数量和品种的多少适当考虑增减比例。但是，应该把全部基料和配方中的所有成分都补足并充分搅拌均匀后再测色。基料分次加入的好处是在颜色配深时能够补救，或者在没有用到配方规定数量就已配出要求的颜色时，能够调整基料的用量。

⑥ 光泽涂料　调配平光涂料或半光涂料时，配方中的基料可允许加入 70%～80%，而用其余的部分来调节光泽。当加入的基料接近配方量时，可制板检验涂膜的光泽及颜色，然后再酌情补加基料使涂膜的光泽及颜色均达到规定的要求，这样可以避免因基料加入过量而反过来再用色浆和填料浆调配的麻烦。

⑦ 建筑涂料调色　当某一颜色的建筑涂料需要量不大时，可用白色涂料作为基准涂料，而用色浆直接调配之。调配时先调小样，可先加入主色浆的 70% 左右，再加入副色浆，其后要每次少加，多次加入，使之逐步接近样板或涂料。

⑧ 小样涂膜　制板方法影响调色效果，因而应该按规定方法进行。刷涂要均匀，厚度应适宜，最好采用湿膜制备器刮涂制备。

⑨ 比色　应在视场周围没有强烈色光干扰的漫射自然光线下观测涂膜，应将待测涂膜与色卡或指定颜色样板进行上下、左右、侧正的反复观察对比，尽量避免人为的误差。

⑩ 助剂添加　当颜料因密度不同或其他原因（例如颜料絮凝）导致涂料出现"浮色发花"时，可加入适量浮色发花防止剂予以防止。常将触变增稠剂用于防浮色发花或将流平剂（例如聚醚或聚酯改性的聚有机硅氧烷）用作防浮色发花剂等。此外，离子型分散剂也具有防浮色发花作用，属于这类助剂的有如德国 Hcnkel 公司的 lexaPHor 系列湿润分散剂（如963、963S、VP-3061 等）、德国 UYK 公司的 BYK-104、EYK-104S、Anti-terra-203 和 Anti-terra-P 等。

思考题

1. 简述水性涂料的复配原理。
2. 辅助成膜物质在涂料复配中起什么作用？
3. 颜料在涂料中起什么作用？
4. 比体积浓度对涂膜性能的意义是什么？

第三节　水性涂料的施工

教学目标

能力目标

① 能对施工对象的底材进行预处理。

② 能依据施工对象选择合适的施工工具，并进行正确施工。

③ 能在施工过程中做到安全作业。

④ 能处理施工过程中的各类瑕疵。

知识目标

① 了解涂料施工对象的底材进行预处理的常用方法。

② 掌握涂料施工的常用工具。

③ 掌握涂料施工的常用方法。

④ 掌握涂料安全施工的相关国家标准工具。

素质目标

① 培养良好的创新意识。

② 培养良好的争先意识。

③ 培养团队合作精神。

一、涂料施工概论

所谓涂料施工，也称涂装，是指使涂料在被涂物体表面形成所需要的涂膜的过程。

在涂料行业有句俗语，叫"三分涂料，七分施工"，意思是涂料与涂料施工是分不开的，并且涂料施工的重要程度远远大于涂料本身，因为涂料虽然作为商品在市场流通，但它只是涂膜的半成品，涂料只有通过涂装过程，形成了涂膜，才算是最终产物，才能发挥其装饰、保护或特殊功能等作用，具备使用价值。

涂料施工通常至少包含以下 3 个过程：

① 被涂物件（底材）的处理，也称漆前表面处理；

② 涂料的涂布，也称涂饰、涂漆或涂装；

③ 涂膜干燥，或称涂膜固化。

无论对何种物体进行涂装，都包括这三个过程。对于有特殊要求的被涂物体有时增加一些其他工序，如汽车车身表面涂装，在涂膜干燥后，有时增加涂膜的修整和保养、涂保护蜡等工序。

涂料研发、服务人员虽然不直接从事涂料施工，但也必须了解、掌握和研究涂料的施工技术。要把涂装工艺的研究作为研制一种涂料新品工作的一个重要的有机组成部分，在确定生产工艺的同时也确定它的最佳涂装工艺，用以指导使用人员进行施工。若为已定型的涂装工序、方法和设备研制涂料新品种，则需要涂料研发人员更深入了解和掌握该涂装工艺的技术参数，这样才能研制出适用的涂料产品，满足消费者的要求。

一般来说，选择、研究涂料产品或确定施工工艺时，应从以下几方面考虑被涂对象的情况：

① 被涂物的自身状况，如物件的种类、性质、形状、大小尺寸等。

② 被涂面的状态，如粗糙程度、腐蚀状态。

③ 被涂物的生产状况，如物件生产方式、过程、批量、周期等。

④ 被涂物的使用条件，如物件的使用目的、年限、方式，使用过程中所处的环境状况（室内还是室外、动态还是静态、地上还是地下、是否处于水中等），使用过程接触的外界因素（温度、湿度、光源、水分、电流、化学药品等），使用过程物件自身产生的外力情况（如振动、生热、冲击、风压等）。

⑤ 被涂物的涂饰要求，如使用涂料的目的、作用，涂膜的性能、等级，使用年限，更新的要求等。

⑥ 被涂物的涂装环境，如涂装的场所及条件（室内或室外、高空或地下、生产线条件等），环境温度、湿度、光照情况等。

被涂物的要求条件是确定涂膜的基础，也是选定涂料品种和施工工艺的基础。

与其他工业技术一样，涂料施工也是以提高效率、节约能源、减少污染、增加效益为目标，不断发展。开始是手工操作，其后是简单的机械化、单机操作，现代化的涂装作业则是自动化连续的流水线操作，采用机械手和电子技术控制等，达到工程化阶段。

1. 底材的处理

在涂漆前对各类材料或制品（统称底材）进行的一切准备工作，如清除各类污物、整平及覆盖某类化学转化膜等，称为底材处理，也称作漆前处理。

通过各种处理，可以增强涂层对底材的覆盖力，充分发挥涂料对底材的装饰作用和保护能力。

底材处理是涂料施工的第一道工序，往往也是最费工时的工序。由于它对整个涂层的质量影响最大，如表 2-11 所示，因而了解不同底材的处理方法十分重要。

表 2-11　涂层质量的影响因素和所占比率

序号	影响因素	所占比率/%	序号	影响因素	所占比率/%
1	底材处理的质量	49.0	4	环境条件	7.0
2	涂装方法和技术	20.0	5	同类品种质量的差异	5.0
3	涂层层次和厚度	19.0			

（1）木材的处理

① 木材的特征　木材是一种因不同树种、不同生长环境而有不同结构组成的天然高分子化合物，是一类结构不均匀的多孔性材料，具有吸水膨胀、失水收缩的湿涨干缩性，并且弦向和径向湿涨干缩性不均匀。

构成木材基本骨架的木纤维具有在阳光下容易泛黄，与化学药品接触易被污染，又易被微生物侵蚀、易变色的特点。

随着树种的不同和生长环境的差异，不同树种中含有不同的树脂分和单宁等的色素沉着。像针叶树的油松、马尾松等的木孔中含有较多的松香、松节油，并且在节疤和受伤部位所含的这类树脂会更多，而栗木、黄橙、紫檀等类树木的细胞腔中就含有较多的单宁和色素等物质。

② 木材表面的常见缺陷　树木在其生长过程中往往会受到外界的影响诸如割裂、碰伤等而在其表面上留下疤痕，同时在采伐、运输和加工成材的各个生产环节中也会留下许多不可避免的创伤，这样木材表面往往会出现一些表面缺陷。主要有：

a. 节疤。节疤多见于树木生长的枝桠的断面以及生长过程中受过伤的部分。

b. 裂纹。由于温度、湿度变化引起木材的湿涨干缩是造成木材表面出现裂纹的主要原因。

c. 色斑。色斑是木材受到变色菌、霉菌或化学品侵蚀而使木材局部产生颜色改变的一种表面形态。

d. 刨痕。刨痕是刨刀使用过程中用力不均匀或碰到木材节疤等部位时在木材表面上留下刨刀运行时跳动的痕迹，刨痕多见于原木表面。

e. 波纹。也称丝路，是木材在旋切制薄皮或单板时由于旋切刀片不锋利而留在木材旋切表面上的一种不平整痕迹，多见于由单层薄板组合而成的三合板或多层胶合板的表面。

f. 砂痕。砂痕是在进行打磨时由于选择的砂纸过粗以及打磨时不沿着木纹方向砂磨而留在木材表面上的砂纸打磨的痕迹。

③ 木材漆前常用处理方法

a. 干燥。新木材含有很多水分，在潮湿空气中木材也会吸收水分，所以在施工前要放在通风良好的地方自然晾干或进入烘房低温烘干。晾干或烘干时需经常翻转木材，使水分从木材周围均匀散发。烘干时还要控制干燥速率，否则常会引起木材变形或开裂。根据树种情况，含水量一般控制在 8%～14%，这样能防止涂层产生开裂、起泡、回黏等弊病。

b. 刨平及打磨。用机械或手工进行刨平，然后开始打磨。首先将两块新的砂纸的表面互相摩擦，以除去偶然存在的粗砂粒，然后进行打磨。人工打磨时可在一块软木板或在木板上粘上软的绒布、橡胶、泡沫塑料之类的材料，再裹上砂纸进行打磨，这样的打磨易均匀一致。打磨后用抹布擦净木屑等杂质。砂磨的基本要领是选用合适的砂纸，顺木纹方向有序进行。

c. 去木脂。某些木材内含有木脂、木浆等物质，温度升高时会不断渗出，影响漆膜的干燥性和附着力，并会使涂层表面出现花斑、浮色等缺点，因此必须除去。除去木脂的方法有：ⓐ先用 60℃左右热肥皂水或表面活性剂溶液洗涤，再用清水洗涤、干燥。ⓑ用 5%～6% 的碳酸钠水溶液或 4%～5% 的氢氧化钠的水溶液加热到 60℃左右涂在待处理处，使木脂皂化，然后再用热水清洗、干燥。ⓒ用有机溶剂如二甲苯、丙酮等擦拭，使木脂溶解，然后用干布擦拭干净。

d. 去木毛。木材表面即使经过打磨，仍然存在很多木毛。去除木毛可用火燎，也可用温水或稀虫胶液润湿木材表面，再用棉布逆着纤维纹路擦拭，使木纹竖起，干燥变硬后用细砂纸磨掉。

e. 漂白。漂白可选用具有氧化还原作用的化学物质，如双氧水的氨水溶液、漂白粉、草酸、高锰酸钾溶液等，也可通过燃烧硫黄的方法进行。漂白后必须用清水清洗，若清洗不彻底，漆膜易产生黄变现象，尤其是聚氨酯涂料或乳胶漆。

f. 防霉。为了避免木材因长时间受潮而出现霉变，可在涂装前先涂防霉剂溶液，待干透后再进行涂装。

g. 填孔。用虫胶清漆、油性凡立水、硝基清漆等树脂液与老粉（碳酸钙）、滑石粉或者氧化铁红、氧化铁黄、氧化铁黑等颜料、填料拌和成稠厚的填孔料。使用填孔脚刀逐个地将填孔料嵌填于木材表面的裂缝、钉眼、虫眼等凹陷部位，对缝隙较大、较深的孔、眼有时还需要做多次填孔，使孔、眼填充结实，以防因虚填而在日后出现新的凹陷或脱落，待填孔料干透后用砂纸磨平。

透明涂饰时调制填孔剂的颜色是关键，应基本接近被涂木材颜色，太深或太浅在涂饰后会出现深浅不一的斑点。

h. 着色（染色）。其目的是更明显地突出木材表面的美丽花纹或使木材表面获得统一的颜色，有时是为了仿造各种贵重木材的颜色如榛木、桃花心木、梨木等。根据不同的目的，着色可分为木纹着色剂和基层着色。

木纹着色的关键在于突出木材的纹理，使木纹的颜色有别于材面的整体颜色。木纹着色剂又称作润老粉，有水老粉和油老粉两种。由氧化铁红、氧化铁黄、氧化铁黑或炭黑等具有着色力、遮盖力的着色颜料，配以碳酸钙之类的体质颜料（填料）调配成所需的颜色，用水调配成黏稠浆料的称水老粉，用油性树脂加稀释剂调配成黏稠浆料的称油老粉。

基层着色与木纹着色的根本区别在于基层着色是对整个表面着色，而木纹着色只对木孔眼子着色，因此木材表面一般先进行木纹着色再进行基层着色。基层着色还可改变木材表面的颜色，从而达到仿真效果，如将一般的柳安材经仿红木的基层着色处理，可获得红木效果。

用于基层着色的透明的有机染料，也有水色着色和油性着色两种配制方法。水色着色剂用开水与黄钠粉、墨水等调配而成；或用碱性、酸性、分散性等有机染料加入水、骨胶等制成。油性着色剂是使用透明性强，在有机溶剂中能溶解的油溶性染料或醇溶性染料调配成高浓度染料液，然后再加到稀释过的树脂液中。

（2）水泥砂浆类底材的处理

水泥是最基本的无机建筑材料，可以单独使用，也可与黄砂、石料等混合使用。常见类型有：水泥砂浆；混合砂浆；混凝土预制板或现浇板等。从表面粗糙度看，有粗拉毛面、细拉毛面和光滑面（水泥砂浆压光面）。

对于水泥砂浆类底材，处理的内容主要包括：清理基层表面的浮浆、灰尘、油污，减轻或清除表面缺陷（如裂缝、孔洞），改善基层的物理或化学性能（如含水率、pH 值），以达到坚固、平整、干燥、中性、清洁等基本要求。

① 强度　底材强度过低会影响涂料的附着性。通常用目测、敲打、刻划等方式检查，合格的基层应当不掉粉、不起砂、无空鼓、无起层、无开裂和剥离现象。

② 平整度　底材不平整主要影响涂料最终的装饰效果。平整度差的底材还增加了填补修整的工作量和材料消耗。平整度的检查有四个项目：表面平整、阴阳角垂直、立面垂直和阴阳角方正。表面平整用 2m 直尺和楔形塞尺检查，中级抹灰允许偏差 4mm，高级抹灰允许偏差 2mm。阴阳角垂直用 200mm 方尺检查，中级抹灰允许偏差 4mm，高级抹灰允许偏差 2mm。立面垂直用 2m 托线板和尺检查，中级抹灰允许偏差 5mm，高级抹灰允许偏差 3mm。

③ 干燥度　湿气来自拌和水泥时所加入的水，当水泥干燥时，多余的水分会往水泥表面迁移，然后挥发，这时水泥中水溶性的碱性物质被带到表面。因此，若水泥砂浆类底材湿

度大，不仅会影响涂料的干燥，而且会引起泛碱、变色、起泡等漆病。适合水性涂料施工的含水率应低于10%，溶剂型涂料含水率一般低于8%（也有高湿度下使用的涂料品种）。对水泥砂浆基层而言，在通风良好的情况下，通常夏季14d、冬季28d含水率可达到要求。气温低、湿度大、通风差的场所，干燥时间要相应延长，含水率可用砂浆表面水分仪准确测定，也可以用薄膜覆盖法粗略地判断，方法是：将塑料薄膜剪成300mm见方的片，傍晚时覆盖于底材表面，并用胶带将四周密闭，注意使薄膜有一定的松弛度，次日上午后观察薄膜内表面有无明显结露，以确定含水率是否过高。

④ 酸碱度 新水泥具有很强的碱性，强碱易使涂料中的成膜物皂化分解，使耐碱性低的颜料分解变色，从而造成涂层的粉化、起壳、变色等质量问题。随着水泥中碱性物与空气中的二氧化碳不断地反应，水泥砂浆底材会趋于中性化。一般pH值应小于9，若急需在碱性较大的底材上施工，可采用15%～20%硫酸锌、氯化锌溶液或氨基磺酸溶液涂刷数次，待干后除去析出的粉末和浮粒。也可用5%～10%稀盐酸溶液喷淋，再用清水洗涤干燥。此外也可用耐碱的底漆进行封闭。

⑤ 清洁程度 清洁的底材表面有利于涂料的黏结。用铲刀或钢丝刷除去浮浆、尘土等杂质，脱模剂等油污用洗涤剂溶液洗去，再用清水洗净。

⑥ 其他 大多数的抹灰及混凝土基层在干燥过程中都会失水收缩，留下许多毛细孔，这些毛细孔在潮湿环境就会吸收水分。一定数量的毛细孔对漆膜的附着力有好处，但太多则会出现跟湿气有关的毛病及容易藏着藻类和菌类。

有时底材会出现"爆灰"等异常情况，这是因为在砂浆中有一些没有消耗的生石灰颗粒，遇水后变成熟石灰，体积膨胀并将底材表面顶开。爆灰的过程持续时间较长，往往在涂料施工中和施工之后还会进一步发展，影响涂层外观。

对于旧水泥底材，可用钢丝刷打磨去除浮灰，若有较深的裂缝、孔洞或凹凸不平之处，可用腻子或水泥砂浆填平，然后进行涂装。若有藻类或菌类生长，可先铲除，再用稀的氟硅酸镁或漂白粉水溶液或专用防霉防藻剂溶液洗刷几遍，然后用清水清洗并干燥。

（3）黑色金属的表面处理

钢铁制品在加工、贮运及使用等过程中常会有锈蚀、焊渣、油污、机械污物以及旧漆膜等，根据不同情况，表面处理有多种方法，属于表面净化的有除油、除锈、除旧漆；属于化学处理的有磷化、钝化，可分段处理，也可联合处理。

① 除油 金属表面的油污来源主要有两种：一种是在贮存过程中涂上的暂时性的防护油膏，另一种是生产过程中碰到的润滑油、切削油、拉延油、抛光膏。这些油脂可分为两类：一类是能皂化的动植物油脂，如蓖麻油、牛油、羊油等；另一类是不能皂化的矿物油如凡士林等。

除油可以用溶剂清洗、碱液清洗、乳化清洗、超声波清洗等方法单独或联合进行。

a. 溶剂清洗。选择清洗溶剂的原则是：溶解力强，毒性小，不易燃，成本低。常用的溶剂有200号石油溶剂油、松节油、三氯乙烯、四氯化碳、二氯甲烷、三氯乙烷等。其中含氯溶剂较常使用。

b. 碱液清洗。用碱或碱式盐的溶液，采用浸渍、压力喷射等方法，也可除去钢铁制品上的油污。

浸渍法较简单，但应注意，当槽液使用一段时间后，槽液表面会有油污，当工件从槽液中取出时，油污会重新沾到工件上，因此，需要用活性炭或硅藻土吸附处理掉液面上的油污。

压力喷射法可使用低浓度的碱液，适合流水线操作。

碱液清洗有很多配方，表 2-12 为其中之一。

表 2-12　碱液清洗配方举例

溶液组成/(g/L)	使用方法		溶液组成/(g/L)	使用方法	
	浸渍法	压力喷射法		浸渍法	压力喷射法
NaOH	80	4	Na_2SiO_3	3~5	—
Na_2CO_3	45	8	使用温度/℃	90~95	75~80
Na_3PO_4	30	3	时间/min	2~5	2~4

c. 乳化清洗。以表面活性剂为基础，辅助以碱性物质和其他助剂配制而成的乳化清洗液，商品多被称为金属清洗剂。它除油效率高，不易着火和中毒，是目前涂装前除油的较好方法，且特别适用于非定型产品和部件。

② 除锈　钢铁在一般大气环境下，主要发生电化学腐蚀，腐蚀产物铁锈是 FeO、$Fe(OH)_3$、Fe_3O_4、Fe_2O_3 等的疏松混合物。在高温环境下，则产生高温氧化化学腐蚀，腐蚀产物氧化皮由内层 FeO、中层 Fe_3O_4 和外层 Fe_2O_3 构成。ISO 8501 对钢结构锈蚀的分级如表 2-13 所示。

表 2-13　ISO 8501 对钢结构锈蚀的分级

锈蚀等级	锈蚀程度
A	金属覆盖着氧化皮,几乎没有铁锈的钢材表面
B	已发生锈蚀,部分氧化皮已脱落的钢材表面
C	氧化皮已因腐蚀而剥落,或可以刮除,并且有少量点蚀的钢材表面
D	氧化皮已因腐蚀而全部剥离,并且已经普遍发生点蚀的钢材表面

除锈的方法主要有以下几种。

a. 手工打磨除锈。用钢丝刷、砂纸等工具手工操作可除去松动的氧化皮、疏松的铁锈及其他污物。这是最简单的除锈方法，适合于小量作业和局部表面除锈。

b. 机械除锈。借助于机械冲击与摩擦作用，可以用来清除氧化皮、锈层、旧涂层及焊渣等。其特点是操作简单，效率比手工除锈高。

c. 喷射除锈。利用机械离心力、压缩空气和高压水流等，将磨料钢丸、砂石推（吸）进喷枪，从喷嘴喷出，撞击工件表面使锈层、旧漆膜、型砂和焊渣等杂质脱落，它的工作效率高，除锈彻底。喷射除锈又可分为喷砂和抛丸（喷射钢丸）两类。

喷砂除锈系统由压缩空气、喷砂设备、铁砂回收和通风除尘等组成。喷砂设备则有压力式、吸入式和自流式三种类型。

压力式是将砂料和压缩空气在混合室内混合，在压缩空气的压力作用下，经软管送到直射型喷枪并高速喷出。该设备复杂，但生产效率高，适合于大、中、小型工件除锈。

吸入式是利用压缩空气高速通过时产生的负压，将砂料吸入送至引射型喷枪并高速喷出。该设备较简单，但效率低，压缩空气消耗量大，多用于小工件的除锈。

自流式采用固定喷枪，砂料靠重力自由落入喷枪并喷出，适合于自动化除锈作业。

喷砂除锈应特别注意砂粒尺寸及施工压力的选择。表 2-14 为不同工件适用的砂粒尺寸和空气压力。

表 2-14 不同工件适用的砂粒尺寸和空气压力

工件类型	空气压力/MPa	砂粒尺寸/mm
锻件、铸件、厚 3mm 以上钢板冲压件	0.2～0.4	2.5～3.5
厚 3mm 以下的钢板冲压件	0.1～0.2	1.0～2.0
薄板件和小件	0.05～0.15	0.5～1.0
有色金属铸件	0.1～0.15	0.5～1.0
1mm 厚以下板件	0.03～0.05	0.05～0.15

在喷砂除锈过程中,会产生大量粉尘,作业环境差。为此,可采用真空喷砂除锈系统或湿喷砂方法。

真空喷砂除锈系统是利用真空吸回喷出的砂粒和粉尘,经分离、过滤除去粉尘、砂粒,循环使用,整个过程在密封条件下进行,大大改善作业环境。

湿喷砂法即在喷砂时加水或水洗液,以避免粉尘飞扬,同时又有清洗除锈作用。抛丸除锈是靠叶轮在高速转动时的离心力,将钢丸沿叶片以一定的扇形高速抛出,撞击制件表面使锈层脱落。抛丸除锈还能使钢件表面被强化,提高耐疲劳性能和抗应力腐蚀性能。但该法设备复杂,方向变换不理想,应用范围有一定的限制。

不同的涂层类型依其性能对除锈的要求不同,GB/T 8923.1—2011 规定了钢材表面除锈的质量等级。表 2-15 摘录了其中的等级分类。

表 2-15 GB/T 8923.1—2011 中钢材表面除锈质量等级

等级符号	除锈方式	除锈质量
Sa1	轻度的喷射清理	在不放大的情况下观察时,表面应无可见的油、脂和污物,并且没有附着不牢的氧化皮、铁锈、涂层和外来杂质
Sa2	彻底的喷射清理	在不放大的情况下观察时,表面应无可见的油、脂和污物,并且几乎没有氧化皮、铁锈、涂层和外来杂质。任何残留污物应附着牢固
Sa2½	非常彻底的喷射清理	在不放大的情况下观察时,表面应无可见的油、脂和污物,并且没有氧化皮、铁锈、涂层和外来杂质。任何污染物的残留痕迹应仅呈现为点状或条纹状的轻微色斑
Sa3	使钢材表面洁净的喷射清理	在不放大的情况下观察时,表面应无可见的油、脂和污物,并且应无氧化皮、铁锈、涂层和外来杂质。该表面应具有均匀的金属色泽
St2	彻底的手工和动力工具清理	在不放大的情况下观察时,表面应无可见的油、脂和污物,并且没有附着不牢的氧化皮、铁锈、涂层和外来杂质
St3	非常彻底的手工和动力工具清理	同 St2,但表面处理应彻底得多,表面应具有金属底材的光泽
F1	火焰清理	在不放大的情况下观察时,表面应无氧化皮、铁锈、涂层和外来杂质。任何残留的痕迹仅为表面变色

d. 化学除锈。化学除锈是以酸溶液使物件表面锈层发生化学变化并溶解在酸溶液中从而除去锈层的一种方法,由于主要使用盐酸、硫酸、硝酸、磷酸及其他有机酸和氢氟酸的复合酸液,此法通常称为酸洗。

盐酸除锈时主要发生以下反应:

$$Fe_2O_3 + 2HCl \longrightarrow 2FeO + Cl_2 \uparrow + H_2O$$
$$Fe_3O_4 + 2HCl \longrightarrow 3FeO + Cl_2 \uparrow + H_2O$$
$$FeO + 2HCl \longrightarrow FeCl_2 + H_2O$$

盐酸是挥发性酸,在浓度<10%时,挥发性不明显;浓度>20%时,挥发性明显增强,因此盐酸浓度一般在 5%～20%。用盐酸进行酸洗的主要特点有:a. 对锈层溶解力强,溶解速率快,处理时间短;b. 成本低;c. 材料不易发生过腐蚀,氢脆作用小,所以应用较为广泛。

　　硫酸常温下除锈能力较弱，必须升至中温才能对铁锈产生较强的直接溶解作用，但同时也易产生金属过腐蚀，产生氢气，造成材料的氢脆。另外，氢气又有辅助除锈作用，氢气泡逸出时产生的爆破力可以促使氧化皮破裂和脱落。

　　硫酸是非挥发性酸，酸雾小，成本低，当需除重锈和氧化皮时，最适合使用。由于高浓度硫酸有氧化钝化作用，因此硫酸的适宜浓度是 20%～40%。

　　硝酸盐的溶解度很大，对于某些盐酸不能溶解的锈蚀物，一般均可用硝酸除去。但硝酸具有挥发性，在酸洗时散发出大量有害的氮氧化物气体，因而必须注意劳动保护。

　　磷酸是中强酸，磷酸盐的溶解度较低，因而除锈能力较弱。但在酸洗过程中可形成一层磷酸盐转化膜，具有缓蚀性，因此可将磷酸与盐酸或硫酸复合使用，提高物件表面的光洁度和抗返锈性。

　　其他种类的酸很少单独使用，主要是与上述的酸复配使用以增强除锈能力。如铝和锌金属的表面钝化膜，可加氢氟酸辅助。

　　③ 磷化　用铁、锰、镁、镉的正磷酸盐处理金属表面，在表面上生成一层不溶性磷酸盐保护膜的过程叫作金属的磷化处理。磷化膜可提高金属制品的抗腐蚀性和绝缘性，并能作为涂料的良好底层处理剂。

　　磷化液由磷酸、碱金属或重金属的磷酸二氢盐及氧化性促进剂组成。按其组成有磷酸铁系、磷酸锌系、磷酸锌钙系和磷酸锰系等。不管使用何种磷酸液，整个磷化过程都包含以下反应：

　　a. 体金属的溶解反应。磷化液的 pH 值一般在 2～5.5，呈酸性。当金属与酸溶液接触时，会发生由局部阳极和局部阴极反应组成的金属溶解过程：

局部阳极：
$$Me \longrightarrow Me^{2+} + 2e$$

局部阴极：
$$2H^+ + 2e \longrightarrow H_2 \uparrow$$

金属溶解反应：
$$Me + 2H_3PO_4 \longrightarrow Me(H_2PO_4)_2 + H_2$$

　　b. 成膜反应。由于 H^+ 被还原消耗，酸度下降，使第一阶段形成的可溶性二价金属磷酸二氢盐离解成溶解度较小的磷酸一氢盐：

$$Me(H_2PO_4)_2 \longrightarrow MeHPO_4 + H_3PO_4$$

　　当 pH 值上升到一定程度，则迅速离解成不溶性二价金属磷酸盐：

$$3Me(H_2PO_4)_2 \longrightarrow Me_3(PO_4)_2 + 4H_3PO_4$$

$$3MeHPO_4 \longrightarrow Me_3(PO_4)_2 + H_3PO_4$$

　　难溶的二价金属磷酸盐在金属表面沉积析出，形成磷化膜。用于成膜反应的可溶性二价金属磷酸二氢盐可以是金属溶解生成的，也可以是溶液中原有的配方组成的。

　　c. 氧化促进剂的去极化反应。金属溶解时产生的氢气易吸附于局部阴极的金属表面，阻碍生成的二价金属磷酸盐在阴极区域的沉积，不能形成磷化膜，反而从溶液中沉淀析出形成渣，既浪费成膜原料，又产生大量废渣，同时使磷化膜的孔隙率增大，影响膜的性能。

　　氧化剂的去极化作用是将还原形成的初生态氢氧化生成水：

$$2[H] + [O] \longrightarrow H_2O$$

磷化处理后得到的磷化膜按单位面积的质量可分为：

次轻量级：膜重 $0.2～1.0 \text{g/m}^2$；

轻量级：膜重 $1.1～4.5 \text{g/m}^2$；

次重量级：膜重 $4.6～7.5 \text{g/m}^2$；

重量级：膜重 7.5g/m² 以上。

按磷化液的使用温度，磷化处理通常分为高温（90～98℃）磷化、中温（50～70℃）磷化、低温（30～50℃）磷化和室温（一般不低于20℃）磷化四种。

高温磷化处理温度高，磷化膜较厚，属于重量级，多用于锰系溶液磷化；中温磷化膜厚为轻量级，锌系、锌钙系采用较多；低温磷化膜薄，锌系、锌钙系和铁系都可以采用，但需添加多种氧化剂；室温磷化不需加热，节约能源，劳动环境好，原材料消耗少，槽液较稳定。

磷化处理的发展总趋势是低膜重、低温、低渣、晶粒细化、高耐蚀性和良好的与涂料的配套性。

磷化处理的施工方法有浸渍法、喷淋法和刷涂法，以浸渍法应用最普通。

④ 钝化 钝化处理是一种采用化学方法使基体金属表面产生一层结构致密的钝性薄膜，防止金属清洗后的氧化腐蚀，增加表面的涂装活性，提高底金属与涂层间的附着力的表面处理方法。一般钝化处理很少单独使用，常与磷化处理配套使用。

常用的无机钝化剂很多，其中重铬酸钾、亚硝酸钠和铬（酸）酐的性能比较见表2-16。

表 2-16 几种钝化剂的性能比较

钝化剂	浓度 /%	温度 /℃	时间 /min	干燥方式	大气防锈性能	物理力学性能	涂膜耐蚀性能	钝化要求
重铬酸钾	0.3	95	1	烘干	×	○	△×	严格
亚硝酸钠	0.3	95	1	烘干	△	×△	×	严格
铬（酸）酐	0.3	95	1	烘干	○	△	○	不很严格

注：○代表优良；△代表及格；×代表不及格。

⑤ 化学综合处理 在同一槽内综合进行除油、除锈、磷化、钝化等处理，称为化学综合处理。这种化学转换处理的工艺，可以简化工序，减少设备和作业面积，提高劳动效率，降低产品成本，改善劳动条件，便于实现自动化生产。

化学综合处理工艺过程举例如下：

a. 综合处理液配方如表2-17所示。

表 2-17 综合处理液配方

组成	磷酸	硝酸锌	氯化镁	氧化锌	酸式磷酸锰	酒石酸	钼酸铵	重铬酸钾	601 净洗剂
用量/(g/L)	110	150	3	25	10	5	1	0.2～0.3	30mL/L

b. 综合处理工艺操作规程。按配方量在槽中先注入磷酸，将氧化锌用自来水或蒸馏水调成很稀的糊状，徐徐加入磷酸中，由于有放热反应，不能加得太快，直至氧化锌完全溶解。然后加入硝酸锌、氯化镁等稀释至总体积的2/3，充分搅拌，直到全部溶解。

钼酸铵先单独溶解好后再加入槽中，最后加入601净洗剂。稀释至总体积，重铬酸钾在配料时不加，待溶液使用3～4d后再加入，并补加钼酸铵0.5g/L。

配好后的槽液在室温下，放入 1m²/L 以上的铁皮，浸渍1～2d，溶液变成深棕色。检验 Fe^{2+} 含量，直到浓度在5g/L以上时才能使用。

c. 综合处理工艺操作条件。

总酸度：160～220 点；

游离酸度：17～25 点；

游离酸度：总酸度＝1：（7～10）；

Fe^{2+}：$>5g/L$；

Zn^{2+}：$\geqslant 40g/L$；

温度：$55\sim60℃$；

处理时间：$5\sim15min$。

d. 补充液。根据槽液情况，必须适当补充处理剂。注意：每天补充磷酸、氧化锌、硝酸锌，每周补充酸式磷酸盐，每半月补充氯化镁、钼酸铵、重铬酸钾、601净洗剂，以满足工艺操作条件。

化学综合处理工艺，最适合用于小件器材。

(4) 有色金属的表面处理

金属成分中不含铁和铁基合金的金属叫有色金属，常用的有铝、铜、锌、镁、铅、铬、镉等及其合金和镀层。

在一般环境中，因有色金属的氧化物比钢铁的氧化物有强得多的附着力和抗渗透能力，所以不需涂装保护层，但当其处于高湿、高盐、酸雾、碱性等腐蚀环境中，或因装饰需要时，也需进行涂装。

① 铝及其合金的表面处理　铝是一种比较活泼的金属，银白色，具有光泽。纯铝机械强度低，通常加入镁、铜、锌等制成合金，具有质量轻、强度大的特点，因此被广泛使用。铝及铝合金常见品种如表 2-18 所示。

表 2-18　铝及铝合金常见品种

品　种	主要牌号	型材及用途
纯铝	L_1、L_2、L_3、L_4、L_5、L_6	棒、板、丝，作一般冲压件用
防锈铝合金	LF_1、LF_2、LF_3、LF_5、LF_7、LF_{21}	板、管，作各种零件用
硬铝	LY_1、LY_2、LY_6、LY_{10}、LY_{12}、LY_{16}	板、棒、丝、管，作型材锻件
过硬铝	LC_4、LC_9	板、棒、管，作型材
锻铝	LD_2、LD_5、LD_7、LD_{10}	棒或各种锻件

纯铝防锈性能好，铝合金强度好，但防锈性能下降，铝及其合金表面光滑，不利于涂层附着。此外，在贮存、加工过程中，会有油污和灰尘，因此必须进行表面处理。

a. 清除油、锈及污物。除油的方法与黑色金属的除油方法一样，但铝的耐碱性差，因此不能用强碱清洗，一般用有机溶剂除油、乳化除油或用由磷酸钠、硅酸钠配制成的弱碱性清洗液。

除去表面锈蚀和污物时，不能用硬物刮擦，可以用细砂纸或研磨膏轻轻打磨表面，以免损伤原有的氧化膜。

b. 表面转化处理。对于新的铝及其合金表面，较好的防锈方法是氧化处理，一般有化学氧化法（酸性、碱性、磷酸盐-铬酸盐）和电化学氧化法。几种方法的基本工艺条件如下：

ⓐ 铬酸盐氧化法（酸性处理法）。溶液由铬（酸）酐 $3.5\sim6g/L$、重铬酸钠 $3\sim3.5g/L$、氟化钠（NaF）$0.8g/L$ 配制。在 pH＝1.5、温度 $25\sim30℃$下使用，氧化时间一般在 $3\sim6min$，膜层外观因合金成分和氧化时间不同而异。此法生成的氧化膜较薄，主要用于电器、日用品制造业。

ⓑ 碱性溶液氧化法。用无水碳酸钠 $50g/L$、铬酸钠 $15g/L$、氢氧化钠 $2\sim2.5g/L$ 配成槽液，在 $80\sim100℃$温度下氧化 $15\sim20min$，氧化后再用 $20g/L$ 铬酐水溶液钝化处理 $5\sim15s$，以稳定所得的氧化膜，并可进一步提高防锈能力，此氧化膜呈金黄色。碱溶液氧化法

处理的物体应在 24h 内涂漆。

ⓒ 磷酸盐-铬酸盐氧化法。用磷酸 50～60mL/L、铬酐 20～25g/L、氟化氢铵 3～3.5g/L、磷酸氢二铵 2～2.5g/L、硼酸 1～1.2g/L 配成槽液，温度 30～36℃，处理时间 3～6min，所得氧化膜外观为无色到带彩虹的浅蓝色，与基体铝合金结合牢固，此碱溶液处理所得的膜致密、耐磨。

化学氧化法生产效率高，成本低。电化学氧化法又叫阳极化法，即以铝合金工件为电解槽的阳极，通电后槽液电解，使工艺表面生成厚 5～20μm 的氧化膜。它由内外两层组成，具有多孔、吸附能力强、与基材金属结合牢固、耐热、不导电、良好的化学稳定性等特点，故在工业上广泛应用。阳极氧化法的电解液主要有三种：15%～20%的硫酸电解液，3%～10%的铬酸电解液，2%～10%草酸电解液。

阳极氧化法主要采用直流电，也可采用交流电硫酸阳极氧化。

② 铜及其合金的表面处理　铜合金的氧化和钝化可以有效保持铜的本色，并且有较好的防腐性能。方法与铝合金相似，得到的氧化膜一般为黑色、蓝黑色，厚度为 0.5～2μm。铜及其合金氧化配方及工艺条件列于表 2-19 中。

表 2-19　铜及其合金氧化配方及工艺条件

氧化方法	配方及工艺条件			
	原材料及工艺条件		配方 1	配方 2
化学氧化	过硫酸钾($K_2S_2O_8$)/(g/L)		10～20	—
	氢氧化钠(NaOH)/(g/L)		45～50	—
	碱式碳酸铜[$CuCO_3 \cdot Cu(OH)_2$]/(g/L)		—	40～50
	25%氨水($NH_3 \cdot H_2O$)/(g/L)		—	200
	温度/℃		60～65	15～40
	时间/min		5～10	5～15
	适用范围		纯铜	黄铜
电化学氧化	氢氧化钠(NaOH)/(g/L)		100～250	
	温度/℃		80～90	
	时间/min		20～30	
	阳极度电流密度/(A/dm^2)		0.6～1.5	
	阴极材料		不锈钢	
	阴阳极面积比		(5～8)∶1	

③ 锌及其合金的表面处理　锌及其合金在工业上的应用主要是各种镀锌板和锌铝合金，其表面平滑，涂膜附着不牢固。而且锌是活泼金属，易与涂料中的一些基料发生反应生成锌皂，破坏锌面与涂层的结合力。

锌及其合金的表面处理除了进行清除油、锈及污物外，还需进行化学转化处理，主要采用磷化处理。

④ 镁及其合金的表面处理　镁合金质量轻，比强度和比刚度高，是重要的航空材料之一。在潮湿和沿海地方，镁合金的腐蚀速率比铝合金快得多，因此除了去氧化皮，清除油、锈及污物，化学转化处理外，还需进行封闭处理，即采用柔软、耐久、耐水的树脂进行浸渍。封闭处理工艺举例如下：

a. 处理液：环氧酚醛树脂液。

b. 将镁合金预热到 100～110℃，保持 10min，除去微孔中的水分。

c. 冷却至（60±10）℃，浸入树脂液中，充分浸润后提出，保持 15～30min，除去多余的树脂液，放入（130±5）℃烘箱烘烤15min。

d. 冷却至（60±10）℃，再浸入树脂液中，反复进行三次封闭操作，但总膜厚度需控制在≤25μm。

（5）塑料的表面处理

① 塑料的特性　塑料极性小、结晶度高、表面光滑及润湿性差，其表面张力小于100mN/cm，不及金属的1/5，是低表面能表面。与金属材料相比，塑料具有质量轻、易加工成型、耐水性能好、不腐蚀等优点，但其耐热性差，易变形，比强度小，热膨胀系数高，易带静电和沾染灰尘，热塑性塑料的耐溶剂性能差。

② 塑料表面处理的目的和作用

a. 消除表面静电，除去表面灰尘。通过溶剂擦洗、高压空气吹干等方法，创造一个清洁的塑料表面。

b. 清除脱膜剂。用溶剂、碱水清洗，消除塑料成型过程中添加的各种脱膜剂，以免对涂膜附着力造成危害。

c. 修理缺陷。通过打磨、涂底漆等方法，去除毛刺、针孔、裂缝等表面缺陷。

d. 表面改性。增大附着面积或使表面产生有利于涂膜附着的化学物质或化学键。

③ 塑料表面处理的方法

a. 一般处理。

ⓐ 退火。将塑料件加热至稍低于热变形温度保持一段时间，消除残余的内应力。

ⓑ 脱脂。根据污垢性质及批量大小，可分别采用砂纸打磨、溶剂擦洗及清洗液洗涤等措施。塑料件在热压成型时，往往采用硬脂酸及其锌盐、硅油等作脱膜剂，这类污垢很难被洗掉，通常采用耐水砂纸打磨除去，大批量生产时，则借助超声波用清洗液洗涤。一般性污垢、小批量时，可用溶剂擦洗，但必须注意塑料的耐溶剂性。对溶剂敏感的塑料，像聚苯乙烯、ABS，可采用乙醇、己烷等快挥发的低碳醇和低碳烃配成的溶剂擦洗；对溶剂不敏感的塑料，可用苯类或溶剂油清洗。大批量塑料件脱脂可采用中性或弱碱性清洗液。

ⓒ 除尘。在空气喷枪口设置电极高压电晕放电，产生离子化压缩空气，能方便有效地清除聚集的静电，减少灰尘的吸附。

b. 化学处理。主要是铬酸氧化，使塑料表面产生极性基团，提高表面润湿性，并使表面蚀刻成可控制的多孔性结构，从而提高涂膜附着力。

ⓐ 铬酸氧化。主要用于 PE、PP 材料，处理液配方为 4.4% 的重铬酸钾、88.5% 的硫酸、7.1% 的水，70℃处理 5～10min。PS、ABS 用稀的铬酸溶液处理。

聚烯烃类塑料可用 $KMnO_4$、铬酸二环己酯作氧化剂，Na_2SO_4、$ClSO_3H$ 作磺化剂进行化学处理。

ⓑ 磷酸水解。尼龙用 40% H_3PO_4 溶液处理，酰胺键水解断裂，使表面被腐蚀粗化。

ⓒ 氨解。含酯键塑料，像双酚 A 聚碳酸酯，经表面胺化处理而粗化。而氟树脂则应采用超强碱钠氨处理，降低表面氟含量，提高其润湿性。

ⓓ 偶联剂处理。在塑料表面有—OH、—CO_2H、—NH_2 等活泼氢基团时，可用有机硅或钛偶联剂与涂膜中的活泼氢基团以共价键的方式连接，从而大大提高涂膜附着力。

ⓔ 气体处理。氟塑料用锂蒸气处理形成氟化锂，使表面活性化；聚烯烃用臭氧处理使表面氧化生成极性基团。

c. 物理化学处理。

ⓐ 紫外线辐照。塑料表面经紫外线照射会产生极性基团，但辐照过度，塑料表面降解严重，涂膜附着力反而会下降。

ⓑ 等离子体处理。在高真空条件下电晕放电，高温强化处理，原子和分子会失去电子，被电离成离子或自由基。由于正负电荷相等，故称之为等离子体。也可在空气中常温常压下，进行火花放电法等离子处理。

ⓒ 火焰处理。塑料背面用水冷却，正面经受约 1000℃ 的瞬间（约 1s）火焰处理，产生高温氧化。

（6）橡胶的表面处理

橡胶一般分为天然橡胶和合成橡胶。天然橡胶是由橡树树皮中采集的天然乳胶提炼而成，合成橡胶则是由各种单体聚合而成。按结构类型分，橡胶主要种类见表 2-20。

表 2-20　按结构类型分橡胶的种类

主要结构	橡胶种类
聚异戊二烯类	天然橡胶
聚烯烃类	丁苯橡胶、顺丁橡胶、异戊橡胶、乙丙橡胶、丁基橡胶
乙烯基类	氯丁橡胶、丙烯酸酯橡胶、丁腈橡胶、氯化聚乙烯橡胶、氯磺化聚乙烯橡胶
特种橡胶	聚氨酯橡胶、硅橡胶、氟橡胶、聚硫橡胶、氯醚橡胶
液体橡胶	液体氯化丁橡胶、端烃基聚丁二烯液体橡胶
热塑性弹性体	热塑性乙丙橡胶、SBS 类苯乙烯热塑性弹性体、聚酯类弹性体

橡胶种类虽多，但都是非结晶型的高分子弹性体材料，因此具有以下共性：

a. 表面张力小。橡胶属非极性材料，表面能低，尤其是聚烯烃类橡胶、硅橡胶、氟橡胶，其表面张力约为 20mN/cm，是难附着材料。

b. 易溶胀或溶解。橡胶遇大多数有机溶剂或油类，均有溶胀或溶解现象。

c. 弹性模量大。作为弹性体，橡胶受到外力后将产生形变，如压缩变形、拉伸变形，从而产生相应的应力。

d. 电阻大。一般体积电阻率 $>10^{13}\Omega\cdot cm$，具有很强的起静电性（用炭黑补强的橡胶制品除外）。

根据以上物性，橡胶的表面处理方法主要有机械打磨法、溶剂处理法、氧化法、偶联剂处理法和等离子处理法。其操作方法与塑料的表面处理相似。

（7）玻璃的表面处理

玻璃制品在涂装前，首先应清除各种污迹，可用丙酮或去污粉清除。由于玻璃表面一般很光滑，涂料难以附着，因此需将玻璃表面打毛。方法有：

① 人工、机械打磨法　将研磨剂涂于玻璃表面，然后反复打磨。

② 化学腐蚀法　用氢氟酸轻度腐蚀玻璃表面，直至有一定的表面粗糙度，然后用大量水清洗。

（8）纤维的表面处理

皮革、纸张及其他具有纤维结构的材料需要涂装时，也需进行除油脂、污物等的表面处理。

2. 涂料的涂装

将涂料薄而均匀地涂布于基材表面形成所需要的涂膜的过程称为涂装，涂装的质量好坏决定了漆膜质量，进而影响了被涂物件的功能，行业内"三分涂料，七分施工"的说法充分体现了涂装的重要性。涂装方法多种多样，但大致可分为以下三种类型：a. 手工工具涂装，如刷涂、擦涂、滚涂、刮涂等；b. 机动工具涂装，如喷枪喷涂等；c. 机械设备涂装，如浸涂、淋涂、抽涂、自动喷涂、静电涂装、粉末涂装、电泳涂装等，这类方法发展最快，已从机械化逐步发展到自动化、连续化、专业化，有的方法已与漆前底材处理和干燥前后工序连接起来，形成专业的涂装工程流水线。

各种涂装方法各有其优缺点，应视具体情况来选择，以达到最佳的涂装效果。考虑的情况主要有：a. 被涂物面的材料性能、大小和形状；b. 涂料品种及其特性；c. 对涂装的质量要求；d. 施工环境、设备、工具等；e. 涂布的效率、经济价值等。

（1）刷涂法

刷涂法是人工利用漆刷蘸取涂料对物件表面进行涂装的方法，是一种古老而普遍使用的涂布方法。此种方法的优点是：节省涂料、施工简便、工具简单、易于掌握、灵活性强、适用范围广，可用于除了初干过快的挥发性涂料（硝基漆、过氯乙烯漆、热塑性丙烯酸漆等）外的各种涂料，可涂装任何形状的物件，特别对于某些边角、沟槽等狭小区域。此外，刷涂法涂漆还能帮助涂料渗透到物件的细孔和缝隙中，增加了漆膜的附着力。而且，施工时不产生漆雾和飞溅，对涂料的浪费少。刷涂法的缺点在于：手工操作、劳动强度大、生产效率低，流平性差的涂料易于留下刷痕，影响装饰性。

刷涂使用的工具为漆刷，根据不同的涂布物件，可选择不同尺寸、不同形状的漆刷。漆刷可用猪鬃、羊毛、狼毫、人发、棕丝、人造合成纤维等制成。通常猪鬃刷较硬，羊毛刷较软。常见漆刷的种类如图 2-1 所示。

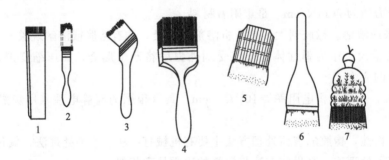

图 2-1　常见漆刷的种类

1—漆刷（漆大漆为主）；2—圆刷；3—歪脖刷；
4—长毛漆刷；5—排笔；6—底纹笔；7—棕刷

刷涂质量的好坏，主要与操作者的实际经验和熟练程度有关。一般来说，刷涂操作时应注意以下几方面：

① 涂料的黏度通常调节在 20～50s（涂-4 杯）；

② 蘸取涂料时刷毛浸入涂料的部分不应超过毛长的 1/2，并要在容器内壁轻轻抹一下，以除去多余的涂料；

③ 刷漆时应自上而下、从左至右、先里后外、先斜后直、先难后易进行操作；

④ 毛刷与被涂表面的角度应保持在 45°～60°；

⑤ 若底材有纹理（如木纹），涂刷时应顺着纹理方向进行。

（2）滚涂法

滚涂法是用滚筒蘸取涂料在工件表面滚动涂布的涂装方法。滚涂适用于平面物件的涂

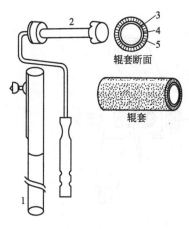

装，如房屋建筑、船舶等，施工效率比刷涂高，涂料浪费少，不形成漆雾，对环境的污染较小，特别是可在滚筒后部连接长杆，在施工时可进行长距离的作业，减少了搭建脚手架的麻烦。但对于结构复杂和凹凸不平的表面，滚涂则不适合。滚涂的漆膜表面不平整，有一定的纹理，因此若需花纹图案，可选择滚花辊。

图 2-2　滚筒的结构
1—长柄；2—辊子；3—芯材；
4—粘着层；5—毛头

滚筒由辊子和辊套组成，辊套表面粘有羊毛或合成纤维等，按毛的长度有短、中、长三种规格。短毛吸附的涂料少，产生的纹理也细、浅，可滚涂光滑物面；中、长毛吸附的涂料多，可用于普通物面和粗糙物面。滚筒的结构如图 2-2 所示。

滚涂时一般先将滚筒按 M 形轻轻地滚动布料，然后再将涂料滚均匀，最初用力要轻，速度要慢，以防涂料溢出流落，随着涂料量的减少，逐渐加力、加快。最后一道涂装时，滚筒应按一定方向滚动，以免纹理方向不一。

除手工滚涂外，在工业上还可利用辊涂机做机械滚涂涂漆。

辊涂机由一组数量不等的辊子组成，托辊一般用钢铁制成，涂漆辊子则通常为橡胶的，相邻两个辊子的旋转方向相反，通过调整两辊间的间隙可控制漆膜的厚度。辊涂机又分为一面涂漆和二面涂漆两种结构。

机械滚涂法适合于连续自动生产，生产效率极高。由于能使用较高黏度的涂料，漆膜较厚，不但节省了稀释剂，而且漆膜的厚度能够控制，材料利用率高，漆膜质量好。

机械滚涂广泛用于平板或带状的平面底材的涂装，如金属板、胶合板、硬纸板、装饰石膏板、皮革、塑料薄膜等平整物面的涂饰，有时与印刷并用。现在发展的预涂卷材（有机涂层钢板、彩色钢板）的生产工艺大部分采用的就是滚涂涂装法，使预涂卷材的生产线与钢板轧制线连接起来，形成一条钢板轧制后包括卷材引入、前处理、涂漆、干燥和引出成卷（或切成单张）的流水作业线，连续完成了涂装的三个基本工序。机械滚涂示意图如图 2-3 所示。

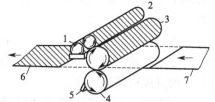

图 2-3　机械滚涂示意图
1—储槽及浸涂辊；2—转换辊；3—滚漆辊；
4—压力辊；5—刮漆刀；6—涂过
涂料的板材；7—未涂过涂料的板材

（3）空气喷涂法

空气喷涂也称有气喷涂，是依靠压缩空气的气流在喷枪的喷嘴处形成负压，将涂料从贮漆罐中带出并雾化，在气流的带动下涂到被涂物表面的一种方法。空气喷涂设备简单，操作容易，涂装效率高，得到的漆膜均匀美观。不足之处是喷涂时有相当一部分涂料随空气的扩散而损耗。扩散在空气中的涂料和溶剂对人体和环境有害，在通风不良的情况下，溶剂的蒸气达到一定程度，有可能引起爆炸和火灾。

空气喷涂的主要设备是喷枪，按涂料供给方式，喷枪通常分为吸上式、重力式和压送式

三种类型，如图 2-4～图 2-6 所示。

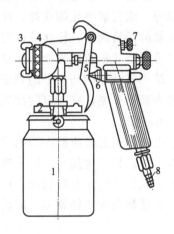

图 2-4　吸上式喷枪

1—漆壶；2—螺栓；3—悬钮；4—螺帽；

5—扳机；6—空气阀杆；7—控制阀；8—空气接头

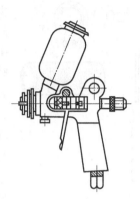

图 2-5　重力式喷枪

喷涂施工时应注意以下几个问题：

① 应先将涂料调至适当的黏度，主要根据涂料的种类、空气压力、喷嘴的大小以及物面的需要量来定。

② 供给喷枪的空气压力一般为 0.3～0.6MPa。

③ 喷枪与物面的距离一般以 20～30cm 为宜。

④ 喷枪运行时，应保持喷枪与被涂物面呈直角，平行运行。运行时要用身体和臂膀进行，不可转动手腕。

⑤ 为了获得均匀涂层，操作时每一喷涂条带的边缘应当重叠在前一已喷好的条带边缘的 1/3～1/2 处，且搭接的宽度应保持一致。

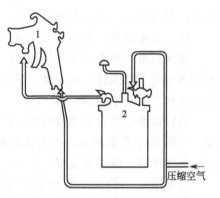

图 2-6　压送式喷枪

1—喷枪；2—油漆增压箱

⑥ 若喷涂二道，应与前道漆纵横交叉，即若第一道采用横向喷涂，第二道应采用纵向喷涂。

为了节省溶剂，改进涂料的流平性，提高光泽，提高一次成膜的厚度，可采用热喷涂，即利用加热来减少涂料的内部摩擦，使涂料黏度降低以达到喷涂所需要的黏度。热喷涂减少了稀释剂的用量，喷涂的压力可降低到 0.17～0.20MPa。涂料一般可预热到 50～65℃。

（4）无空气喷涂法

无空气喷涂与空气喷涂原理不同，它是使涂料通过加压泵使 0.14～0.69MPa 的气压被加压至 14.71～17.16MPa，从细小的喷嘴（ϕ 为 0.17～0.90mm）喷出，当高压漆流离开喷嘴到达大气后，随着高压的急剧下降，涂料内溶剂剧烈膨胀而分散雾化，高速地涂覆在被涂物件上。因涂料雾化不用压缩空气，所以称为无空气喷涂。其原理示意图如图 2-7 所示。

无空气喷涂装置按驱动方式可分为气动式、电动式和内燃机驱动式三种，按涂料喷涂流量可分为小型（1～2L/min）、中型（2～7L/min）和大型（大于 10L/min），按涂料输出压力可分为中压（小于 10MPa）、高压（10～25MPa）和超高压（25～40MPa）。按装置类型

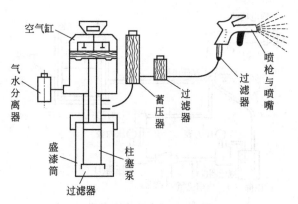

图 2-7 高压无空气喷涂的原理示意图

又可分为：

① 固定式：通常应用于大量生产的自动流水线上，多为大型高压高容量机；

② 移动式：常用于工作场所经常变动的地方，多为中型设备；

③ 轻便手提式：常用于喷涂工件不太大且工作场所经常变动的场合，多为中压小型设备。

无空气喷涂的优点有：

① 比一般喷涂的生产效率可提高几倍到十几倍；

② 喷涂时漆雾比空气喷涂少，涂料利用率高，节约了涂料和溶剂，减少了对环境的污染，改善了劳动条件；

③ 可喷涂高固体、高黏度涂料，一次成膜较厚；

④ 减少施工次数，缩短施工周期；

⑤ 消除了因压缩空气含有水分、油污、尘埃杂质而引起的漆膜缺陷；

⑥ 涂膜附着力好，即使在缝隙、棱角处也能形成良好的漆膜。

无空气喷涂的不足之处是：操作时喷雾的幅度和出漆量不能调节，必须更换喷嘴才能调节；不适用于薄层的装饰性涂装。

无空气喷涂的设备主要包括：喷枪、加压泵、蓄压器、漆料过滤器、输送软管等。其中关键设备为喷枪，这是因为无空气喷涂工作压力高，涂料流过喷嘴时，产生很大的摩擦阻力，使喷嘴很容易磨损，一般采用硬质合金钢，同时为了保证涂料均匀雾化，其喷嘴口光洁度要求较高，不允许有毛刺。

无空气喷涂施工时，喷嘴与被涂工件表面的垂直距离为 30～40cm，其他操作方法与空气喷涂类似。

（5）静电喷涂法

静电喷涂法系利用高压电场的作用，使漆雾带电，并在电场力的作用下吸附在带异性电荷的工件上的一种喷漆方法。它的原理是：先将负高压加到有锐边或有尖端的金属喷杯上，工件接地，使负电极与工件之间形成一个高压静电场；依靠电晕放电，在负电极附近激发大量电子，用旋转喷杯或压缩空气使涂料雾化并送入电场；涂料颗粒获得电子成为带负电荷的微粒，在电场力作用下，均匀地吸附在带正电荷的工件表面，形成一层牢固的涂膜。静电喷涂的示意图如图 2-8 所示。

静电喷涂有许多优点：

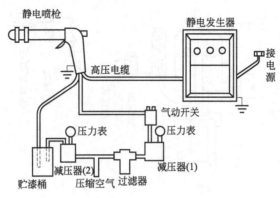

图 2-8　静电喷涂示意图

① 节省涂料。在电场的作用下，漆雾很少飞散，大幅度提高了涂料的利用率。

② 易实现机械化自动化，适合于大批量流水线生产。

③ 减少了涂料和溶剂的飞散、挥发，改善了劳动条件。

④ 漆膜均匀丰满，附着力强，装饰性好，提高了涂膜的质量。

静电喷涂的缺点是：

① 由于静电的作用，某些凹陷部位不易上漆，边角处有时出现积漆。

② 涂层有时流平性差，有橘皮。

③ 不容易喷涂到工件内部。

④ 对环境的温度、湿度要求较高。

⑤ 由于使用高电压，所以发生火灾时的危险性较大，必须要有可靠的安全措施。

静电喷涂的主要设备是静电发生器和静电喷枪。静电发生器常用的是高频高压静电发生器，近年来静电发生器由于利用半导体技术而向微型化发展。静电喷枪既是涂料雾化器，又是放电极，具有使涂料分散、雾化并使漆滴带电荷的功能。静电喷枪的类型有下列几种：

① 离心力静电雾化式　由高速旋转的喷头产生的离心力使涂料分散成细滴，漆滴离开喷头时得到电荷，又进一步静电雾化形成微滴而吸附到被涂物件表面。

② 空气雾化式　涂料的雾化靠压缩空气的喷射力来实现，亦称为旋风式静电喷涂。

③ 液压雾化式　涂料雾化靠液压，与一般无空气喷涂基本相同，又称高压无空气雾化喷涂。

静电喷涂对所用涂料和溶剂有一定的要求，涂料电阻应在 $5\sim50M\Omega$，所用溶剂一般为沸点高、导电性能好、在高压电场内带电雾化遇到电气火花时不易引起燃烧的溶剂，因此，溶剂的闪点高些比较有利。此外，高极性的溶剂能够有效地调整涂料的电阻。酮类和醇类导电性最好，酯类次之，烷烃类和芳烃类最差，其体积电阻高达 $10^{12}\Omega\cdot cm$。

（6）擦涂法

擦涂法也称为揩涂法或搓涂法，是一种手工操作涂漆的方法，适用于硝基类清漆、虫胶清漆等挥发型清漆的涂装。因为挥发型漆干燥后，仍可被溶剂溶解，所以在已涂过的表面进行擦拭时，漆膜高处被擦平、低凹处被填平，结果获得的漆膜透明光亮，装饰性好。但此方法全靠手工操作，施工者的经验与手法较为重要，而且工作效率低，施工周期长，因此，只用于高档木器的装饰。

擦涂没有专门的工具，常用的材料有纱布、脱脂棉、棉砂、竹丝、尼龙丝等。

擦涂的方式有四种，即圈涂、横涂、直涂和直角涂，如图 2-9 所示。

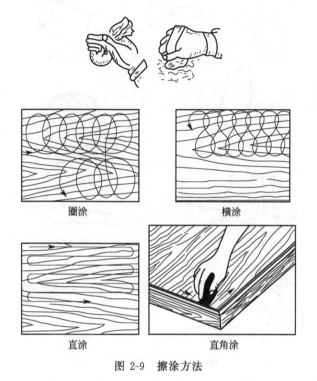

圈涂　　　　　　　　　　　横涂

直涂　　　　　　　　　　　直角涂

图 2-9　擦涂方法

① 圈涂　即在涂饰表面做圆形或椭圆形的匀速运动，有规律、有顺序地从被涂物件一端擦到另一端。

② 横涂　即在物面上做与木纹等纹理垂直或倾斜的移动，有"8"字形及蛇形两种方式。横涂有利于消除圈涂痕迹，提高物面的平整度。

③ 直涂　在物面上做长短不等的直线运动，目的是消除圈涂、横涂的痕迹，使涂层更加平整、坚实、光滑，多用于最后几遍的擦涂。

④ 直角涂　主要是对角落进行涂装。

（7）刮涂法

刮涂是使用金属或非金属刮刀，对黏稠涂料进行厚膜涂装的一种方法，一般用于涂装腻子、填孔剂以及大漆等。

刮涂是使用很早的涂料涂装方法，常用于刮涂腻子，此方法局限于较平的表面。

刮涂的主要工具是刮刀，刮刀的材质有金属、橡胶、木质、竹质、牛角、塑料以及有机玻璃等。金属刮刀强韧、耐用，多用于混合涂料及车辆刮腻子等。橡胶刮刀具有弹性，最适用于曲面上的涂装。常见刮刀的类型如图 2-10 所示。

（8）浸涂法

浸涂法就是将被涂物件全部浸没在盛有涂料的槽中，经短时间的浸没，从槽内取出，并让多余的漆液重新流回漆槽内，经干燥后达到涂装的目的。

浸涂适用于小型的五金零件、钢质管架、薄片以及结构比较复杂的器材或电气绝缘材料等。它的优点是省工省料，生产效率高，操作简单。但浸涂也有局限性，如物件不能有积存漆液的凹面，仅能用于表面同一颜色的产品，不能使用易挥发和快干型涂料。

(a) 铲刀　　　　(b) 腻子刮铲　　　　(c) 钢刮板

(d) 牛角刮刀　　　　　　(e) 橡皮刮板

(f) 调料刀　　　　　　　(g) 油灰(腻子刀)

(h) 斜面刮刀　　(i) 刮刀　　(j) 剁刀

图 2-10　常见刮刀类型

浸涂的方法很多，有手工浸涂法、传动浸涂法、回转浸涂法、离心浸涂法、真空浸涂法等。图 2-11 为浸涂示意图。

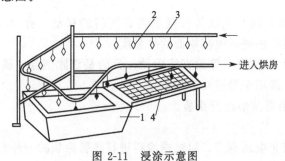

→进入烘房

图 2-11　浸涂示意图

1—浸漆槽；2—被涂物件；3—悬挂输送机；4—滴漆盘

（9）淋涂法

将涂料喷淋或流淌过被涂物件上的涂漆方法称为淋涂，也称流涂、浇涂，其示意图如图 2-12 所示。

淋涂能得到较厚而均匀的涂层，常用于光固化涂料，快干型涂料不适用，主要对平面涂装，不能涂垂直面，也不宜用于涂装美术涂料及含有较多金属颜料的涂料。

淋涂的涂层质量受漆幕的高低位差与流速、传送带传动速度、泵速以及涂料表面张力、黏度、干率、被涂物件的类型等因素的影响。

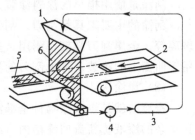

图 2-12　淋涂示意图

1—高位槽；2—被淋涂物面；3—涂料过滤器；4—输漆泵；5—已涂漆物面；6—帘幕

（10）电沉积涂漆法

电沉积涂漆，也称电泳涂装，是将物件浸在水溶性涂料的漆槽中作为一极，通电后，涂料立即沉积在物件表面的涂漆方法。图 2-13 为电泳涂装工艺流程示意图。

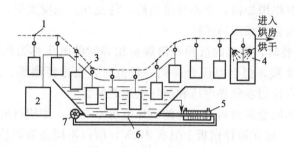

图 2-13　电泳涂装工艺流程示意图

1—经表面处理后的工件；2—电源；3—工件；4—喷水冲洗；5—槽液过滤；6—沉积槽；7—循环泵

电泳涂装按沉积性能可分为阳极电泳（工件是阳极，涂料是阴离子型）和阴极电泳（工件是阴极，涂料是阳离子型）；按电源可分为直流电泳和交流电泳；按工艺方法又有定电压法和定电流法。

电泳涂装是一种先进的现代涂装作业方法，具有以下优点：

① 能实现自动流水线生产，涂漆快，自动化程度高，生产效率高。

② 漆膜厚度均匀，易控制膜厚。

③ 较好的边缘、内腔及焊缝的涂膜覆盖性，便产品涂层的整体性能提高。

④ 环保、安全，以水为分散介质，没有火灾危险。

⑤ 涂料利用率高，超过 95％以上。

⑥ 漆膜外观好，无流痕。

电泳涂装的缺点主要有：

① 烘干温度高，漆膜颜色单一。

② 设备投入大，管理要求严格。

③ 多种金属制品不宜同时电泳涂漆。

④ 塑料、木材等非导电性制品不能电泳涂漆，也不能在底漆表面泳涂面漆。

⑤ 漂浮性工件不能电泳涂装。

电泳涂装的设备有电泳槽、搅拌装置、涂料过滤装置、温度调节装置、涂料管理装置、电源装置、电泳涂装后的水洗装置、超滤装置、烘烤装置、备用罐等。

影响电泳涂装的主要工艺参数有：

① 槽液固体分　槽液固体分阳极电泳漆一般为 10％～15％，阴极电泳漆为 20％。槽液固体分对槽液稳定性、泳透力及涂膜厚度和外观质量等都有影响。若槽液固体分低，则槽液稳定性差，颜料沉降严重，漆膜薄而粗糙，易产生针孔；槽液固体分过高，则漆膜厚度增加，漆膜粗糙起橘皮。

② pH　槽液 pH 代表着漆液的中和度及稳定性。中和度不够，树脂的水溶分散性差，漆液易沉降。若中和度太高，槽液电解质浓度高，电解产生的大量气泡会造成漆膜粗糙。

③ 电导　电导跟槽液 pH、槽液固体分、杂离子含量有关。槽液电导处于不断增加的趋

势，电导增加使电解作用加剧，漆膜粗糙多孔。

④ 槽液温度　槽液温度升高，树脂胶粒的电泳作用增加，有利于电沉积和涂膜厚度提高。

过高的温度使电解作用加剧，涂膜变得粗糙，易流挂。温度太低，槽液黏度增加，工件表面气泡不易逸出，也会造成漆膜粗糙。

⑤ 电压　电泳涂装时，漆膜的沉积和溶解量相等时的电压称为临界电压。工件在临界电压以上才能沉积上漆膜，但当电压升高到一定值时，会击穿漆膜，产生针孔、粗糙等缺陷。因此，工作电压应控制在临界电压和破坏电压之间。

同一种电泳漆在不同金属材料表面上的破坏电压不一样，如阴极电泳漆在冷轧钢板上的破坏电压最高达350V，而在镀锌钢板上只有270V，所以不同金属制品应在不同的工作电压下分别进行电泳涂装。

⑥ 电泳时间　电泳涂装时，随着工件表面漆膜的增厚，绝缘性增强，一般2min左右后，漆膜已趋于饱和而不再增厚，但此时在内腔和缝隙内表面，泳透力逐步提高，便于漆膜在内表面沉积，因此，电泳时间在3min左右。

⑦ 极距和极比　极距指工件与电极之间的距离。随着极距的增加，工件与电极之间电泳漆液的电阻增大。由于工件都具有一定的形状，在极距过近时会产生局部大电流，造成涂膜厚薄不匀；在极距过远时，电流强度太低，沉积效率差。

极比是指工件与电极的面积比。阳极电泳漆极比常取1:1，这是因为阳极电泳的工作电压低、泳透力差，增大电极面积可提高泳透力并改善膜厚均匀性。阴极电泳的极比一般为4:1。电极面积过大或过小都会使工件表面电流密度分布不均匀，造成异常沉积。

⑧ 其他工艺参数　有中和当量、颜基比、泳透力、再溶性、有机溶剂含量、贮存稳定性等。

中和当量：指中和单位质量树脂中酸（碱）基团所需中和剂的等物质的量，以等物质的量/克干树脂表示。

颜基比：指漆中颜填料与固体树脂的重量比。

泳透力：指深入被屏蔽工件表面沉积漆膜的能力。

再溶性：湿电泳漆膜抵抗槽液和超滤液再溶解的能力。

有机溶剂含量：用于改善电泳漆水溶性及分散稳定性所用的助溶剂含量。

贮存稳定性：电泳漆原漆的常温贮存稳定性应不少于1年，槽液在40～50℃存放的稳定性应1个月以上，连续使用的稳定性应在15～20周次。

(11) 自沉积涂漆法

以酸性条件下长期稳定的水分散性合成树脂乳液为成膜物质制成的涂料，在酸和氧化剂存在的条件下，依靠涂料自身的化学和物理化学作用，将涂层沉积在金属表面，这种涂漆方法称为自沉积涂漆，也称自泳涂装、化学泳涂。

自沉积涂漆的原理是：当钢铁件浸于酸性自泳涂料中时，铁表面被溶解并产生Fe^{3+}：

$$Fe+2H^+ \longrightarrow Fe^{2+} + H_2 \uparrow$$

$$2Fe^{2+} + H_2O_2 + 2H^+ \longrightarrow 2Fe^{3+} + 2H_2O$$

氧化剂还可以减少金属表面气泡：

$$2[H] + H_2O_2 \longrightarrow 2H_2O$$

随着金属界面附近槽液中Fe^{3+}的富集，树脂乳液被凝集而沉积在活化的金属表面上而形成涂膜。

自沉积涂装的优点是：

① 节能 自沉积涂装利用化学作用，不用电，在常温下进行。

② 防护性能强 在自沉积过程中，金属的表面处理（活化）与涂膜沉积同时进行，漆膜的附着力强。经处理后，涂膜耐盐雾性能可达 600h。

③ 工艺过程短 自沉积涂装不需磷化处理，设备投资少，工序数少。

④ 生产效率高 一般只需 1～2min，适合于流水性生产方式。工件自槽液中取出后，表面沾附的槽液仍可进行化学作用而沉积，涂料利用率好于电泳漆且需超滤系统。

⑤ 无泳透力问题 工件任何部件与槽液接触，都能得到一层厚度均匀的漆膜。

⑥ 耐水性好 表面活性剂等水溶性物质不会大量地与成膜物一起沉积，因此比一般乳胶耐水性好。

自沉积涂装必须注意的是，与电泳漆一样，也存在槽液稳定性的问题，特别是金属离子在槽液中持续积累，不利于槽液的稳定。

3. 涂膜的干燥

根据涂料的各种成膜机理，按涂膜干燥所需要的条件，涂膜的干燥方式可归纳为自然干燥、加热干燥和特种干燥三种。

（1）自然干燥

自然干燥也称常温干燥、自干或气干，即在常温条件下湿膜随时间延长逐渐形成干膜。这是最常见的涂膜干燥方式，室内外均可进行，无须干燥设备和能源，特别适宜户外的大面积涂装。但有时干燥时间长，受自然条件的影响比较严重。

自然干燥的速率除由涂料的组成决定外，还与涂膜厚度、气温、湿度、通风、光照有关。环境的清洁程度影响涂膜的外观质量。

涂装后，当溶剂挥发、黏度增加时，溶剂在涂膜中的扩散速率显著降低，因此涂膜越厚，完全干燥越慢。

气温过高或过低都会影响成膜质量，一般在 10～35℃之间较好。

环境湿度对干燥速率和涂膜质量的影响非常大。湿度高时空气中的水分抑制湿膜中溶剂的挥发，而且溶剂的挥发吸热会使水汽冷凝，造成涂膜泛白，对某些氧化聚合型涂膜还会造成涂膜回黏。因此，湿度小于 75% 较好。

通风有利于干燥，也有利于安全，室外风速宜在 3 级（3.4～5.5m/s）以下。

一般来说光照对自干有利，如紫外线对聚合有明显的促进作用，但高温阳光直射也易产生涂膜表面缺陷。

（2）加热干燥

加热干燥，也称烘干，是现代工业涂装中的主要干燥方式。一些以缩聚反应和氢转移聚合方式成膜的涂料需要在外加热量的条件下才能干燥。为了缩短干燥时间，自干的涂料也可加热干燥。

加热干燥分低温（100℃以下）、中温（100～150℃）和高温（150℃以上）三种。低温烘干主要用于自干涂膜的强制干燥或对耐热性差的材质（木材、塑料）表面涂膜的干燥。中温烘干和高温烘干则用于热固性涂膜和对金属表面涂膜的干燥。现代工业为了节约能源，要求向低温烘干发展。

加热干燥的主要设备是烘干室（烘炉）。

① 烘干室种类 烘干室根据其外形结构，可分为箱式和通过式两大类。箱式用于间歇生产方式，通过式用于流水线生产方式，并有单行程、多行程之区别。通过式按外形分，又有直通式、桥式和"Π"形。一般地，直通式烘干室热量外溢较大，但设备较矮；桥式烘干室较长，空间较大，热量外溢少；"Π"形烘干室长度比桥式短。单行程烘炉结构相对简单，但设备长，占地面积大；多行程烘炉结构复杂，但设备短，占地面积小。并行式设备有利于提高保温性并减少占地面积；双层烘干室可充分利用空间高度，减少占地面积。

② 烘干过程 涂膜在烘干室内的整个烘干过程，可分为升温、保温和冷却三个阶段。

在升温阶段，涂层温度由室温逐渐升至烘干工艺温度，湿膜中约90%以上的溶剂散发逸出。因此，必须加强通风以排出溶剂蒸气。另外，工件升温吸收大量热量，所以热量消耗大部分在升温阶段。

在保温阶段，只需较少的热量，保温时间由涂膜化学交联反应所需的固化工艺时间所决定。

在冷却阶段，往往采用强制冷却方法使工件迅速冷却到40℃以下，以便进行下道工序的工作。

需要注意的是，烘干温度是指涂层温度或底材的温度，而不是加热炉、加热箱的温度。烘干时间是指在规定温度时的时间，而不是以升温开始的加热时间。

烘干室按加热方式，可分成对流式、热辐射及辐射对流复合式等。

③ 对流烘干设备

a. 对流烘干室特点。对流烘干室是以热空气为热载体，通过对流方式将热量传递给涂膜和工件。它的特点是：

ⓐ 加热均匀，适合于各种形状的工件，涂膜质量均一；

ⓑ 温度范围大，广泛适合于各种涂料的干燥与固化；

ⓒ 设备使用与维护方便；

ⓓ 热惰性大，升温慢，热效率低；

ⓔ 设备大，占地多；

ⓕ 涂膜易产生气泡、针孔、褶皱等缺陷。

b. 对流烘干室的构成。对流烘干设备主要由室体、加热系统、空气幕装置和温度控制系统组成，见图2-14。

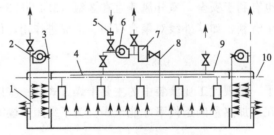

图 2-14 对流烘干室示意图

1—空气幕送风管；2—风幕风机；3—空气幕吸风管；4—吸风管道；5—空气过滤器；6—循环风机；7—空气加热器；8—送风管道；9—室体；10—输送链

室体主要起隔热保温作用，因此体积和门洞应尽可能小，护板隔热层应有足够厚度并有效地密封。

加热系统由风管、空气过滤器、空气加热器及风机等构成。风管包括吸风管和送风管，室外部分为圆形，室内为矩形。送风管各开口处设闸板，便于调节室体内各处送风量。由于升温段耗热量大，送风量也应大点，相应地在升温段上部设排气管并增大吸风管的开口密度。空气过滤器应使空气含尘量低于 $0.5mg/m^3$，以防涂膜表面出现灰尘颗粒，可采用干纤维过滤器或黏性填充滤料过滤器。空气加热器有燃油、燃气燃烧式加热器，电加热器及蒸汽加热器等几种。蒸汽加热器用于 120℃ 以下的低温烘干。电加热器结构紧凑、效率高、控制方便。燃烧式加热器有直接式和间接式之分。直接式是将燃烧产生的高温气体与空气混合送入烘干室，其热效率高，但热量不易控制，热空气清洁度差。间接式加热器热效率低，但气体清洁，容易调控。

空气幕装置是为了减少热空气从直通式连续通过烘干室时从两端门洞逃逸，出口风速一般在 10～20m/s。对于涂覆了粉末的工件，在进口端不能设风幕，以免吹掉粉末颗粒。对于桥式或"Ⅱ"形烘干室，不需要风幕装置。

温度控制系统是通过调节加热器热量输出来控制烘炉温度。不同热源的加热器调节方式也不同，但都应有多点测温和超温报警装置。

④ 辐射烘干设备

a. 辐射烘干原理及特点。辐射烘干就是利用从热源辐射出来的红外线和远红外线，通过空气传播辐射到被涂物件上并被吸收转换成热能，使涂膜和底材同时加热。它与传导和对流加热有着本质区别。

可见光的波长在 $0.35～0.75\mu m$ 之间，比其波长长的为红外线区，波长范围为 $0.75～1000\mu m$，其中波长 $0.75～2.5\mu m$ 为近红外线，辐射体温度 2000～2200℃，辐射能量很高；波长 $2.5～4\mu m$ 的为中红外线，辐射体温度 800～900℃；波长大于 $4\mu m$ 的为远红外线，辐射体温度 400～600℃，辐射能量较低。由于有机物、水分子及金属氧化物的分子振动波长范围都在 $4\mu m$ 以上，即在远红外线波长区域，这些物质有强烈的吸收峰，在远红外线的辐射下，分子振动加剧，产生热能，使涂膜迅速升温而干燥固化。因此，辐射烘干设备中广泛使用远红外线辐射加热方式。

辐射烘干的特点是：热效率高；升温快，烘干效率高；底材表层与涂膜同时加热，有利于溶剂挥发，可减少漆病；设备结构简单，投资少；有辐射盲点，不适合复杂形状的工件。因此，辐射与对流相结合可以取长补短。

b. 辐射烘干的影响因素

ⓐ 涂层材料。不同涂层材料黑度（即吸收能力）不一样，黑度高的材料吸收能力强，热效率高。涂料的黑度一般在 0.8～0.9。

ⓑ 波长。可利用远红外线对涂膜加热，近红外线对金属表面 $1\mu m$ 的薄层加热。这样既可使涂膜干燥，又可使金属不会整体受热。

ⓒ 介质。烘干室中的水分和溶剂蒸气会吸收辐射能，使辐射衰减，故应及时排出。

ⓓ 辐射距离。辐射距离不宜太远，一般平板为 100mm，复杂工件为 250～300mm。

ⓔ 辐射器表面温度。辐射能与表面绝对温度的四次方成正比，与波长成反比。

ⓕ 辐射器布置。由于辐射器表面温度很高，热空气的自然对流会使室体上部温度高。因此，辐射器数量应自下而上递减。

c. 辐射烘干设备组成。辐射烘干设备由室体、红外线辐射器、空气幕、通风系统和温控系统组成。室体和空气幕与对流烘干室一样。通风系统分自然排气和强制通风两种。溶剂含量高的涂料应采用强制通风。

红外线辐射器分燃气型和电热型两大类。电热型从外形分又有管式、板式和灯泡式几种，其中管式和板式应用较多。

（3）特种干燥

① 光照射固化　光照射固化是加有光敏剂的光固化涂料的干燥方法。通常用 $300\sim450\mu m$ 波长的紫外线，因此也称紫外线（UV）固化。

UV 固化适用于流水作业施工，多用于平面板材如木材、塑料表面的涂装，先用帘式淋涂法施工，然后用传送带传送至光固化装置，经 UV 照射固化得到成品。

光固化干燥的主要设备是紫外线光源。紫外线日光灯和水银灯是目前国内外常用的光源。

应用 UV 固化装置时应注意：

a. 许多颜填料会吸收紫外线，使紫外线难以穿透湿膜，影响色漆内层固化，目前主要用于清漆。

b. UV 固化涂料的干燥速率与涂膜厚度、紫外线照射强度和照射距离密切相关。漆膜厚，固化时间长；照射强度大或距离近，则固化时间短。若采用弱紫外线，即使长时间照射，也难以达到强紫外线短时间照射的效果。

c. 紫外线照射炉要有足够的冷却效果，炉内温度应不大于 $60℃$，以免对有些底漆和底材产生破坏。

d. 紫外线水银灯的冷却采用水冷和风冷相结合的方法较好，同时风冷的风速和风向必须设计合理，以防风吹而影响涂膜的表面状态。

e. 强紫外线对人体，特别是对眼睛有害。因此，尽量远距离操作并须采取必要的劳动保护措施。

② 电子束辐射固化　电子束辐射固化是电子固化涂料的专用干燥方法，即用高能量的电子束照射涂膜，引发涂膜内活性基团进行反应而固化干燥。它在常温下进行，并且由于能量高，穿透性强，能固化到涂膜深部，因而可用于色漆的固化，而且干燥时间短，有的只需几秒，特别适用于高速流水线生产。但照射装置价格高，安全管理要求严格。

电子束固化通常使用的照射线有电子线和 γ 射线两种。

③ 其他干燥方法

a. 电感应式干燥。又称高频加热，即当金属工件放入线圈里时，线圈通 $300\sim400Hz/s$ 交流电，在其周围产生磁场，使工件被加热，最高温度可达 $250\sim280℃$，可依电流强度大小来调节。由于能量直接加在工件上，故涂膜是从里向外被加热干燥，溶剂能快速彻底地散发逸出并使涂膜固化。

b. 微波干燥是特定的物质分子在微波的作用下振动而获得能量，产生热效应。微波干燥只限于非金属材质基底表面的涂膜，这正好与高频加热相反。微波干燥对被干燥物选择性大，且设备投资较大，但干燥均匀，速度快，仅需 $10\sim20s$。

（4）涂膜的干燥过程

不管采用何种干燥方法，涂膜的干燥都是由液态变为固态，黏度逐渐增加，性能逐渐达到规定要求的过程。

长期以来，人们习惯用简单直观的方法来划分干燥的程度，现在一般划分为 3 个阶段。

① 指触干或表干　即涂膜从可流动的状态干燥到用手指轻触涂膜，手指上不沾漆，此

时涂膜还发黏，并且留有指痕。

② 半硬干燥　涂膜继续干燥，达到用手指轻按涂膜，涂膜上不留有指痕的状态。从指触干到半硬干燥中间还有些不同的指标，如沾尘干燥、不黏干燥、指压干燥等。

③ 完全干燥　用手指强压涂膜也不残留指纹，用手指摩擦涂膜不留伤痕时可称为完全干燥。也有用硬干、打磨干燥等表示。不同被涂物件对涂膜的完全干燥有不同要求，如有的要求能够打磨，有的要求涂膜能经受住搬运、码垛堆放，因而它们的完全干燥达到的程度也就不同。

二、涂料的施工过程

被涂物件经过漆前表面处理（底材处理）以后，就可以进行涂料的施工，通常一个完整的涂料施工过程包括施工前准备工作、涂底漆、刮腻子、涂中涂、打磨、涂面涂、罩清漆以及抛光上蜡、装饰和保养等工序。

（1）准备工作

① 涂料检查　涂料在施工前应进行检测、检查，一般要核对涂料名称、批号、生产厂商和出厂时间、保质期，双/多组分漆还应核对调配比例和可使用时间、准备配套使用的稀释剂，若有条件还可检测涂料的化学性能和物理性能是否合格。此外，还要准备好必要的安全环保措施。

② 充分搅匀涂料　涂料在使用前应充分搅匀，以防涂料中有些成分如颜料、助剂局部浓度过高。双/多组分漆按规定调配后，也应充分搅拌，经规定时间的静置活化后使用。

③ 调黏　大多数涂料都需加入适量的稀释剂稀释才能调整到施工黏度，而且不同的施工方法需要不同的黏度，如喷涂的黏度比刷涂的低些。

④ 过滤净化　涂料在搬运、贮存、配漆时，难免会混入杂质或结皮等，因此应过滤净化。小批量涂装时，一般用手工方式过滤；大批量使用涂料时，可用机械过滤。

（2）涂底漆

底材处理后，紧接着是涂底漆，涂底漆的目的是在被涂物表面与随后的涂层之间创造良好的结合力，以提高整个涂层的保护性能、装饰性能。因此对底漆的要求是：与底材有很好的附着力，本身有极好的机械强度，对底材有良好的保护性能，能为下道涂层提供良好的基础。

一般底材涂底漆后，要经打磨再涂下一道漆，以改善底漆表面平整度及漆膜粗糙度，使其与下一道漆膜结合得更好。

（3）刮腻子

底漆一般不能消除底材上的细孔、裂缝及凹凸不平，刮腻子可将底材修饰得均匀平整，改善整个涂层的外观。

腻子中填料多、成膜基料少，若刮涂较厚，则容易产生开裂或收缩。刮腻子费工时，效率低，劳动强度大，不适宜流水线生产。因此应尽量少刮或不刮腻子。

腻子品种很多，在不同的底材上（如钢铁、金属、木材、混凝土灰浆等）有不同的品种。腻子有自干和烘干两种类型。性能较好的腻子品种有环氧腻子、氨基腻子、聚酯腻子（俗称原子灰）、乳胶腻子等。

对腻子的性能要求有：a. 与底漆有良好的附着力；b. 有一定的机械强度；c. 具有良好的施工性，易刮涂，不卷边；d. 适宜的干燥性，易干透；e. 收缩性小，对涂料的吸收性小；

f. 打磨性良好，要既坚牢又易打磨；g. 有相应的耐久性。

局部找平时可用手工刮涂。大面积涂刮可用机械方法进行或将腻子用稀释剂调稀后，用大口径喷枪喷涂。多次刮涂腻子时应按先局部填孔，再统刮，最后稀刮的程序操作。为增强腻子层强度，可采用一道腻子一道底漆的方法。

腻子层在烘干时，应先充分晾干，然后逐步升温烘烤，以防烘得过急而起泡。

（4）涂中涂

在底漆与面漆之间的涂层统称为中涂层。因此腻子层也可称为中涂层，此外还有二道底漆、封底漆、立体涂装时的造型漆等。

二道底漆含颜料量比底漆多，比腻子少。它既有底漆性能，又有一定的填平能力。封底漆综合腻子与二道底漆的性能，现在较多地用于表面经过细致精加工的被涂物件，代替腻子层。封底漆有一定光泽，可显现出底材的小缺陷，既能充填小孔，又比二道底漆对面漆的吸收性小；能提高涂层丰满度，既具有与面漆相仿的耐久性，又比面漆容易打磨。封底漆采用与面漆相接近的颜色和光泽，可减少面漆的道数和用量。

中涂的作用有：保护底漆和腻子层，以免被面漆咬起；增加底漆与面漆的层间附着力；消除底漆涂层的缺陷和过分的粗糙度；增加涂层的丰满度，提高整个涂层的装饰性和保护性。装饰性要求较高的涂层常需合适的中涂层。

中涂层应与底漆及面漆配套，并且具有良好的附着力和打磨性，其耐久性能应与面漆相适应。

（5）打磨

打磨是涂料施工中的一项重要工作，贯穿于施工的全过程，原则上每涂一层之前都应进行打磨，它的作用是：a. 清除底材表面上的毛刺及杂物；b. 清除涂层表面的粗颗粒及杂物；c. 对平滑的涂层或底材表面打磨可得到需要的粗糙度，增强涂层间的附着力。但打磨费工时，劳动强度很大。

① 干打磨法　用砂纸、乳石、细的石粉进行打磨，然后打扫干净，此法适用于干硬而脆的或装饰性要求不太高的表面。干打磨的缺点是操作过程中容易产生很多粉尘，影响环境卫生。

② 湿打磨法　用耐水砂纸、乳石蘸清水、肥皂水或含有松香水的乳液一起进行打磨，乳石可用粗呢或毡垫包裹并浇上少量的水或非活性溶剂润湿，对要求精细的表面可取用少量的乳石粉或硅藻土沾水均匀摩擦，打磨后用清水冲洗干净然后用鹿皮擦拭一遍，再干燥。湿打磨比干打磨质量好。

③ 机械打磨法　比手工打磨法的生产效率高。一般采用电动打磨机具或在抹有磨光膏的电动磨光机上进行操作。

打磨时应注意：a. 涂层表面完全干燥方可进行；b. 打磨时用力要均匀；c. 湿打磨后须用清水洗净，然后干燥；d. 打磨后不能有肉眼可见的大量露底现象。

（6）涂面涂

涂面漆是完成涂装过程的关键阶段，应根据工件的大小和形状选定合适的施工方法。

涂面漆时，有时为了增强涂层的光泽、丰满度，可在最后一道面漆中加入一定数量的同类型清漆，也可再涂一道清漆罩光加以保护。

过滤面漆应用细筛网或多层纱布。涂装和干燥场所应干净无尘，装饰性要求高时应在具有调温、调湿和空气净化除尘的喷漆室及干燥场所中进行，以确保涂装效果。

涂面漆后必须经过足够时间的干燥后，才能使用被涂物品。

（7）抛光上蜡

为了增强最后一层涂料的光泽和保护性，可进行抛光上蜡处理。若经常抛光上蜡，可使涂层光亮而且耐水，延长漆膜的寿命，但抛光上蜡仅适用于硬度较高的涂层。

抛光上蜡时先将涂层表面用棉布、呢绒、海绵等浸润砂蜡（磨光剂）进行磨光，然后擦净。大面积的可用机械方法。磨光以后再予以擦亮，用上光蜡进行抛光，使表面有更均匀的光泽。

砂蜡主要用于各种涂层磨光和用来擦平表面高低不平，消除涂层的橘皮、污染、泛白、粗糙等弊病。因此在选择时，应选用不含磨损表面的粗大粒子而且不使涂层着色的产品。

使用砂蜡之后，涂层表面基本平坦光滑，但还不太亮，可再涂上光蜡进行擦亮推光，上光蜡的质量主要取决于蜡的性能。

（8）装饰和保养

① 装饰　涂层的装饰可使用印花、划条等方法。印花（贴印）是利用石印法将带有图案或说明的胶纸印在工件的表面，如缝纫机头、自行车车架等。为了使印上的图案固定下来，可再在上面涂一层罩光清漆加以保护。

② 保养　工件表面涂装完毕后，应避免摩擦、撞击以及沾染灰尘、油腻、水迹等，根据涂层的性质及保养条件（温度、湿度等），应在 3～15d 以后方能使用。

思 考 题

1. 涂料的涂布方法有哪些？
2. 涂料的干燥方式有哪些？
3. 涂装前处理的目的、内容和作用是什么？
4. 涂料的施工过程可分为哪几个步骤？

第四节　水性涂料的性能测试

 教学目标

　能力目标

　　① 能用合适的方法测定乳胶涂料性能。

　　② 能选用合适的性能测试仪器，并正确启动设备。

　　③ 能依据国家标准出具测试报告。

　知识目标

　　① 了解水性涂料的主要技术指标。

　　② 掌握黏度、固体含量、表面干燥时间等性能测定方法。

　　③ 掌握水性乳胶涂料性能测试数据的处理。

　素质目标

　　① 培养良好的创新意识。

　　② 培养良好的争先意识。

　　③ 培养团队合作精神。

一、涂料的原漆性能检测

原漆性能是指涂料包装后，经运输、贮存直到使用时的质量状况。主要性能包括以下几方面。

（1）器中状态（外观）

通过目测观察涂料有无分层、发浑、变稠、胶化、结皮、沉淀等现象。

① 分层、沉淀　涂料经存放，可能会出现分层现象，一般可用刮刀来检查，若沉降层较软，刮刀容易插入，沉降层容易被搅起重新分散开来，待其他性能合格后，涂料可继续使用。

② 结皮　醇酸、酚醛、氯化橡胶、天然油脂涂料经常会产生结皮，结皮层已无法使用，应沿容器内壁分离除去，下层涂料可继续使用，使用时应搅拌均匀。

③ 变稠、胶化　可搅拌或加适量稀释剂搅拌，若不能分散成正常状态，则涂料报废。

相关的国家标准有：《涂料贮存稳定性试验方法》（GB 6753.3—86）、《清漆、清油及稀释剂外观和透明度测定法》（GB/T 1721—2008）、《清漆、清油及稀释剂颜色测定法》（GB/T 1722—92）等。

（2）密度

密度即在规定的温度下，物体的单位体积的质量。密度的测定按《色漆和清漆　密度的测定　比重瓶法》（GB/T 6750—2007）进行。测定密度，可以控制产品包装容器中固定容积的质量。

（3）细度

涂料中颜、填料的分散程度，清漆中是否含有微小的杂质或固体树脂，可以用测定细度的方法了解。

色漆的细度是一项重要指标，对成膜质量、漆膜的光泽、耐久性、涂料的贮存稳定性等均有很大的影响。但也不是越细越好，过细不但延长了研磨工时，占用了研磨设备，有时还会影响漆膜的附着力。测细度的仪器通称细度板（或细度计）。测不同的细度，需要不同规格的细度板，《色漆、清漆和印刷油墨　研磨细度的测定》（GB/T 1724—2019）中有 3 种规格：100μm、50μm 和 25μm。美国 ASTM D1210（79）分级用海格曼级、mil（密耳）和油漆工艺联合会 FSPT 级表示，它们与"μm"的换算关系如图 2-15 所示。

（4）黏度

黏度是表示流体在外力作用下流动和变形特性的一个项目，是对流体具有的抗拒流动的内部阻力的量度，也称为内摩擦系数。

流体有牛顿型流动和非牛顿型流动之分，在一定温度下，流体在很宽的剪切速率范围内黏度保持不变的流动称为牛顿型流动。而非牛顿型流动时，流体的黏度随切变应力的变化而变化。随着切变应力增加，黏度降低的流体称为假塑型流体；切变应力增加，黏度也随之增加的称为膨胀性流体。

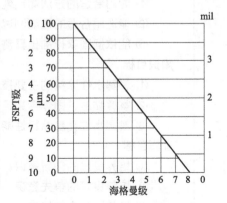

图 2-15　研磨细度换算图（1mil＝25μm）

液体涂料中除了溶剂型清漆和低黏度的色漆属于

牛顿型流体外，绝大多数的色漆属于非牛顿型流体。因此，液体涂料的黏度检测方法很多，以适应不同类型的流体。

黏度的检测方法有以下几种：

① 流出法　适用于透明清漆和低黏度色漆的黏度检测，即通过测定液体涂料在一定容积的容器内流出的时间来表示此涂料的黏度。根据使用的仪器又可分为毛细管法和流量杯法。

毛细管法是一种经典的方法，适用于测定清澈透明的液体。但由于毛细管黏度计易损坏，而且操作清洗均较麻烦，现主要用其他黏度计校正。

流量杯法是毛细管黏度计的工业化应用。它适用于低黏度的清漆和色漆，不适用于测定非牛顿流动的涂料。

世界各国使用的流量杯黏度计各有不同的名称，但都按流出孔径大小，最佳的测量范围划分为不同型号。我国通用的是国标《涂料粘度测定法》（GB/T 1723—93）中规定的涂-1杯和涂-4杯，同时等效采用 ISO 流出杯（《色漆和清漆　用流出杯测定流出时间》GB/T 6753.4—1998），美国 ASTM D1200 规定采用的是 2#、3#、4#福特（Ford）杯，德国 DIN 53211 采用的是 DIN 杯，有 2#、3#、4#、6#和 8# 5 种。另外，还有一种察恩杯（Zahn cup），它是一种圆柱形球底，并配有较长提手的轻便黏度杯，按其底部所开小孔的尺寸分为 1#～5#共 5 个型号，它的特点是操作简单方便，适用现场使用。

② 落球法　落球法就是利用固体物质在液体中流动速度的快慢来测定液体的黏度，使用这一原理制造的黏度计称为落球黏度计，它适用于测定较高的透明液体涂料，多用于生产控制。《涂料粘度测定法》（GB/T 1723—93）规定了落球黏度计的规格和测试方法。

③ 气泡法　即利用空气在液体中的流动速率来测定涂料产品的黏度，它只适用于透明清漆。工业上常用的是加氏（Gardner-Holdt）气泡黏度计，它是在一套同一规格的玻璃管内封入不同黏度的标准液并进行编号，有 A1～A5、A～Z、Z1～Z10 共 41 个档数。检测时将待测试样装入同样规格的管内，在相同温度下和标准管一起翻转过来，比较管中气泡移动的速率，以与最近似的标准管的编号表示其黏度，也可不与标准管比较，而以测定气泡上升的时间来表示黏度。

④ 固定剪切速率测定方法　用于测定非牛顿型流动性质的涂料产品的黏度，这种测定仪器称为旋转黏度计。它的形式很多，分别适用于测试不同的涂料产品，表 2-21 列出了 5 种旋转黏度计的类型及用途。

表 2-21　5 种旋转黏度计的类型及用途

类　　型		黏度计举例	用　　途
同心圆筒	同心旋转	成都 DXS-11 型； 瑞士 Eppredat Rheomat	测定油类及涂料的动力黏度及流变性质，测定的黏度范围较大
	外筒旋转	上海 NDJ-2 型； 美国 Macmichael	
桨式旋转		天津 QNZ 型； 美国 Stormer	用于一般的黏度和稠度测定
转盘式旋转		上海 NDJ-1 型； 日本 BL、BM、BH； 美国 Brookfield	测定动力黏度及流动曲线，以及等黏度
锥板式旋转		德国 Rotovisco； 英国 ICI； 兰州 NZB-1 型	用于测定较黏稠的涂料、油墨和其他物料的流变性质

《涂料黏度的测定　斯托默黏度计法》（GB/T 9269—2009）中规定了用斯托默（Stormer）黏度计测定涂料黏度的方法，结果以克雷布斯单位（Krebs Unit，KU）表示。

《色漆和清漆　用旋转黏度计测定黏度　第1部分：以高剪切速率操作的锥板黏度计》（GB/T 9751.1—2008）等效采用了 ISO 标准，所用仪器为锥板式或圆筒形黏度计和浸没式黏度计，测得的是涂料的动力黏度，以 Pa•s 表示。

（5）不挥发分含量

不挥发分也称固体分，是涂料组分中经过施工后留下成为干涂膜的部分，它的含量高低与成膜质量和涂料的使用价值有很大关系。为了减少有机挥发物对环境的污染，生产高固体分涂料是各涂料生产厂商努力的方向之一。

测定不挥发分最常用的方法是：将涂料在一定温度下加热烘烤，干燥后剩余物质与试样质量比较，以百分数表示。相关的标准有《色漆、清漆和塑料　不挥发物含量的测定》（GB/T 1725—2007）和《色漆和清漆　通过测量干涂层密度测定涂料的不挥发物体积分数》（GB/T 9272—2007）。

（6）冻融稳定性或低温稳定性

主要用于以合成树脂乳液为基料的水性漆。若该漆在经受冷冻、融化若干次循环后，仍能保持其原有性能，则具有冻融稳定性。

《乳胶漆耐冻融性的测定》（GB/T 9268—2008）规定试样在（-18 ± 2）℃条件下冷冻17h，然后在（23 ± 2）℃放置，分别在6h和48h后进行检验。ASTM D2243—68(74)规定为在（-9.4 ± 2.8）℃冷冻7d后测定。有些乳胶漆产品以（-5 ± 1）℃、16h，然后（23 ± 2）℃、8h为一个循环，共若干次循环来表示低温稳定性。

二、涂料的施工性能检测

涂料只有通过施工才能发挥作用，因此施工的难易程度直接影响到施工者对涂料的认可度。涂料的施工性能，包括将涂料施工从底材料开始至形成涂膜为止，主要性能有如下几种。

（1）施工性

依据施工方法不同，施工性可分别称为刷涂性、喷涂性或刮涂性，施工性能即指涂料用刷、喷或刮涂方法施工时，既容易施工，又能使得到的涂膜很快流平，没有流挂、起皱、缩边、渗色或咬底等现象。《涂料产品的大面积刷涂试验》（GB 6753.6—86）规定的方法是在不小于 1.0m×1.0m×0.00123m 的钢板、不小于 1.0m×0.9m×0.006m 的木板或不小于1.0m×0.9m×0.005m 的水泥板上施工色漆、清漆及有关产品的刷涂性和流动性。

日本 JIS K 5400 中对施工性检测规定的试验尺寸为 500mm×200mm，根据产品规定分别检验刷涂、喷涂或刮涂性能，且涂一道和涂两道都进行检查，用文字表示检查结果。

（2）干燥时间

涂料的干燥过程根据涂膜物理性状（主要是黏度）的变化过程可分为不同阶段。习惯上分为表面干燥、实际干燥和完全干燥三个阶段。美国 ASTM D1640—69(74) 把干燥过程分成八个阶段。由于涂料的完全干燥时间较长，故一般只测表面干燥和实际干燥两项。

① 表面干燥时间（表干）的测定　常用的方法有 GB 1728—79 中的吹棉球法、指触法和 GB 6753.2—86 中的小玻璃球法。吹棉球法是在漆膜表面放一脱脂棉球，用嘴沿水平方向轻吹棉球，如能吹走而漆膜表面不留有棉丝，即认为表面干燥；指触法是以手指轻触漆膜

表面，如感到有些发黏，但无漆粘在手指上，即认为表面干燥或称指触干。小玻璃球法是指当约 0.5g 的直径为 $125\sim250\mu m$ 的小玻璃球能用刷子轻轻刷离，而不损伤漆膜表面时，即认为达到表干。

② 实际干燥时间（实干）的测定　常用的有压滤纸法、压棉球法、刀片法和厚层干燥法。《漆膜、腻子膜干燥时间测定法》（GB 1728—79）中有详细规定。

由于漆膜干燥受温度、湿度、通风、光照等环境因素影响较大，测定时必须在恒温恒湿室进行。

（3）涂布率或使用量（耗漆量）

涂布率是指单位质量（或体积）的涂料在正常施工情况下达到规定涂膜厚度时的涂布面积，单位是 m^2/kg 或 m^2/L。

使用量（耗漆量）是指在规定的施工情况下，单位面积上制成一定厚度的涂膜所需的漆量，以 g/m^2 表示。

涂布率或使用量可作为设计和施工单位估算涂料用量的参考。测定的方法有刷涂法、喷涂法等，喷涂法所测得的数值，不包括喷涂时飞溅和损失的漆，同时由于测定者手法不同造成了涂刷厚度的差异，故所测数值只是一个参考值，现场施工时受施工方法、环境、底材状况等许多因素影响，实际消耗量会与测定值有差别。

（4）流平性

流平性是指涂料在施工之后，涂膜流展成平坦而光滑表面的能力。涂膜的流平是重力、表面张力和剪切力的综合效果。

流平性的测定法有刷涂法和喷涂法两种，以刷纹消失和形成平滑漆膜所需时间来评定，以分钟表示。美国 ASTM D2801—69（81）的方法是用有不同深度间隙的流平性试验刮刀，将涂料刮成几对不同厚度的平行的条形涂层，观察完全和部分流到一起的条形涂层数，与标准图形对照，用 0～10 级表示，10 级最好，完全流平，0 级则流平性最差。此法适用于白色及浅色漆。ASTM D4062—81 规定了检测水性和非水性浅色建筑涂料的流平性的方法。

（5）流挂性

液体涂料涂布在垂直的表面上，受重力的影响，部分湿膜的表面容易向下流坠，造成上部变薄、下部变厚，或形成严重的半球形（泪滴状）、波纹状的现象，这是涂料应该避免的。造成这样的原因主要有涂料的流动特性不适宜、湿膜过厚、涂装环境和施工条件不合适等。《色漆和清漆　抗流挂性评定》（GB/T 9264—2012）采用流挂仪对色漆的流挂性进行测定，以垂直放置、不流到下一个厚度条膜的涂膜厚度为不流挂的读数。厚度值越大，说明涂料越不容易产生流挂，抗流挂性好。

（6）涂膜厚度

测定漆膜厚度有各种方法和仪器，应根据测定漆膜的场合（实验室或现场）、底材（金属、木材等）、表面状况（平整、粗糙、平面、曲面）和漆膜状态（湿、干）等因素选择合适的仪器。

① 湿膜厚度的测定　应在漆膜制备后立即进行，以免由于溶剂的挥发而使漆膜变薄。按《色漆和清漆　漆膜厚度的测定》（GB/T 13452.2—2008）规定了使用轮规和梳规测定的方法。ASTM D1212—1979 中规定用轮规和 Pfund 湿膜计测定的方法。

② 干膜厚度的测定　测量干膜厚度，有很多种方法和仪器，但每一种都有一定的局限性。依工作原理，大致可分为两大类：磁性法和机械法。

（7）遮盖力（对比率）

色漆均匀地涂刷在物体表面，通过涂膜对光的吸收、反射和散射，使底材颜色不再呈现出来的能力称为遮盖力，有湿膜遮盖力、干膜遮盖力两种情况。《涂料遮盖力测定法》（GB 1726—79），用遮盖单位面积所需的最小用漆量（g/m^2）表示湿膜的遮盖力。

干膜遮盖力常用对比率来表示，按照 GB/T 23981.1—2019 将被测涂料涂布于无色透明聚酯膜上，或者涂布于底色黑白各半的卡片纸上，用反射率仪测定涂膜在黑白底面上的反射率，计算黑色底面上的反射率与白色底面上反射率的比值，即得到对比率。

（8）可使用时间

它是双组分或多组分涂料的重要施工性能。测定时将各组分在一定的容器中按比例混合后，按照产品规定的可使用时间条件放置，达到规定的最低时间后，检查其搅拌难易程度、黏度变化和凝胶情况，并且涂制样板放置一定时间后与标准样板对比检查漆膜外观有无变化或缺陷产生。如没有异常现象，则认为"合格"。

三、涂膜性能检测

（1）涂膜外观

在室内标准状态下制备的样板干燥后，在日光下肉眼观察，检查漆膜有无缺陷，如刷痕、颗粒、起泡、起皱、缩孔等，并与标准样板对比。

（2）光泽

光线照射在平滑表面上，一部分反射，一部分透入内部产生折射。反射光的光强与入射光光强的比值称为反射率。漆膜的光泽就是漆膜表面将照射在其上的光线向一定方向反射出去的能力，也称镜面光泽度。反射率越大，则光泽越高。

（3）鲜映性

鲜映性是用来表示漆膜表面影像（或投影）的清晰程度，以 DOI（distinctness of image）值表示，测定的是涂膜的散射和漫反射的综合效应。常用来对飞机、精密仪器、高级轿车等的涂膜的装饰性进行等级评定。

鲜映性以数码表示等级，分为 0.1、0.2、0.3、0.4、0.5、0.6、0.7、0.8、0.9、1.0、1.2、1.5、2.0 共 13 个等级（即 DOI 值），数码越大，表示鲜映性越好。在《各色汽车用面漆》（GB/T 13492—92）中对一些汽车面漆的鲜映性已有规定，要求达到 0.6～0.8。事实上，高档轿车涂膜的鲜映性要求在 1.0 以上，豪华轿车的 DOI 值要求在 1.2 以上。

（4）颜色

颜色是一种视觉，就是不同波长的光刺激人的眼睛之后，在大脑中所引起的反映。因此，涂膜的颜色是由照射光源、涂膜本身性质和人眼决定的。

测定漆膜颜色可按《色漆和清漆　色漆的目视比色》（GB/T 9761—2008）的规定进行。但由于受到色彩记忆能力和自然条件等因素的限制，不可避免会有人为误差。因此，《涂膜颜色的测量方法》（GB 11186.1～11186.3）规定用光电色差仪来对颜色进行定量测定，把人们对颜色的感觉用数字表达出来。

（5）硬度

硬度就是漆膜对作用其上的另一个硬度较大的物体的阻力。测定涂膜硬度的方法常用的有 3 类，即摆杆阻尼硬度法、划痕硬度法和压痕硬度法。3 种方法表达漆膜的不同类型阻力。

① 摆杆阻尼硬度 通过摆杆横杆下面嵌入的两个钢球接触涂膜样板，在摆杆以一定周期摆动时，摆杆的固定质量对涂膜压迫，使涂膜产生抗力，根据摆的摇摆规定振幅所需要的时间判定涂膜的硬度，摆动衰减时间越长，涂膜硬度越高。《色漆和清漆 摆杆阻尼试验》（GB/T 1730—2007）规定了相应的检测方法。

美国 ASTM D2134—66（80）所规定的斯华特硬度计（Sward Rooker）与摆杆阻尼试验仪的原理相同。

② 划痕硬度 划痕硬度即在漆膜表面用硬物划伤涂膜来测定硬度。常用的是铅笔硬度。《色漆和清漆 铅笔法测定漆膜硬度》（GB/T 6739—2006）中规定使用的铅笔由 6B 到 6H 共 13 级，可手工操作，也可仪器测试。

铅笔划涂膜时，既有压力，又有剪切作用力，对涂膜的附着力也有所规定，因此与摆杆硬度是不同的，它们之间没有换算关系。

③ 压痕硬度 采用一定质量的压头对涂膜压力，以压痕的长度或面积来测定涂膜的硬度。GB/T 9275—2008 及 ASTM D1474—68(79) 中规定了相应的仪器及检测操作方法。

（6）冲击强度

冲击强度也称耐冲击性，是检验涂膜在高速重力作用下的抗瞬间变形而不开裂、不脱落的能力。它综合反映了涂膜柔韧性和对底材的附着力。

《漆膜耐冲击测定法》（GB/T 1732—93）规定，冲击试验仪的重锤质量为 10000g，冲头进入凹槽的深度为 2mm，凹槽直径为 15mm，重锤最大滑落高度为 50cm。由于所用重锤质量是固定的，所以检验结果以"cm"表示。各国的冲击试验仪形状基本相同，但重锤质量、冲头尺寸和高度有所不同，其中 ISO 6272—1993 的重锤为 1kg，高度为 1m，并且称为落锤试验。

试验后可采用 4 倍放大镜观察有无裂纹和破损。对于极微细的裂纹，可用 $CuSO_4$ 润湿 15min，然后看有无铜锈或铁锈色，以便于观察。

（7）柔韧性

当漆摸受外力作用而弯曲时，所表现的弹性、塑性和附着力等的综合性能称为柔韧性。

GB/T 1731—93 柔韧性测定器有一套粗细不同的钢制轴棒。做 180°弯曲，检查漆膜是否开裂，以不发生漆膜破坏的最小轴棒直径表示。轴棒共 7 个，直径分别是 1mm、2mm、3mm、4mm、5mm、10mm、15mm。

此外还有 GB/T 6742—2007 中的圆柱轴和 GB/T 11185—2009 中的锥形轴等检测仪器。腻子的柔韧性则按《腻子膜柔韧性测定法》（GB 1748—79）测定。

（8）杯突试验

杯突试验也称顶杯试验或压陷试验，可检测涂层抗变形破裂的能力，是涂膜塑性和底材附着力的综合体现。它也可衡量涂膜在成型加工中不开裂和无损坏的能力，是卷钢涂料、罐头涂料等产品必不可少的测试项目。

GB/T 9753—2007 和 ISO 1520 中规定的杯突试验机压头为 ϕ20mm 的钢制半球，检测时以（0.2±0.1）mm/s 的速度移动压头，直至涂层出现开裂，读取相应的压陷深度（mm）。

（9）附着力

附着力是涂膜对底材表面物理和化学作用而产生的结合力的总和。

① 测定漆膜附着力的方法

a. 划格法。用规定的刀具纵横交叉切割间距为 1mm 的格子，格子总数为 5×5 个，然后根据《色漆和清漆　漆膜的划格试验》（GB/T 9286—1998）规定的评判标准分级，0 级最好，5 级最差。但 ASTM D3259—78 中的 B 法的分级方法与我国国家标准相反，5 级最好，0 级最差；而德国 DIN 53151 标准则与国标一致。

b. 划圈法。GB 1720—79 中是用划圈附着力测定仪，施加载荷至划针能划透漆膜，均匀地划出长度（7.5±0.5）cm、依次重叠的圆滚线图形，使漆膜分成面积大小不同的 7 个部位，若在最小格子中漆膜保留 70% 以上，则为 1 级，最好；依次类推，7 级最差。

c. 拉开法。在《色漆和清漆　拉开法附着力试验》（GB/T 5210—2006）中有所规定，即用拉力试验机，测定时夹具以 10mm/min 的速度进行拉伸，直至破坏，考核其附着力和破坏形式。

（10）耐磨性

耐磨性是涂层抵抗机械磨损的能力，是涂膜的硬度、附着力和内聚力的综合体现。国标 GB/T 1768—2006 规定用 Taber 磨耗仪，在一定的负荷下，经一定的磨转次数后，以漆膜的失重表示其耐磨性。失重越小，则耐磨越好。这种方法与实际的现场磨耗结果有良好的关系，因此适用于经常受磨损的路标漆、地板漆的检测。

（11）抗石击性

抗石击性又称石凿试验，是模仿汽车行驶过程中砂石冲击汽车涂层的测试方法，用于了解涂膜抵抗高速砂石的冲击破坏能力，是针对汽车漆而开发的漆膜检测项目。检测时将粒径 4～5mm 钢砂用压缩空气吹动喷打被测样板，每次喷钢砂 500g，在 10s 内以 2MPa 的压力冲向样板，重复 2 次，然后贴上胶带拉掉松动的涂膜，将破坏情况与标准图片比较，0 级最好，10 级最差。

ASTM D3170—87 中则规定用 9.6～16mm 的砂石，每次使用 550mL，空气压力为（480±20）kPa。

（12）打磨性

打磨性是指涂层经砂纸或乳石等干磨或湿磨后，产生平滑无光表面的难易程度。

对于底漆和腻子，它是一项重要的性能指标，具有实用性。《涂膜、腻子膜打磨性测定法》（GB/T 1770—2008）中，用 DM-1 型打磨性测定仪自动进行规定次数的打磨，在相同的负荷和均匀的打磨速度下，结果具有可信性。

（13）重涂性和面漆配套性

重涂性是指在涂膜表面用同一涂料进行再次涂刷的难易程度和效果。试验是在干燥后的漆膜上进行打磨后，按规定方法涂同一种涂料，在产品要求的厚度下，检查涂饰的难易程度，涂饰后对光目测涂膜状况，并在规定时间干燥后检查涂膜有无缺陷，必要时检测附着力。

面漆配套性是底漆的测定项目，其意义和测定方法与重涂性相似。

（14）耐码垛性

又称耐叠置性、堆积耐压性，是指涂膜在规定条件下干燥后，在两个涂漆表面或一个涂漆表面与另一个物体表面在受压条件下接触放置时涂膜的耐损坏能力。这是涂膜使用期间的检测项目，GB/T 9280—2008 规定了检测方法。

（15）耐洗刷性

耐洗刷性是测定涂层在使用期间经反复洗刷除去污染物时的相对磨蚀性。如建筑涂料，特别是内墙涂料，易被弄脏，需要擦洗，耐洗刷性就是这种性能的考核指标。相应的国标是《建筑涂料　涂层耐洗刷性的测定》（GB/T 9266—2009）。

（16）耐光性

涂膜受到光线照射后保持其原来的颜色、光泽等光学性能的能力称为耐光性。可从保光性、保色性和耐黄变性等几方面进行检测。

① 保光性　将制好的样板遮盖住一部分，在日光或人造光源照射一定时间后，比较照射部分与未照射部分光泽，可以得到漆膜保持其原来光泽的能力。

② 保色性　漆膜被照射部分与未照射部分比较，保持原来颜色的能力。

③ 耐黄变性　将试样涂于磨砂玻璃上，干燥后放入装有饱和硫酸钾溶液的干燥器内，一定时间后，测定颜色的三刺激值 X，Y，Z，然后计算泛黄程度：

$$D = (1.28X - 1.06Z)/Y \tag{2-4}$$

（17）耐热性、耐寒性、耐温变性

它们都是表示漆膜抵抗环境温变的能力，但适用的产品不同。

① 耐热性　用于检测被使用在较高温度场合的涂料产品，经规定的温度烘烤后，漆膜性能（如光泽、冲击、耐水性等）的变化程度。

② 耐寒性　常用于检测水性建筑涂料的涂膜对低温的抵抗能力。

③ 耐温变性　指涂膜经受高温和低温急速变化的情况下，抵抗破坏的能力。

（18）电绝缘性

电绝缘性是绝缘漆的重要性能项目，包括涂膜的体积电阻、电气强度、介电常数以及耐电弧性等内容。检测标准有：

①《绝缘漆漆膜制备法》（HG/T 3855—2006）；

②《绝缘漆漆膜吸水率测定法》（HG/T 3856—2006）；

③《绝缘漆漆膜耐油性测定法》（HG/T 3857—2006）；

④《绝缘漆漆膜击穿强度测定法》（HG/T 3330—2012）；

⑤《绝缘漆漆膜体积电阻系数和表面电阻系数测定法》（HG/T 3331—2012）。

（19）耐水性

耐水性测定方法有以下几种。

① 常温浸水法　这是最普遍的方法，详见国家标准《漆膜耐水性测定法》（GB/T 1733—93）。

② 浸沸水法　将样板的 2/3 面积浸泡在沸腾的蒸馏水中，在规定时间内检查起泡、生锈、失光、变色等破坏情况。

③ 加速耐水性　GB 5209—85 中规定用（40±1）℃的流动水，并对水质作了规定，与常温浸水法比，其加速倍率 6～9 倍，大大缩短了检测时间，提高了测试效率。

（20）耐盐水性

采用 3% 的 NaCl 溶液代替水，可以测定漆膜的耐盐水性。

（21）耐石油制品性

由于石油工业的发展，石油产品的应用已很广泛，各种油类和溶剂较多，这些产品对涂膜均有一定的侵蚀作用。不同的产品规定了对不同石油产品的耐性标准，最普遍的是耐汽油性。耐汽油性的检测，是测定涂膜对汽油的抵抗能力。在规定的条件下试验，观察涂膜有无变色、失光、发白、起泡、软化、脱落等变化。

(22) 耐化学品性

① 耐酸性、耐碱性　涂料的耐酸性和耐碱性是指涂膜基层和涂膜表面环境空气酸碱值超标，会破坏涂膜的物理和化学结构，造成涂膜加速粉化、污染、开裂，缩短使用寿命，因此要求涂料本身的配方材质对酸碱具备较强的抵抗能力。可按《色漆和清漆　耐液体介质的测定》（GB 9274—88）、《建筑涂料　涂层耐碱性的测定》（GB/T 9265—2009）中的方法检测。

② 耐溶剂性　除另有产品规定外，通常按《色漆和清漆　耐液体介质的测定》（GB 9274—88）中的浸泡法进行。

③ 耐家用化学品性　可按《色漆和清漆　耐液体介质的测定》（GB 9274—88）中的方法检验，常用家用化学品有洗涤剂、酱油、醋、油脂、酒类、咖啡、茶汁、果汁、芥末、番茄酱、化妆品（如口红）、墨水、润滑油、药品（碘酒等）。

(23) 耐湿性

耐湿性是指漆膜受潮湿环境作用的抵抗能力。等效采用 ISO 6270-1：1980 标准的 GB/T 13893—2008 中规定采用耐湿性测定仪，样板放于仪器的顶盖位置，仪器的水浴温度控制在 (40±2)℃，保持试板下方 25mm 空间的气温为 (37±2)℃，使涂层表面连续处于冷凝状态，因此称为连续冷凝法。ASTM D4585—92 也是采用连续冷凝法。

日本 JIS K 5661—1970 中则规定温度 (20±3)℃，湿度约 90%，垂直放置一定时间。

(24) 耐污染性

对于建筑涂料，一般用一定规格的粉煤灰与自来水，配比为 1:1，然后均匀涂刷在漆膜表面，规定时间后用合适的装置冲击粉煤灰，一定的循环周期后，测定涂膜的反射系数下降率，下降率越小，则耐污染性越好。

(25) 盐雾试验

盐雾试验有中性盐雾试验（SS）和乙酸盐雾试验（ASS）。

中性盐雾按 GB/T 1771—2007 规定，水溶液浓度为 (50±10) g/L，pH 值 6.5~7.2，温度为 (35±2)℃，试板以 25°±5°倾斜。被试面朝上置于盐雾箱内进行连续喷雾试验，每 24h 检查一次至规定时间取出，检查起泡、生锈、附着力等情况。ISO 7253、ASTM B117 等标准也是中性盐雾。

乙酸盐雾试验是为了提高腐蚀试验效果（GB/T 10125—2012），盐雾的 pH 值为 3.1~3.3，也有在乙酸盐水中加入 $CuCl \cdot 2H_2O$ 的改性乙酸盐雾试验（CASS），进一步加快了腐蚀试验速率，参见 ASTM G43—75 (80)。

(26) 大气老化试验

大气老化试验用于评价涂层对大气环境的耐久性，其结果是涂层各项性能的综合体现，代表了涂层的使用寿命。

老化试验中的暴晒场地应选择在能代表某一气候最严酷的地方或近似实际应用的环境条件下建立，如沿海地区、工业区等。暴晒地区周围应空旷，场地要平坦，并保持当地的自然植被状态，而且沿海地区暴晒地应设在海边有代表性的地方，工业气候暴晒场设在工厂区内。

远离气象台（站）的暴晒场应设立气象观测站，记录紫外线辐射量、腐蚀气体种类与含量或氯化钠含量等。

暴晒试板的朝向可分为朝南 45°、当地纬度、垂直角及水平暴露等方式。试板暴晒后，可按 GB/T 9276—1996、GB/T 9267—2008 等标准进行检查评定，评定标准有《色漆和清漆　涂层老化的评级方法》（GB/T 1766—2008）等。

（27）人工加速老化试验

人工加速老化试验就是在实验室内人为地模拟大气环境条件并给予一定的加速性，这样可避免天然老化试验时间过长的不足。

GB/T 1865—2009 规定采用 6000W 水冷式管状氙灯。试板与光源间距离为 350～400mm，实验室空气温度（45±2）℃，相对湿度（70±5）％，降雨周期为 12min/h，也可根据试验目的和要求调整温度、湿度、降雨周期和时间。

美国较多地采用 QUV 加速老化试验进行人工老化试验，紫外光源主辐射峰为 313nm，有氧气和水气辅助装置，试验速率快，适合于配方筛选。

（28）其他方面

在越来越严格的环保法规管理下，对涂料中污染环境、危害健康的挥发性气体和有毒物质（如重金属）的含量也必须进行检测，尤其是用于食品包装、儿童玩具上的涂料。

此外，随着涂料品种的发展，表示涂料性能的具体项目还会逐渐增加，并且会更加接近涂料的实际性质。

思考题

1. 原漆性能检测主要测试哪些性能指标？
2. 涂膜性能检测主要测试哪些性能指标？

涂料工业, 2008 (4): ... . 李桂林, ... 涂料配方设计与... ... 北京: 化学工业...

王瑞芳, 等. ... GB/T ... ...

第三章
高固体分涂料的生产及检验

第一节　高固体分涂料的配方设计

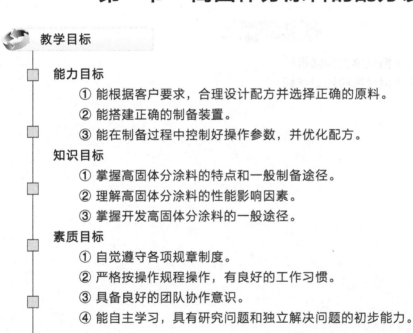

教学目标

能力目标
① 能根据客户要求，合理设计配方并选择正确的原料。
② 能搭建正确的制备装置。
③ 能在制备过程中控制好操作参数，并优化配方。

知识目标
① 掌握高固体分涂料的特点和一般制备途径。
② 理解高固体分涂料的性能影响因素。
③ 掌握开发高固体分涂料的一般途径。

素质目标
① 自觉遵守各项规章制度。
② 严格按操作规程操作，有良好的工作习惯。
③ 具备良好的团队协作意识。
④ 能自主学习，具有研究问题和独立解决问题的初步能力。

高固体分涂料（high solid coating，HSC）实际上是低挥发分涂料。因为热熔涂料、粉末涂料、不饱和聚酯涂料虽然都具有高固体分的特征，但一般不归入高固体分涂料，而是属于无溶剂涂料；按美国国家环境保护局提出的标准，施工固体分在 62% 以上的涂料即为高固体分涂料，一般称施工固体分在 70% 以上的涂料为高固体分涂料。采用低聚法制备平均分子量低、分子量分布窄的树脂，降低树脂的玻璃化转变温度，选择溶解性好的溶剂，提高涂料施工温度等都可提高涂料的施工固体分。高固体分涂料具有涂膜丰满、一次涂装可得厚涂层、溶剂少、贮存运输方便、对环境污染小等特点，并可用现有设备生产和施工，达到节能、省资源和低污染的目的。主要品种有氨基醇酸系、聚酯氨基系、环氧树脂系、丙烯酸聚氨酯系等，用于家用电器、机械、农机、汽车等的涂装。目前的工作重点是开发低温烘烤型、常温固化型及官能基反应型高固体分涂料。

一、高固体分涂料的特点

高固体分涂料和其他低污染涂料品种相比，有如下优点：生产与涂装工艺、设备、检测评价的仪器和传统的溶剂型相同。发展高固体分涂料既可减少 VOCs 的挥发量又不需要增加设备投资，一次涂装的膜厚度是传统涂料的 1～4 倍，还可以减少施工次数。几乎所有品种如醇酸（聚酯）、氨基、烯类（含丙烯酸）、环氧、聚氨酯等都可相应地发展成高固体分涂料，能保持高耐久性、高装饰性，能适应各种工业如航空、航天、海洋事业与国防高新技术发展的需要。随着涂料科技的发展，可以逐渐提高固体分，减少有机溶剂用量与调整溶剂的组成，能使溶剂型高固体分涂料在低污染涂料品种中具有不可替代的重要位置，具有迅速发展的强大生命力。

高固体分涂料的应用范围及主要品种。高固体分涂料主要应用于汽车工业，特别是作为轿车的面漆和在中涂层使用占有较大的比例。美国已有固体分 90％的涂料用作汽车中涂层，日本也逐渐接近美国的水平。目前，高固体分涂料的主要品种为氨基丙烯酸、氨基聚酯及自干型醇酸漆。另外，石油化工储罐及海洋和海岸设施等重防腐工程等也在采用。

HSC 的核心问题是设法降低传统成膜物质的分子量，降低黏度，提高溶解性，在成膜过程中靠有效的交联反应，保证完美的涂层质量，达到热固性溶剂型涂料的水平或更高。合成高固体分涂料的技巧主要是通过合成低聚物，可大幅度地降低成膜物的分子量，降低树脂黏度，而每个低分子本身尚须含有均匀的官能团，使其在漆膜形成过程中靠交联作用获得优良的涂层，从而达到传统涂层的性能。另外需选用溶解力强的溶剂，更有效地降低黏度。

HSC 的施工优点在于无须对现在的施工设备作重大改变，只要在设备上稍作改变即可。实际上无空气喷涂和静电无空气喷涂设备最适应。随着超高带静电盘和静电旋杯的推出，利用 HSC 的假塑性特性，在静电盘和静电旋杯的较高旋转速度下，使涂料的雾化行为大大改善。超临界流体喷涂法是一种新的喷涂施工方法，使用的是临界温度和压力下的液态 CO_2。这种 CO_2 显示类似于烃的溶解能力，但是它们并不被看作 VOCs。

二、高固体分涂料的一般制备途径

众所周知，传统溶剂型涂料中成膜物质是高分子聚合物，分子量达到一定范围才能保证涂料的性质，所以涂料黏度较大。要满足生产与施工流动性要求，例如喷涂黏度 15～20s，刷涂黏度 60～90s（涂-4 杯，25℃左右）；必须使用有机溶剂来调整。所以传统溶剂型涂料一般施工时固体分在 40％以下。如要提高固体分，就要使成膜物低黏度化，最有效的办法是低分子化，即降低成膜物质的分子量，但还要保证涂膜性能，这就带来一系列的理论与实践问题。

（1）降低成膜物分子量

为实现成膜物低黏度化，要大幅度降低成膜物的分子量，以氨基丙烯酸高固体分涂料为例，要交联到和传统氨基丙烯酸涂料相同的性能，不仅作为交联剂的氨基树脂的活性要大，且用量也要多一些。丙烯酸树脂由高聚物变成低聚物，会产生低聚物分子中官能团及分布问题。如传统的大分子丙烯酸树脂骨架上无规则的连接可交联反应的基团（以 F 代表）如下：

由于降低了分子量，如降到原来的 1/3（以平均计），就有可能出现某些分子只含一个官能团（d）甚至不含官能团（c）（如官能团质量分数恒定时）的情况。

那种无官能团的低聚物分子（c）不能参加固化交联，或残留在涂膜中做增塑剂，降低了涂膜性能，或在烘烤固化中挥发，增加了 VOCs 的量。含单官能团的聚合物链，起到链终止剂的作用，终止交联反应，并留下一些未被交联的链段，也严重破坏了涂膜的性能。不仅用氨基树脂交联的丙烯酸低聚物有这种情况，其他一些低聚物也有这种情况。

为防止这种倾向，可以采用提高体系中官能团含量的办法，但这也有一定限制。因为官能团具有极性，如羟基，提高它的浓度，低聚物极性增加，分子间的作用力增大，导致黏度上升，达不到原来的目的。再者，官能团含量过高，会降低体系的贮存稳定性，缩短双包装体系的使用期。另外官能团含量过高，交联涂膜中交联密度过大，交联膜有发脆的趋势。

较好的方法是合成遥爪式低聚物，使直链低聚物分子的链端带官能基，可使低聚物分子全部进入交联膜中，缩水甘油醚/双酚 A 型环氧树脂可以制成遥爪式低聚物，适用于高固体分涂料中。夏正斌等研究采用过氧化苯甲酰叔丁酯为引发剂引发丙烯酸单体制得羟基丙烯酸树脂，制得涂料的固体分达 75％。又如，丁二烯通过用 4，4′-偶氮双（4-氰基戊酸）为引发剂，羧烷基二硫为链转移剂，进行自由基聚合，可得到分子两端为羧基的聚丁二烯低聚物，反应过程示意如下：

还可以通过基团转移法聚合成 $\alpha\omega$ 端羟基甲基丙烯酸甲酯。

这种低聚物不含无官能团分子，制成的磁漆与市售的白醇酸磁漆相比，有较好的实干性能、较高的硬度和抗性。还有可自动氧化的酰基脲低聚物，其端基是丙烯酸酯基和侧链不饱和脂肪酸基（a），以及端羟基的聚酯低聚物（b）和（c）。

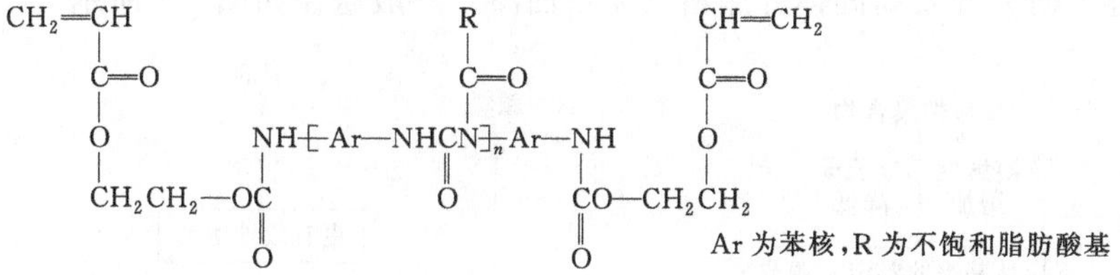

Ar 为苯核，R 为不饱和脂肪酸基

（a）

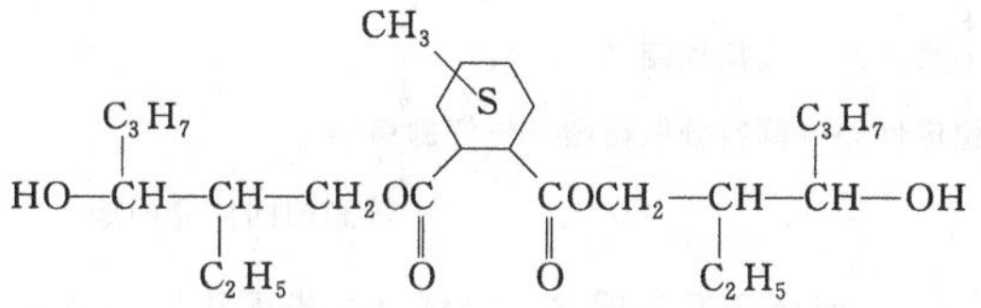

（b）

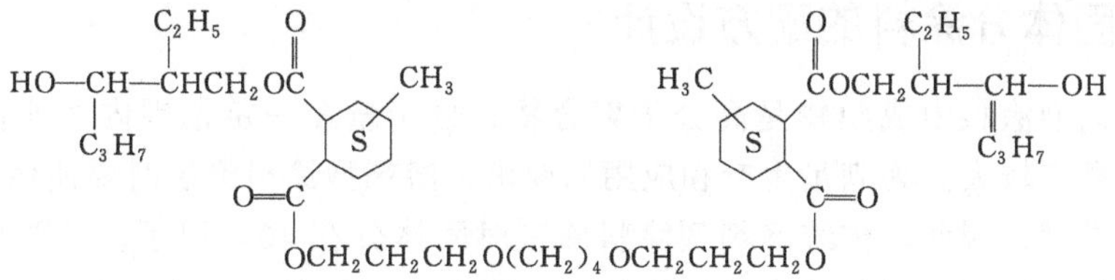

（c）

这些低聚物除官能团连在链端外，分子主链上或是较长的直链或连有支链，以减少分子极性和分子间作用力，降低黏度。这几种遥爪式低聚物都有其优良的性能。要降低成膜物分子量，又要获得最低黏度和最好性能，要从原料选择、配方设计、加料顺序等进行综合考虑。

（2）溶剂和活性稀释剂

目前推广的高固体分涂料，其固体分一般在 60%～70%，逐步达到 80% 以上，以符合环保法规的要求。即使如此，仍需要使用部分有机溶剂，对溶剂的要求包括溶解力强、降低黏度效果好、毒性小、来源广、成本低。

在高固体分涂料体系中除了使用部分溶剂外，还可使用活性稀释剂。活性稀释剂引入体系中既起到稀释和降低黏度的作用，又是成膜物质的组成部分，可提高固体分。活性稀释剂必须具备和低聚物相匹配的交联作用，且沸点高，挥发性低，毒性小。如不饱和聚酯中现采用多元醇多丙烯酸酯作活性稀释剂，其性能优于苯乙烯；甲基丙烯酸双环戊二烯氧基乙酯（DPOMA）作气干型醇酸树脂的活性稀释剂优于多元醇、多丙烯酸酯和多元醇烯丙基醚；烘干型聚酯氨基高固体分涂料以环己烷二甲醇为基础合成的聚酯多元醇为活性稀释剂，既提高固体分，又降低烘烤温度，改善性能。

（3）颜料和助剂

高固体分涂料对颜料（包括填料）没有特殊要求，一般传统溶剂型涂料适用的颜料，高固体分涂料也可采用。

除传统溶剂型助剂如颜料湿润分散剂、防沉剂等仍需要采用，还要求助剂不能明显增加体系黏度。高固体分涂料黏度低，湿膜厚，流动性大，特别需要合适的防流挂剂，以控制干燥前流挂与烘干过程中流挂，一般不明显增加涂料的黏度。普通防流挂剂不大适用，要采用新发展的防流挂剂，如碱性磺酸钙凝胶、丙烯酸微凝胶等。

综上所述，研究开发高固体分涂料（尤指面漆）一般途径如图 3-1 所示。

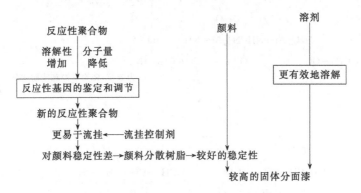

图 3-1　研究开发高固体分涂料（尤指面漆）一般途径

三、高固体分涂料的配方设计

传统的溶剂型涂料中成膜物是高分子聚合物，分子量在一定范围内才能保证涂料的性能，所以涂料黏度较大。为满足生产和应用的要求，溶剂型涂料涂装时要使用大量的有机溶剂来降低体系黏度。因此，传统溶剂型涂料施工时固体分在 40% 以下。若要减少有机溶剂用量、提高固体分但同时还保持体系的低黏度，两者之间会产生矛盾，矛盾的解决当然需要通过配方设计来实现。

（1）成膜物对黏度的影响

① 分子量和玻璃化转变温度的影响　众所周知，在固定的浓度下，聚合物溶液的黏度随分子量的降低而降低。在高固体分涂料中，要降低黏度，提高固体分，必须降低聚合物的分子量。以丙烯酸树脂为例，在固定黏度下，可以得到固含量与分子量即聚合物浓度与分子量的关系曲线，如图 3-2 所示。

由图可知，要增加浓度、提高固体分，就必须降低聚合物的分子量。例如，在施工黏度（假定 0.1Pa·s）下，固体分要达到 70%，分子量需要降到 3000 以下。

分子量对黏度的影响可以用自由体积来解释。分子链端易产生链段运动，产生空穴，空穴与分子间微缝隙，即自由体积。分子量降低，单位体积中的分子链端数增加，因链端容易产生链段运动，使链段运动加剧，引起自由体积增加。自由体积增加可使 T_g 下降，T_g 降低可用下面经验公式来描述。

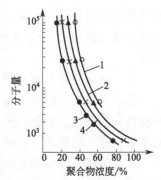

图 3-2　聚合物浓度与分子量的关系曲线

1—1Pa·s；2—0.3Pa·s；
3—0.1Pa·s；4—0.05Pa·s

$$T_g = T_g^\infty - \frac{K}{M_n} \tag{3-1}$$

式中，T_g 为玻璃化转变温度；T_g^∞ 为交联聚合物（即分子为无穷大时）的玻璃化转变温度；$\overline{M_n}$ 为聚合物的分子量；K 为常数，不同聚合物的 K 值在 $0.25 \times 10^5 \sim 3 \times 10^5$ 范围内。

对于高固体分涂料用低聚物，可以用上面经验公式来全面估算。显然，如果分子量 $\overline{M_n}$ 降低，$\dfrac{K}{\overline{M_n}}$ 值增大，对于某种低聚物，其 T_g^∞ 随其分子量变化较小，结果是 T_g 也要降低。T_g 不仅取决于分子量 $\overline{M_n}$，而且还取决于分子结构。Haggard 用不同数均聚合度 $\overline{P_n}$ 的甲基丙烯酸甲酯（MMA）和甲基丙烯酸丁酯（BMA）低聚物，得出了 T_g、η（黏度）、$\overline{P_n}$ 的关系数据，见表 3-1。

表 3-1　甲基丙烯酸酯低聚物 $\overline{P_n}$ 对 T_g 和溶液黏度 η 的影响（80% 甲苯溶液，25℃）

低聚物	$\overline{P_n}$	$\eta/\mathrm{Pa \cdot s}$	$T_g/℃$	低聚物	$\overline{P_n}$	$\eta/\mathrm{Pa \cdot s}$	$T_g/℃$
MMA	6～7	5.0	0.5	BMA	7	<0.1	−40
MMA	11	15～30	23～30	BMA	13～14	10	−25
MMA	16～17	>50	50				

从表 3-1 中看出，分子结构相同的低聚物，$\overline{P_n}$ 增加（即 $\overline{M_n}$ 增加），T_g 和 η 呈明显增加趋势，再次证实降低分子量，能明显降低低聚物黏度和玻璃化转变温度 T_g。

② 分子量分布的影响　聚合物分子量是多分散性的，分子量分布系数 d（$d=\dfrac{\overline{M_w}}{\overline{M_n}}$，$\overline{M_w}$ 为重均分子量，$\overline{M_n}$ 为数均分子量）不同，它们对应的黏度也不同。树脂黏度随 d 值增加而增加。对于高固体分涂料，降低分子量，合成低聚物形式，分子量分布系数 d 也不能接近 1，仍然有一定的分散性。对于多分散聚合物，与黏度相关的是重均分子量 $\overline{M_w}$，二者有如下的关系：

$$\eta = K\overline{M_w^x} \tag{3-2}$$

或

$$\lg\eta = \lg K + x\lg\overline{M_w}$$

式中，K、x 为常数，取决于体系的性质。

对于聚合物熔融体，当 $\overline{M_w}$ 超过临界值 $\overline{M_C}$ 时，x 为 3～4，相应于分子链的缠绕对黏度的贡献。对于高固体分低聚物，一般无分子缠绕，则 x 值很低，一般为 1～2。如果常数 $\lg K$ 可以估计的话，用 $x=1.0$ 和 $x=2.0$ 对多分散性影响进行简单的估算。例如：有一个单分散低聚物，$d=1$，$\overline{M_w}=\overline{M_n}=1000$；当 $x=1.0$、$\lg K=-3.0$ 和 $x=2.0$、$\lg K=-6.0$ 时，按以上方程计算，$\eta=1\mathrm{Pa \cdot s}$。同一种低聚物，$\overline{M_n}$ 仍等于 1000，但 $d=\dfrac{\overline{M_w}}{\overline{M_n}}=3.0$，$\overline{M_w}=3000$，具有多分散性，按以上方程计算，当 $x=1$ 时，多分散低聚物的黏度是 $3\mathrm{Pa \cdot s}$；当 $x=2.0$ 时，则黏度是 $9\mathrm{Pa \cdot s}$，证实多分散低聚物明显地比单分散低聚物的黏度大。因此，对高固体分涂料，在合成低聚物时，降低分子量的同时，应使分子量分布尽量窄，力图使分散系数 d 靠近 1，因为在同样分子量下，d 越小黏度越小。

③ 官能团含量的影响　为实现成膜物的低黏度化，需要降低成膜物的分子量。分子量降低以后，为了固化形成大分子量并形成交联结构以保证涂膜的性能，必须增加体系中活性官能团的量。官能团数量增加，会使分子极性增加，从而导致 T_g 和黏度的增加。官能团是活性基团，其含量的增加又会使体系稳定性变差，从而降低贮存稳定性。另外，

官能团含量的增加，如羟基的增加，相应的交联剂如六甲氧基甲基三聚氰胺（HMMM）也必然增加，这样在交联反应时释放出的有机小分子的量也相应增加，这又增加了VOCs的量。

（2）交联剂结构和比例

热固性聚酯-氨基、丙烯酸氨基高固体分涂料主要用甲醇醚化三聚氰胺加成物作交联剂，一种代表性结构表示如下：

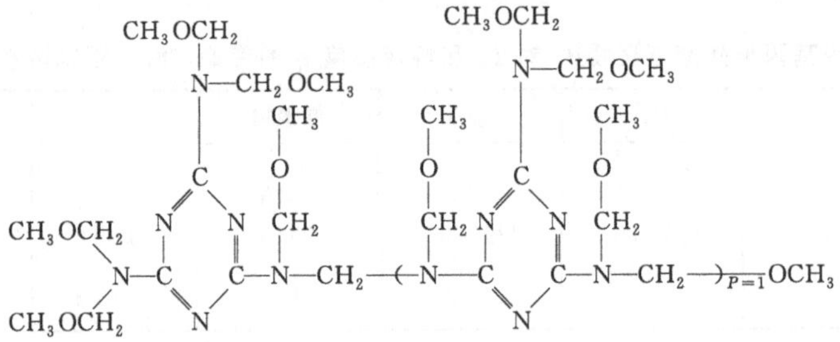

(a)

结构单元变量 $P=1$ 是完全甲醚化的六甲氧基甲基三聚氰胺（HMMM），为高固体分涂料设计的工业树脂是可以达到 HMMM 结构的，对于不同产品，P 的平均值是 $1.2\sim1.5$，两个三聚氰胺环之间用亚甲基桥联结，也有用甲醚桥联结。

从交联官能度来看，HMMM 的官能度 $f=6$，若 $P>1$，则 $f>6$。如三聚氰胺环外氮原子上有未醚化的甲基或亚氨基，与低聚物中羟基反应的活性大，可以降低固化温度。但羟甲基产生自缩聚，释放出甲醛，并增加体系黏度。为减少固化中甲醛的释放量，提高交联活性，推荐用一种高亚氨基高醚化的三聚氰胺甲醛加成物（b）。

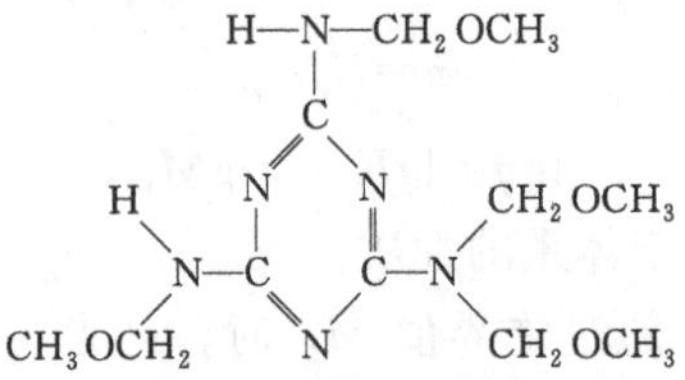

(b)

结构（b）合成较困难，也难得到纯化合物，还要考虑到亚氨基对体系黏度影响，高固体分涂料多用接近 HMMM 结构的交联剂。

交联剂在高固体分涂料中用量比在传统涂料中用量多，因为在高固体分涂料中，成膜物分子量降低，官能团数量增加，因此高固体分体系需要较多的交联剂，才能固化交联成与传统涂料同样分子量的涂膜。当然交联剂的官能度是个变量，交联剂在高固体分体系中交联低聚物反应活性比在传统涂料体系中高。

热固性丙烯酸共聚物用于传统涂料中一般具有较高分子量，并比聚酯树脂的官能度多得多。一个典型的丙烯酸共聚物可能具有 $\overline{M_w}=25000$，$\overline{M_n}=10000$，平均官能度 $f=16$。用 HMMM 型交联剂、丙烯酸共聚物，三聚氰胺等于 $80:20$（质量比）是通用配方。假定工业品 HMMM 具有 $\overline{P_n}=1.25$，则 $\overline{M_n}=469$，$f=7$。如果这种体系在固化时，丙烯酸共聚物上所有羟基都反应，则每个三聚氰胺树脂上有三个—CH_2OCH_3 基反应。交联点间的分子量可以用下式计算。

$$\overline{M_C} = \frac{\overline{M_0}}{f_0 - 2}$$

$$\overline{M_0} = \frac{n_1 M_1 + n_2 M_2 + \cdots + n_i M_i}{n_1 + n_2 + \cdots + n_i} \tag{3-3}$$

$$f_0 = \frac{n_1 f_1 + n_2 f_2 + \cdots + n_i f_i}{n_1 + n_2 + \cdots + n_i}$$

式中，$\overline{M_C}$ 为涂膜中交联点间平均分子量；$\overline{M_0}$ 为单体平均分子量；f_0 为平均官能度；n 为各单体的物质的量，mol。平均官能度 $f_0 - 2$ 是由于每次扩链反应平均用去了两个官能基（如两个二官能基的分子扩链反应生成二官能度的二聚体，用去了两个官能基）。分子间交联是由于多于两个官能基的分子间反应的结果。考虑官能团反应程度，以上方程还有另种形式，即：

$$\overline{M_C} = \frac{\overline{M_0}}{r f_0 - 2} \tag{3-4}$$

式中，r 为官能团反应程度。

在这里，HMMM 中—CH_2OCH_3 基团对丙烯酸共聚物中的—OH 是大大过量的，可以把—OH 反应程度看成是 100％（即 $r=1$），就变成以上方程形式。在这个典型计算中，$\overline{M_C} = 647$。$\overline{M_C}$ 是两个交联点之间链长的平均分子量，可以近似表征涂膜交联密度。要使高固体分涂料交联涂膜也具有同样的 $\overline{M_C}$，要设计丙烯酸低聚物平均度以及特殊的 $\overline{M_n}$，以便给出具有 $\overline{M_C} = 647$ 的交联涂膜。假定要求丙烯酸低聚物的 $\overline{M_n} = 1200$，那将需要平均官能度约为 2.5。如此小的分子量，若用游离基共聚法制备，在低聚物中势必有一定量的单官能团或无官能团的组成，难以达到预期的涂膜性能。问题又回到羟基丙烯酸低聚物的制备上，最好采用离子聚合法制备。当然还可以考虑用较高官能度低聚物调整交联剂官能度和增加交联剂用量来弥补，以期达到传统热固性丙烯酸聚合物交联性能。

（3）溶剂的选择

高固体分涂料中仍含有 17％～30％的溶剂，和传统涂料相比，溶剂量大大减少，但溶剂的作用更显得重要。

① 溶剂和聚合物的相互作用　溶剂的作用是降低体系黏度，也是降低体系的 T_g 值。聚合物溶于溶剂中形成溶液，可由聚合物的 $T_{g聚合物}$，通过一个经验方程式近似计算溶液的 $T_{g溶液}$。

$$T_{g溶液} = T_{g聚合物} - K W_{溶剂} \tag{3-5}$$

式中，$W_{溶剂}$ 为溶剂的质量分数；K 取决于聚合物和溶剂的常数。

由于高固体分涂料要求溶剂尽量少用，降低 $T_{g溶液}$ 主要靠增大 K 值。对高固体分涂料有意义的低聚物，其 K 值是未知的，溶液中低聚物分子的官能力量增加，使 $T_{g溶液}$ 趋向增加。如果低聚物分子官能团间的相互作用能被溶剂隔离，即能有效地被溶剂与低聚物的相互作用取代，便可大大降低 $T_{g溶液}$，将与具有较大 K 值时等效。例如，对含羧基的低聚物而言，如果溶剂只起氢键接受体作用（如酮类），而不是起氢键给予体和接受体作用（如醇类），即选用氢键力 σ_H 匹配好的溶剂能消除低聚物分子间的作用力，从而降低体系的黏度，如图 3-3 所示。因此，如果有两种溶剂分别和一种低聚物经受相似的相互作用，具有低密度（即具有较高自由体积）的溶剂具有较大的 K 值，降低 $T_{g溶液}$ 的作用更明显。

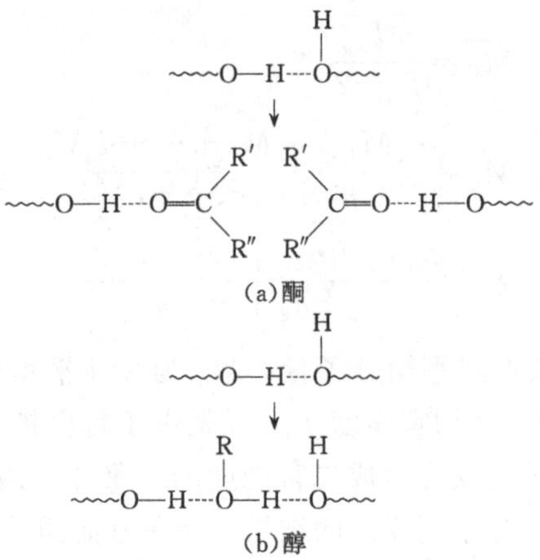

图 3-3　氢键的作用

还可以从另一方面来形象解释溶剂使高固体分涂料体系的黏度降低。由于固含量高，聚合物分子间距离靠近，缠绕、互穿作用增强，使流动困难，因而黏度增加。溶剂与聚合物分子充分作用，使其舒展，减少分子间纠缠，从而降低黏度。

② 溶剂的黏度　研究发现，溶剂的黏度对低聚物溶液的黏度有很大的影响，可以用下式表示。

$$\lg\eta = \lg\eta_s + \frac{W}{K_a - K_b W} \tag{3-6}$$

式中，W 为低聚物在溶液中的质量分数；η、η_s 为溶液和溶剂的黏度；K_a、K_b 为常数，可由计算或图解求得。

由以上公式可以看出，低黏度的溶剂可以降低体系的黏度。以上方程适合各种低聚物，适合溶质含量 0～100％的整个黏度范围，当 $K_b W$ 远远小于 K_a 时，$\lg\eta$ 对 W 是直线关系，但用在高固体分涂料中，较高 W 值下线性关系比较低 W 下的线性关系要强，但对于高 T_g 和高官能团含量的体系不遵守以上方程。

③ 溶剂的选择　在高固体分涂料中，使用少量的溶剂可以降低涂料黏度，减少放气，改善流动性。乙酸乙酯以及丁醇是用于降低黏度的两种主要溶剂。乙二醇醚和乙酸乙二醇醚酯的混合溶剂也可改善流动性和降低放气。

用于高固体分涂料的溶剂选择不能依据溶解度参数理论，因为高固体分树脂具有较低的平均分子量，除了不溶于 200$^\#$ 溶剂油外，溶于所有的溶剂，所以在溶解度参数-氢键参数图上没有办法确定树脂的溶解度区域边界，也就没有足够的精确度来估计溶剂对树脂溶解度相互作用的影响。

通常，溶剂本身的低黏度可大大降低高固体分涂料的黏度，必须使用有高溶剂化能力的高沸点溶剂来获得良好的流动性。另外，由于低表面张力的涂料喷涂时容易断裂和雾化，所以应尽可能选择低表面张力的溶剂来得到低表面张力的高固体分涂料，以使涂料获得满意的喷涂效果。

当然，溶剂的毒性、挥发性、安全性（闪点、自燃性、爆炸极性等）、成本等这些传统溶剂型涂料选择溶剂的原则，同样适用于高固体分涂料。

(4) 色漆化问题

① 色漆化对黏度的影响　前面的叙述只讨论了影响聚合物溶液黏度的因素，色漆黏度

的影响因素尚未涉及。色漆是一个两相体系：颜填料组成是分散内相，聚合物溶液是分散外相。高固体分涂料因溶剂含量低，在干膜 PVC 相同的条件下，比传统溶剂型涂料的内相体积高。例如，干膜中的 PVC 都为 40％时，固体分为 70％的涂料含颜料体积分数为 28％，而固体分为 35％的传统溶剂型涂料的颜料体积分数只有 14％。对色漆中内相体积分数 ϕ_p 与色漆黏度的关系，有 Mooney 方程：

$$\lg\eta=\lg\eta_e+\frac{k_E\phi_p}{2.303[1-(\phi_p/\phi)]} \tag{3-7}$$

式中，η 为色漆黏度；η_e 为分散外相黏度；k_E 为常数，取决于粒子形状，对于刚性球，$k_E=2.5$；ϕ 为装填因子，是粒子按一些特殊装填方法与类型装填在一起时被粒子占据的体积分数，对于无规紧密装填的全部具有相同尺寸的粒子，$\phi=0.637$。

图 3-4 所示为非相互作用球形粒子体积分数与分散体黏度的关系。图 3-4 中参数值分别如下：$\eta=60\text{mPa·s}$、$\phi=0.67$ 和 $k_E=2.5$，由 Mooney 方程计算得到。

由图可知，当 ϕ_p 超过 30％，黏度更多地取决于 ϕ_p，即在外相黏度相同的情况下，高固体分涂料比传统溶剂型涂料的黏度大，这就为高固体分涂料色漆化带来困难。

颜料分散时，为了提高效率，希望在分散介质中树脂的量愈少愈好，只要所加树脂的量能保证已分散的颜料粒子不重新聚集即可。高固体分涂料中溶剂量有限，不足以保证分散介质达到较低的树脂浓度。因此，每次分散颜料的量必然减少，因而效率较低。另外，由于分散介质黏度较高，润湿过程也较慢，因而加颜料的速度也要减慢。

② 颜料的絮凝　高固体分涂料由于固含量高，颜料絮凝的可能性比传统溶剂型涂料大得多。在传统涂料中，颜料絮凝引起涂膜着色和光泽方面的问题，但高固体分除了上述问题外，还会导致黏度的急剧增加。因此，防止絮凝十分重要。高固体分涂料防止絮凝的方法有：让颜料粒子表面吸附涂料层，靠静电排斥和位阻排斥使粒子难以靠近。能否有效地防止絮凝还取决于吸附层的组成结构和厚度。另外，加表面活性剂也可起到防止絮凝的作用。

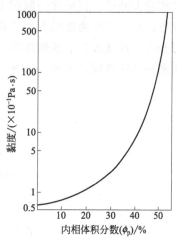

图 3-4　非相互作用球形粒子体积分数与分散体黏度的关系

（5）助剂的选择

除传统溶剂型助剂如颜料分散剂、防霉溶剂等仍需要外，高固体分涂料黏度低，湿膜厚，流动性大，特别需要合适的防流挂剂，如碱性磺酸钙凝胶、丙烯酸微凝胶等。另外要求助剂不能明显增加体系的黏度。这里对防流挂剂进行详细讨论。

涂料施工到垂直表面，受到重力影响而朝下流动，这种现象称作流跑（running）、幕挂、流挂（sagging）、流淌等。一定程度的朝下流动，是流平的需要，过度的朝下流动就会导致涂膜弊病，是不允许的。

高固体分涂料在喷涂施工时会产生流挂。因为高固体分涂料在能获得指定厚度的干膜下具有较稀的湿膜，而流挂速度与湿膜黏度小，因此刚施工后的高固体分涂料湿膜比传统涂料湿膜更易产生流挂。有人对此进行过研究，具有 70％～80％固体分的高固体分涂料用喷枪喷涂在物体表面时，其湿膜中固体分是 75％～85％，固体分增加 5％，溶剂只挥发 35％（占总量）。对比样品是固体分 20％～30％的传统涂料，喷涂在物体表面时，其湿膜固体分是 75%～95%，固体分改变达到 55%～65%，这说明高固体分湿膜比传统涂料的湿膜要稀得多。两者在湿膜中固体分大致相等，但传统涂料分子量要大得多，湿膜黏度增加快。如果这个试验有代表性的话，高固体分涂料容易产生流挂是可想而知的。

高固体分涂料不仅在烘烤前易产生流挂，烘烤过程中也可能产生流挂。由于高固体分涂料的黏度对温度具有强烈的依赖性，在热固体化的早期趋于产生流挂。用于防止烘烤漆和自干漆流挂的防流挂剂品种较多，无机系有超细二氧化硅、膨润土及其改进性产品、超细碳酸钙等，有机系有氢化蓖麻油蜡、金属皂等，要按不明显增加体系黏度、不影响性能、来源广、成本适中原则选用，还要考虑有些防流挂剂对温度的稳定性，在烘烤温度下不丧失作用。

流挂的控制主要是添加防流挂剂，传统涂料的防流挂剂有些在高固体分涂料中不适用，其原因是减少了固体分含量、降低了光泽。下面重点介绍两种用于高固体分涂料中优良的防流挂剂：丙烯酸微凝胶和碱性磺酸钙凝胶。

① 丙烯酸微凝胶   微凝胶（简称微胶）是分子内部具有不同交联密度并具有初步网络结构的大分子，其尺寸一般在 $10\mu m$ 以下。根据分子内交联密度的大小，可分为硬质微胶和软质微胶。交联密度趋大，微胶趋向硬质化。根据微胶分子内及表面残存活性基团的有无，可分为活性微胶和非活性微胶。不含活性基团的称为非活性微胶，含活性基团的称为活性微胶和多活性微胶，如图 3-5 所示。

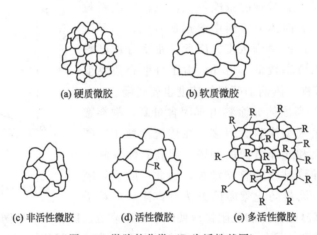

(a) 硬质微胶   (b) 软质微胶

(c) 非活性微胶   (d) 活性微胶   (e) 多活性微胶

图 3-5   微胶的分类（R 为活性基团）

微胶是高固体分涂料优良的防流挂剂，选择分子内交联合适的微胶，例如在丙烯酸涂料中添加 5% 的微胶，可使分子量降低后不流挂，涂膜厚度大大提高，见图 3-6。

随着体系中微胶含量增加，涂料屈服值增加，控制流变性增加，因而对应不产生流挂的最大膜厚也增加（见图 3-7）。

微胶能使高固体分涂料在烘烤前和烘烤中的涂膜的膜厚、流平与流挂之间取得最佳平衡，不增加涂料的黏度，活性微胶能与 HMMM 反应，并能改善涂膜的力学性能（如撕裂强度、拉伸率），增加涂膜耐磨性，还能改善颜料的分散性与稳定性，是具有应用前景的高固体分涂料优良的防流挂剂。

② 碱性磺酸钙凝胶   在涂料中使用碱性磺酸钙凝胶具有优良的防沉性，使涂料长期贮存时稳定性好，和其他固体微粒型流变控制剂相比，对高固体分涂料的涂膜光泽影响小。

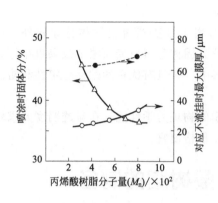

图 3-6　丙烯酸树脂分子量
与固体分、流挂的关系
△，○无微胶；● 添加 5%（质量）微胶

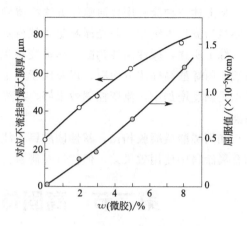

图 3-7　微胶粒子浓度对清漆的
流挂和屈服值的影响

碱性磺酸钙凝胶是用烷基苯磺酸和氢氧化钙在合适的有机载体上中和制备的，所得的中性磺酸钙用碳酸盐进一步处理，便得到具有下列分子式的碱性磺酸钙。

$$\left(R-\!\!\!\!\bigcirc\!\!\!\!-SO_3 \right)_2^{2-} Ca^{2+} \cdot x CaCO_3$$

式中，R＝12～30 个碳的碳氢链；$x＝20$。

所用碳酸钙是无定形的，它可以通过磺酸钙在一种有机载体上增溶溶解，然后用特殊方法处理碱性碳酸钙，使之从无定形碳酸钙转变成结晶形式的方解石。晶体的晶粒大小为 5.0～30.0nm，可分散在载体上，得到一种耐热的凝胶。其黏度用 B 型黏度计测定，转速 2r/min，测得黏度为 50～300Pa·s，凝胶的挥发成分是一种芳烃溶剂。

下面举例说明碱性磺酸钙凝胶在高固体分氨基-聚酯涂料中的黏度和流挂等级等应用情况，见表 3-2。

表 3-2　高固体分氨基-聚酯涂料的黏度和流挂等级

流变控制剂	质量分数/%	黏度(2r/min)/Pa·s	烘烤流挂等级	光泽(60℃)
空白	0	22	D	92
有机硅酸铝	0.75	26	B～C	82
碱性磺酸钙	0.40	25	B	92

注：从 A～D 流挂现象从无到有逐渐加重。

在烘烤型氨基-聚酯高固体分涂料中使用少量（4%）碱性磺酸钙凝胶，就能得到良好的流挂控制效果，体系黏度增加较少，不影响光泽，可改善涂料的喷涂性，同时可以增加廉价填料的用量。

上述高固体分涂料在室温下贮存 6 个月后，未加防流挂剂的对照涂料有大量硬沉底，而且沉淀物需要用力摇动才能重新搅匀，而用有机硅酸铝处理的涂料的沉淀很软，很容易搅匀；用碱性磺酸钙处理的涂料仅有痕量很软的沉淀，而且很容易重新搅匀。经 6 个月后，所有的涂料样品的黏度增加都相同。

流变控制剂是在研磨阶段就加进去的，而如果碱性磺酸钙凝胶在加涂料前先用二甲苯或其他合适的溶剂稀释到 40%～60% 固体分，也可在涂料研磨之后加入，流变效果相似。

　　将上述三种涂料用普通喷涂方法涂覆到 30mm 优质钢板上，在 149℃下烘干，然后进行涂膜烘烤流挂等级和涂膜光泽测定，就得到以上数据。

　　综上所述，碱性磺酸钙凝胶作流变控制剂除了可用于氨基-聚酯高固体分涂料外，用于醇酸、丙烯酸高固体分涂料，以及用于自干型双组分高固体分聚氨酯面漆中效果也很好，其优点是黏度增加小，流变控制效果好，对光泽没有影响，并具有优良的贮存稳定性和防沉淀性能。

　　和丙烯酸微凝胶相比，碱性磺酸钙不能改善涂膜的物理力学性能，在对透明度要求较高的金属涂料中使用效果差，但优点是制备方法简单，价格便宜。

第二节　高固体分醇酸树脂的制备

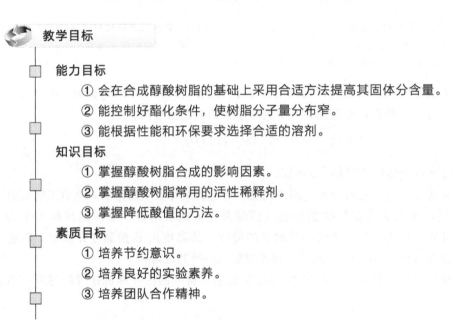

教学目标

能力目标
① 会在合成醇酸树脂的基础上采用合适方法提高其固体分含量。
② 能控制好酯化条件，使树脂分子量分布窄。
③ 能根据性能和环保要求选择合适的溶剂。

知识目标
① 掌握醇酸树脂合成的影响因素。
② 掌握醇酸树脂常用的活性稀释剂。
③ 掌握降低酸值的方法。

素质目标
① 培养节约意识。
② 培养良好的实验素养。
③ 培养团队合作精神。

一、高固体分醇酸树脂概述

　　醇酸树脂涂料由于综合性能好、原料易得、产品适应性强，已发展成为我国一大类量大而面广的涂料品种，尤其以气干醇酸类涂料产量最大，居各类涂料品种之首。涂料用醇酸树脂，它是用多元醇、多元酸合成的线性树脂，主链上不含双键的是饱和的聚酯树脂，若用干性或半干性植物油（脂肪酸）改性则制成醇酸树脂。

　　随着全球范围内石油产品价格暴涨及各国环保法规的日渐严格，涂料的生产厂家与用户对涂料的原料成本及成品涂料的有机挥发物（VOCs）含量尤为重视。而环保型高固体分醇酸树脂具有高固体分的特点，它节省大量有机溶剂，既节约资源又减轻环境污染，可以在油漆、涂料、油墨等领域得到广泛应用，是一种具有广阔市场发展前景的环境友好型涂料。改变酯结构以降低树脂的黏度，降低酯的分子量；分子量过低会影响成膜物的性能，一般认为分子量为 1000～1300 比较合适。提高分子量的均匀度，改变反应条件使酯的分子量分布在较小的范围内可以使树脂的黏度明显降低。

二、低黏度醇酸树脂的合成

要提高醇酸树脂的固体分，降低醇酸树脂的黏度，首先可以从合成低黏度醇酸树脂入手，其方法有三方面。

1. 提高油度，降低分子量

从分子结构上考察，醇酸树脂是以多元醇和多元酸缩合的酯为主链，脂肪酸为侧链的线型树脂。醇酸树脂的含油量（油度或油长）增加，即树脂的脂肪酸侧链含量增加，同时降低树脂的分子极性，改善在烃类溶剂中的溶解性，导致黏度降低。不同的醇酸树脂结构如图3-8所示。

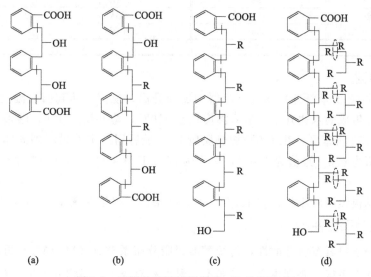

图 3-8　不同的醇酸树脂结构（R 为脂肪酸）

图 3-8 所示的树脂结构，均以甘油为多元醇，从理论上推算，十八碳脂肪酸的油度一般在 53%～54%，如图 3-8 (c)。如果油度增长超过 60%，体系中就有游离植物油分子存在，如图 3-8 (d)。虽然 R 之间可能有双键聚合［图 3-8 (d) 分子中 R 之间虚线所表示］，但在醇酸树脂酯化聚合条件下，这种聚合的可能性极少。油度超过 70% 的极长油度醇酸树脂，游离存在的植物油或小分子脂肪酸酯是不可避免的，虽然黏度降低，这是由于小分子存在而导致的，对涂膜性能影响很大。为克服这一弱点，用四官能度季戊四醇代替三官能度的甘油，可允许侧链上脂肪酸基数目增加。油度在 45% 基础上可以增加到 65% 左右不会产生剩余的植物油或脂肪酸酯等游离的小分子，这是理论上的推测，实际酯化反应中往往不会均匀地逐步缩合，可能会支化形成分子间交联，使黏度增大，分子量分布加宽，小分子也可能游离存在，达不到低黏度化而又减少游离的小分子的目的。为此，在合成中往往用间苯二甲酸代替邻苯二甲酸酐（简称苯酐），因为苯酐开环后起二官能度作用，但在酯化过程中，苯酐易产生分子环化而消耗可进一步扩链的官能团，实际上苯酐的官能度小于 2，而间苯二甲酸的羧基间隔一个碳原子，酯化中不易产生环化，可起实足二官能度的作用，在调整醇酸树脂常数的经验中，苯酐是加 0.01，而间苯二甲酸酐则要加 0.05，也说明后者比苯酐官能度大。另外还可加少量的三官能度的偏苯三酸酐，以产生一定的支化度，也能保证少产生游离的小分子，一般高固体分醇酸树脂油度在 70% 左右。

传统的醇酸树脂的数均分子量和重均分子量分别超过了 4000 与 30000，而高固体分醇酸树脂的数均分子量和重均分子量大约小于 2000 与 5000。为获得这种低分子量醇酸树脂，在提高油度基础上，工艺上必须选用过量的醇来降低酸值，使过量的羟基起封端剂和链调节剂作用，在反应过程中酸值降低迅速，分子量增加缓慢。然后再用剩余的酸在低温下酯化大部分残余羟基，使树脂在低黏度下达到要求。

(1) 合成低黏度醇酸树脂

配方见表 3-3。

表 3-3　合成低黏度醇酸树脂配方

组成	用量(质量份)	组成	用量(质量份)
苯酐	592	ε-己内酯	273
豆油脂肪酸	520	丁基钛	0.0076
甘油	386	二甲苯	50
乙二醇	65		

(2) 制备工艺

将物料（除 50 份苯酐外）加入反应器中逐渐升温、搅拌，达到回流温度（160℃）后，边放出酯化反应生成的水边升温，最后温度达到 210℃，总共反应 10h，酸值达到 0.23，降温到 150℃加入 50 份苯酐，在 150℃加热反应 2h，最后用二甲苯稀释到固体分 79.3%。这种醇酸树脂酸值为 6.3，羟值为 120.6，黏度为 900mPa·s（25℃）（该黏度处在刷涂黏度与喷涂黏度之间）。

树脂用于钢板预涂的涂料，在 120℃、15min 条件下固化形成 50～60μm 的涂层。

2. 分子量分布尽量窄

醇酸树脂分子量具有多分散性，传统醇酸树脂分布系数 d（$\overline{M_{\mathrm{w}}}/\overline{M_{\mathrm{n}}}$）可以大于 50，分子量分布宽，性能不好，黏度也大；分布窄，黏度相对较小。影响分子量分布系数的因素较多，同一配方，达到同一反应程度，脂肪酸合成的树脂分子量分布系数比醇解法合成的树脂要小，一般高固体分醇酸树脂均采用脂肪酸法合成。

另外，在酯化过程中，应控制酯化条件，使树脂分子量分布尽可能窄。例如酯化温度增加，酯化时间延长，使分子量分布系数增大。因此，在合成工艺中尽量降低酯化温度，缩短酯化时间。有人做过试验，采用催化剂在接近常温下合成高固体分醇酸树脂，对 50% 油度醇酸树脂（脂肪酸法），醇过量 7%，添加二环己基碳基二亚胺（DCC），DCC 的结构式是：

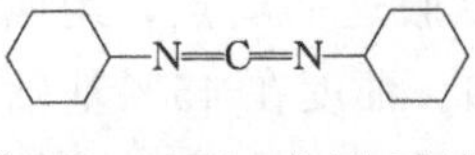

用 PSTA/吡啶作催化剂，反应瓶置于 25℃水浴里进行，所得醇酸树脂的分子量分布系数 d（$\overline{M_{\mathrm{w}}}/\overline{M_{\mathrm{n}}}$）在 1.6～3.1，最高 4.6。因而树脂黏度低，适合制高固体分醇酸树脂。同一醇酸树脂，采用传统工艺，220℃酯化达到预定目标，树脂分子量分布系数 d 在 11 以上。

在酯化过程中，如果低温酯化时间长，对所得树脂分子量分布也有影响。低温酯化时间长，所得树脂分子量分布窄。有人试验过，将甘油：月桂酸：苯酐＝1.03：0.43：1.00（摩尔比）的配方进行对比试验，一个试验以每 10min 升温 33℃ 的速率升温到 230℃，保持树脂酸值达到 10；另一个试验是先以 40min 升温到 170℃保持 60min 后，再缓慢升温到 230℃，使酸值也达到 10；结果是后一试验所得树脂分子量分布窄，性能也好。

因此，要合成分子量分布窄的高固体分醇酸树脂，应采用脂肪酸法；酯化过程中，应尽量降低酯化温度，缩短酯化时间，另外低温酯化时间尽量长一些为好。

3. 减小树脂分子极性，选择匹配性好的良溶剂

醇酸树脂分子主链是极性大的酯键，侧链是非极性的脂肪酸，整个醇酸树脂分子是极性的主链和非极性的侧链。主链极性一般不易降低，主要调整侧链含量即增减油度来调整分子极性。前面所述提高油度，也是降低分子极性的办法。用支链多元醇如三羟甲基丙烷（a）、叔碳酸缩水甘油酯（b）等代替部分季戊四醇，引入烷烃侧链，可以进一步减小树脂极性，从而增加溶解性，降低黏度。

另外，在溶剂的选择上，除选择光化学烟雾反应活性小、溶解力强的芳烃溶剂如甲苯、二甲苯外，还要选择毒性小、光化学反应活性小的含氧溶剂，如甲乙酮、甲基异丙基酮，它们可以有效地降低树脂黏度。混合溶剂的配比可以根据性能和环保要求来确定。

三、添加活性稀释剂提高固体分

要提高固体分，有效的办法是降低成膜物的分子量，以降低涂料的黏度。但树脂分子量的降低有一定的限度，因为树脂分子量太低会引起涂膜性能下降。活性稀释剂是一种低聚物，不仅可以起稀释作用，降低涂料体系的黏度，而且是成膜物的一部分，可以和成膜物一起交联固化。作为醇酸树脂的活性稀释剂，要符合以下条件：

① 与醇酸树脂具有相近的固化速率，能协调地和醇酸树脂一起交联成膜。

② 能和醇酸树脂混溶并有效降低体系黏度，具有和溶剂相当的低黏度。

③ 具有在涂装时不挥发的高沸点，且无色、无臭、无毒。

下面介绍几种醇酸树脂的活性稀释剂。

1. 烯丙基醚

烯丙基醚化合物由脂肪醇及烯醇醚化制得，如用多元醇醚化即可制得多元醇多烯丙基醚。其通式如下：

$$R\text{—}O\text{—}\underset{\alpha}{CH}\text{—}\underset{2}{CH}\text{=}\underset{1}{CH_2}$$

通过结构式分析可知，由于C—H的σ键和C＝C双键的超共轭效应，使电子云密度均一化并向α-碳原子偏移，使α-碳原子上电子云密度最大。因此，α-碳原子最为活泼，易受空气中带正电荷的氧原子的攻击，形成过氧化氢基。进一步分解成游离基，产生氧化聚合反应，即它具有自动氧化特性。有研究者对三聚氰胺三烯丙基醚和亚麻油的涂膜的吸氧速率进行了对比，观察发现，在涂膜较薄时（如5μm）两者吸氧速率相近，但在膜厚10μm以上时，三聚氰胺三烯丙基醚的吸氧速率比亚麻油要慢，且烯丙基醚涂膜表干较快，实干比普通油基涂料要慢，并难以干透。这也说明烯丙基醚自动氧化反应能力不如亚麻油。

另外，烯丙基醚自动氧化和亚麻油自动氧化还有以下差别：

① 烯丙基醚表干时间较长，干燥后的涂膜硬而脆。甲基烯丙基醚可以干燥成软膜。

② 在干燥过程中吸取的氧比亚麻油少，涂膜中较少断链。

③ 涂膜中溶剂不能萃取的含量较高。

④ 钴催化剂可加速烯丙基醚自动氧化，但铅和锰催化剂却抑制它的自动氧化。

多元醇多烯丙基醚分子中含两个以上烯丙氧基，反应活性大，沸点高，黏度小，与醇酸树脂混溶，具有稀释作用；无色、无臭，毒性与普通多元醇相似，符合作为活性稀释剂的条件。以山梨糖醇四烯丙基醚与醇酸树脂（75%油度）混合配涂料为例，其性能见表 3-4。

表 3-4　山梨糖醇四烯丙基醚与醇酸树脂混合配涂料的性能

组成	液体外观	黏度(25℃)/Pa·s	指触干时间/h	实干时间/h	干燥 4d 后苯不可萃取物/%
山梨糖醇四烯丙基醚	透明,流动	0.05	9	9.5	100
干性油醇酸(75%油度)	透明,黏稠	20	3.5	6	71
醇酸树脂：烯丙基醚＝2：1	混浊	3.5	4	6.5	74
醇酸树脂：烯丙基醚＝1：1	微浊	1.3	5	8	77

从表 3-4 中可以看出，山梨糖醇四烯丙基醚与醇酸树脂混合，对醇酸树脂黏度降低很大。随着多烯丙基醚用量增加，体系黏度降低幅度增大，树脂混浊性减轻，干燥速率减慢。在烯丙基醚：醇酸树脂＝1：1 时，可得到黏度为 1.3Pa·s，固体分为 87.5% 的涂料。用此涂料配制的白磁漆（TiO_2 颜料），表干较慢，但干后涂膜硬度高，泛黄性比醇酸磁漆好，耐水与耐碱性也有改进，但保光性差，只能考虑户内使用。

烯丙基醚不宜单独配制涂料，但用作气干型醇酸树脂的活性稀释剂是可行的，设计脂肪酸长油醇酸树脂，添加山梨糖醇四烯丙基醚和三羟甲基丙烷二烯丙基醚的混合物，喷涂施工黏度（100mPa·s 左右）下，清漆固体分可达到 60%，磁漆的固体分可达 65% 左右，性能等于或略优于传统醇酸树脂涂料。

2. 环乙缩醛

环乙缩醛在 Co 催干剂存在下产生类似植物油的自动氧化作用。较有代表性的是 2-乙烯基-5-羟丁基-1,3-二噁茂烷，它由丙烯醛和 1,2,6-己三醇制得。

上述反应在酸催化下容易制得，所得的产品简称 V-54 醇，V 代表乙烯基，5 代表五元环，4 代表连接环取代基的碳原子数。V-54 醇可以和二酸制成二酯，用作活性稀释剂。V-54 醇的二元酸酯是无色无臭味的低黏度液体。在 Co 用量占固体成膜物 0.05%，温度 25℃，相对湿度 50% 下固化，干膜厚 63.5μm 条件下，与亚麻油、醇酸树脂对比测定性能，对比结果见表 3-5。从表中可以看出，V-54 醇的二元酸酯具有较宽的性能范围，加入醇酸树脂中，可以获得在喷涂或刷涂黏度下 60%～70% 固体分。作为气干型醇酸树脂活性稀释剂在技术上是可行的，要实现工业化还得考虑 V-54 醇酯化工艺及成本问题。

表 3-5　V-54 醇的二元酸酯与亚麻油、醇酸树脂液体及其涂膜的性能对比

V-54 醇的二元酸酯	液体		放置 1 个月涂膜性能			
	黏度/Pa·s	指触干时间/h	抗张强度/10^4Pa	拉伸/%	模量/MPa	硬度(Knoop)
邻苯二甲酸二 V-54 酯	0.37	6	686.47	47	89.24	2.0
间苯二甲酸二 V-54 酯	0.40	6	1647.52	31	363.82	3.0

续表

V-54 醇的二元酸酯	液体		放置 1 个月涂膜性能			
	黏度/Pa·s	指触干时间/h	抗张强度/10^4Pa	拉伸/%	模量/MPa	硬度(Knoop)
对苯二甲酸二 V-54 酯	0.47	6	2814.51	6	940.45	3.8
衣康酸二 V-54 酯	0.13	4	1304.27	1	1613.18	15.2
顺丁烯二酸二 V-54 酯	0.20	5	1922.08	9	604.08	8
富马酸二 V-54 酯	0.25	3	1304.27	9	418.74	5
均苯四酸四 V-54 酯	2.30		起皱、硬而脆的涂膜			
C-36 二羧酸二 V-54 酯	0.10		发黏、很软的涂膜			
亚麻油	0.05		发黏、很软的涂膜			
醇酸树脂(固体分45%)	0.14	3~4	274.58	140	20.59	3

3. 干性油型活性稀释剂

干性植物油如桐油以及聚合干性油用涂料是最早的无溶剂、高固体分涂料，但干燥太慢，黏度大，其他性能也不理想，不适于作活性稀释剂。日本学者选择与合成了几种类似干性油的化合物进行分析测试，比较其性能。以 1，1-双（1'-甲基-2'-乙烯基-4'，6'-庚二烯）-乙烷（MVHD-ACE）的综合性能最好，其分子式如下：

$$(CH_2=CH-CH=CH-CH_2-CH-CH-O)_2CHCH_3$$
$$\quad\quad\quad\quad\quad\quad\quad\quad CH_2=CH\quad CH_3$$

MVHD-ACE 与醇酸树脂混溶性好，干性油和半干性油如红花油、亚麻油、豆油等改性的中、长油度醇酸树脂中含有许多不饱和的双键，与 MVHD-ACE 结构相似，两者混溶性好。饱和油如椰子油醇酸树脂与 MVHD-ACE 不混溶。另外，MVHD-ACE 和石油树脂、液态聚丁二烯混溶性也较好。由于 MVHD-ACE 性能符合活性稀释剂要求，与长油醇酸树脂（固体 67.57%）配合，MVHD-ACE 用量达 60%，固体分可达 95%，但冲击强度下降。综合考虑，MVHD-ACE 用量在 40% 以下，固体分在 86% 左右，提高固体分约 20%，其他各项性能也较好。MVHD-ACE 用作醇酸树脂活性稀释剂配制醇酸涂料的配方及性能见表 3-6。

表 3-6 MVHD-ACE 用作醇酸树脂活性稀释剂配制醇酸涂料的配方及性能

实验号		1	2	3	4	5	6
MVHD-ACE 在全树脂中的含量/%		0	20	40	60	20	40
配方组成/%	二氧化钛	29.29	23.57	37.33	41.24	37.15	41.27
	锌白	3.53	4.03	4.49	4.99	4.46	4.97
	醇酸树脂	34.75	31.91	26.54	20.03	25.34	18.62
	亚麻油熟油	—	—	—	—	9.96	11.15
	MVHD-ACE	—	7.85	17.74	28.88	8.69	19.28
	9%环烷酸钴	0.2	0.23	0.26	0.28	0.25	0.29
	24%环烷酸铅	0.61	0.68	0.78	0.84	0.75	0.86
	甲乙酮肟	0.10	0.12	0.13	0.15	0.13	0.15
半成品指标	固体分/%	67.57	77.36	86.10	95.14	85.60	95.19
	黏度/s	72	73	69	69	79	79
固化时间（相对湿度75%）	指触干时间/h	2.0	4.0	5.0	5.5	3.5	4.5
	完全固化(实干)时间/h	5.5	7.0	7.5	8.5	5.5	7.0
涂膜物性	铅笔硬度	HB	HB	HB	HB	HB	HB
	柔韧性(2mm)	好	好	好	好	好	好
	冲击强度/kg·cm	50	50	50	50	50	50
	变形试验/mm	8.7	8.5	8.2	7.3	8.8	7.9
	致密性	好	好	好	好	好	好

　　表 3-6 中所列黏度是用福特杯（相当于涂-4 杯）测定的，相当于刷涂的黏度。如果稀释到喷涂的黏度（相当于涂-4 杯的 15～20s），选择合适溶剂，推定质量固体分在 70%～75%。添加亚麻油熟油，固体分降低。

　　合成干性油作气干型醇酸树脂活性稀释剂，可提高固体分 20% 以上，综合性能优于传统醇酸树脂涂料，但合成干性油 MVHD-ACE 合成工艺较复杂，成本较高，影响了其工业化推广。

4. 双环戊二烯衍生物

　　双环戊二烯（DCPD）是石油裂解制乙烯、丙烯时的重要副产物。DCPD 的衍生物羟基二氢双环戊二烯和甲基丙烯酸制 DCPD 的甲基丙烯酸酯： $CH_2=C-COO$ 具有自动氧

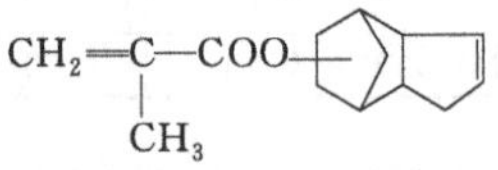

CH_3

化性能，可以用作醇酸树脂活性稀释剂，但易挥发，具有刺激性气味。采用 DCPD 的羟基乙氧基单体与甲基丙烯酸制成甲基丙烯酸双环戊二烯乙氧基酯（DPOMA），分子式如下：

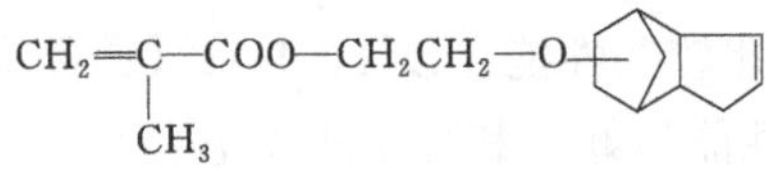

$$CH_2=C-COO-CH_2CH_2-O$$
$$CH_3$$

　　DPOMA 黏度低，只有 18mPa·s，沸点高，无毒，具备活性稀释剂的条件。DPOMA 分子中含甲基烯丙醚基，如前所述烯丙醚基能自动氧化产生过氧化氢基，进一步分解成自由基，反应过程如图 3-9 所示。

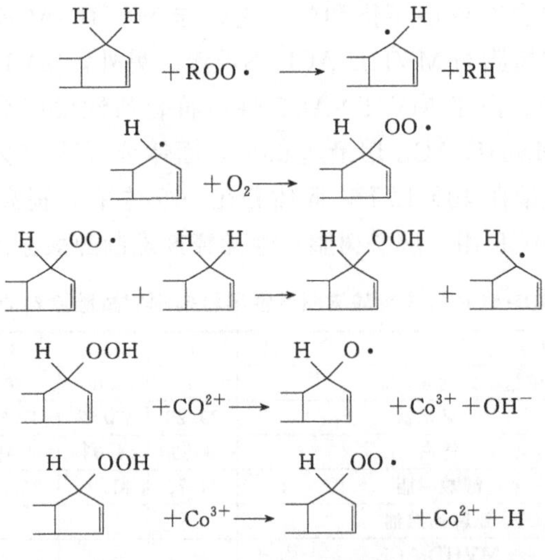

图 3-9　DPOMA 自动氧化过程反应机理

　　反应过程中产生的三种游离基，将和甲基烯丙醚基生成的游离基进一步聚合成大分子，这是 DPOMA 能作为气干型醇酸树脂活性稀释剂的原因，可以保证在固化过程中以相同的固化机理和速率协调固化，并且它可以使涂膜在缺氧条件下固化，没有传统醇酸树脂涂膜随膜厚增加、底层固化变慢的现象。

　　考察不同用量的 DPOMA 作短、中、长油度的豆油醇酸树脂的活性稀释剂时，DPOMA 的用量对涂膜实干时间、涂膜硬度和涂膜抗冲击强度的影响。当用量为 10% 时，中长油度醇酸树脂固化（实干）时间迅速缩短；用量达 20%，中油醇酸树脂涂膜固化（实干）时间迅速增加；用量达 30%，长油醇酸树脂涂膜实干时间迅速延长。对短油醇酸树脂，DPOMA

的加入就延长了实干时间。DPOMA 分子中虽有两个活性点，但毕竟分子量低，要交联到实干的交联密度，用量会增多，也势必会延长实干时间（见图 3-10）。

涂膜厚 33μm，添加 0.06% 钴、0.15% 防结皮剂 Exkin No.2，在干燥两周后，涂膜的硬度是随 DPOMA 用量的增加而增加的（见图 3-11），以短油度醇酸树脂涂膜硬度增加幅度来反映交联密度增加幅度。短油度醇酸树脂油度短（不饱和脂肪酸含量低），聚酯树脂成分高，分子量相对地要大，实干时间要短一些，但分子中双键密度比中、长油度醇酸树脂低，后交联（后固化）力度要小一些。含有两个反应活性点的 DPOMA 在短油度醇酸树脂中起交联作用，小分子交联短油度醇酸树脂大分子，使涂膜硬度增加明显，但抗冲击性能变化不大，中、长油度醇酸树脂抗冲击性能随 DPOMA 用量增加而迅速降低（见图 3-12），这是因为小分子交联比例大，使涂膜发脆。

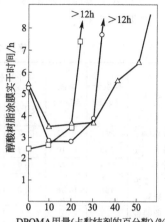

图 3-10　DPOMA 用量与醇酸树脂
涂膜实干时间的关系
□ 短油度豆油醇酸树脂；
○ 中油度豆油醇酸树脂；
△ 长油度豆油醇酸树脂

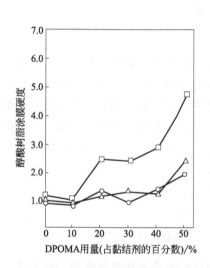

图 3-11　DPOMA 用量与醇酸树脂
涂膜硬度的关系
□ 短油度豆油醇酸树脂；
○ 中油度豆油醇酸树脂；
△ 长油度豆油醇酸树脂

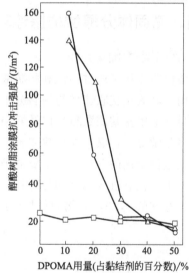

图 3-12　DPOMA 用量与醇酸树脂
涂膜抗冲击强度的关系
□ 短油度豆油醇酸树脂；
○ 中油度豆油醇酸树脂；
△ 长油度豆油醇酸树脂

下面介绍三个配方例子。

A：TiO_2 的 ϕ_p 为 20%，长油度豆油醇酸：极长油度亚麻油醇酸树脂：DPOMA＝60：20：20。

B：TiO_2 的 ϕ_p 为 20%，高固体分中油度豆油醇酸：极长油度亚麻油醇酸树脂：DPOMA＝60：20：20。

C：TiO_2 的 ϕ_p 为 20%，高固体分中油度豆油醇酸树脂（链终止的）：极长油度亚麻油醇酸树脂：DPOMA：甲基丙烯酸甲酯改性醇酸树脂＝40：20：20：20。

DPOMA 添加相同的催干剂、防结皮剂后和工业维护涂料、工业装备用涂料作对比检验，结果见表 3-7。

表 3-7　DPOMA 改性涂料和工业涂料性能对比

品种		挥发分/(g/L)	黏度/Pa·s	干燥性能		气干 10d 后							
				表干/h	实干/h	硬度		耐汽油15min 后	耐碱性（留下涂膜的）/%		柔韧性9.5mm 棒	反冲击性(0.454kg)/cm	光泽/%	
						KHN	铅笔		15min	2h			60°	20°
DPOMA 改性涂料	A	244	0.37	2.7	5.0	1.4	B	2B	65	45	通过	7.6	85	73
	B	300	0.40	1.8	4.8	2.5	H	F	90	58	通过	45.7	90	72
	C	279	0.74	0.9	6.0	1.6	B	2B	62	55	通过	<2.5	89	74
工业维护涂料		438	0.38	2.0	5.0	1.5	2B	4B	0	0	通过	63.5	95	56
工业装备用涂料		500	0.26	0.3	6～18	2.7	HB	3B	0	9		137.0	91	80

DPOMA 来自石油裂解副产物，有工业产品，作气干型醇酸树脂活性稀释剂，用量为 15%～30%，能提高固体分 20% 以上，可以改进实干性、抗碱抗汽油性，但会延长表干时间，柔韧性有些降低。DPOMA 是气干型醇酸树脂活性稀释剂中最有希望工业化推广的品种。

四、高固体分醇酸树脂涂料的固化成膜

1. 氧化聚合成膜机理

醇酸树脂涂料是通过不饱和脂肪酸的双键与空气中的氧发生氧化聚合成膜，生成网状大分子结构。其氧化交联速率与树脂分子中 C═C 双键的数目、C═C 共轭双键和非共轭双键体系数目（亚甲基基团数目）以及 C═C 双键取代基的几何构型（如顺式和反式）有关。

大多数情况下，氧首先进攻 C═C 双键或 α 位的亚甲基基团。多价金属如 Co、Mg、Pb 等的金属盐催干剂的存在有利于氧的进攻。这是因为多价金属可以作为氧的载体，或与双键结合形成更易被氧进攻的新的化合物。例如，在金属钴存在下，不饱和树脂摄取氧的活化能仅为无钴存在的 1/10，活化的氧与双键反应生成氢过氧化物，通式如下：

$$O_2 + —C═C— \longrightarrow —C-C—$$
$$|$$
$$OOH$$

例如，对亚油酸酯，除了生成氢过氧化物外，还可以生成环状过氧化物，如下式。

$$R—CH═CH—CH_2—CH═CH—R' \longrightarrow R—CH—CH═CH—CH═CH—R'$$
$$|$$
$$OOH$$
$$\longrightarrow R-CH—CH—CH═CH—CH—R'$$
$$| \quad | \quad |$$
$$OOH \quad O \quad O$$
$$R=(CH_2)_7CO_2CH_3, R'=(CH_2)_4CH_3$$

一旦形成这些过氧化物即分解成自由基：

$$ROOH \longrightarrow RO· + HO·$$

自由基攻击分子中其他双键，以产生交联反应。

多价金属如钴对过氧化物分解的影响可由下列方程式表示。

$$ROOH + Co^{2+} \longrightarrow RO· + OH^- + Co^{3+}$$
$$RCOOH + Co^{3+} \longrightarrow ROO· + H^+ + Co^{2+}$$

高固体分醇酸树脂分子量低，为使其能够交联固化到和传统醇酸树脂具有相同的涂膜性能，必须增加交联反应的反应基团密度和引进活性更大的交联剂。前面提出的提高油度，就是增加了反应基团。同时，树脂分子量低，决定其涂膜干燥时间长，容易达到加快表干速率，关键问题是涂膜实干速率不易加速。通过实验研究及长期的追踪分析发现，亚油酸乙酯3d反应完全，一些油酸乙酯在固化110d后仍然存在。对于醇酸树脂用的混合脂肪酸、亚油酸等对表干贡献大，不饱和度低一些的油酸对实干贡献大。因此设计高固体分醇酸树脂时，保证不饱和度高的亚油酸有较高含量以满足前3d固化（表干和实干）的要求，但不饱和度低的油酸也要有一定的含量，使之缓慢后固化，保持涂膜的韧性和干透。

2. 适用于高固体分醇酸树脂涂料的催干剂体系

以钴为代表的催干剂体系可以加速醇酸树脂自动氧化进程，促进涂膜干燥，缩短干燥时间，但催干剂不改变自动氧化机理，使用得当也不影响涂膜性能。由于高固体分醇酸树脂的分子量低，决定其涂膜干燥时间较长，加速表干速率容易达到，关键问题是高固体分醇酸树脂涂膜实干速率不易加速。而且涂膜表干加速过快，表面过早封住，氧气难以扩散到涂膜底层，会延迟实干。同时，低分子醇酸树脂表干过快，涂膜收缩大，容易起皱。试验证实，在钴锆体系中，添加一些试剂如 8-羟基喹啉、邻羟苄基醛肟、吡啶-α-碳醛肟、乙酰丙酮烯胺酯等，改进钴、锆等金属离子的溶解性，提高活性，明显促进实干性。有机试剂称为新催干剂。对固体分接近 100% 的高光泽长油度醇酸白磁漆，添加固体成膜物 0.04% 的钴和 0.4% 的锆，在 15℃、相对湿度 70% 条件下干燥，实干 16h。对比配方，除添加相同的钴、锆外，还添加 0.4% 新催干剂，同样条件下 5h 实干，大约缩短实干时间的 70% 以上。

3. 有机铝化合物交联的高固体分醇酸树脂涂料

涂料中应用的有机铝是乙酰乙酸单乙酯（EEA）的烷氧基络合物，EEA 是与酮-烯醇互变异构（a），并以烯醇形式与烷氧基铝络合形成烯醇酯化合物（b）。

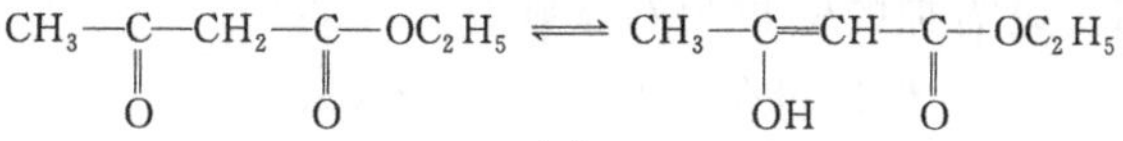

(a)

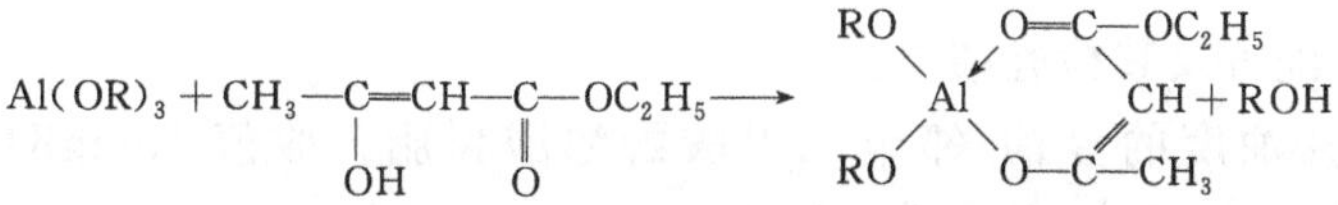

(b)

烷氧基铝 Al（OR）$_3$ 是通过未氧化的铝和一元醇如丁醇、异丁醇、异丙醇反应制成的。用于涂料中除了烷氧基取代外，还有羟基衍生物、氧代或多氧代衍生物。铝和氧通过共价键和配价键连接。根据高固体分醇酸树脂涂料体系对溶剂和取代基的不同要求选择有机铝品种，一般烷氧基铝类型使用较多。

有机铝可以和醇酸树脂中存在的羧基、羟基的氧原子反应，也可以和自动氧化过程中形成的过氧化氢基中的氧原子反应，反应过程如图 3-13 所示。

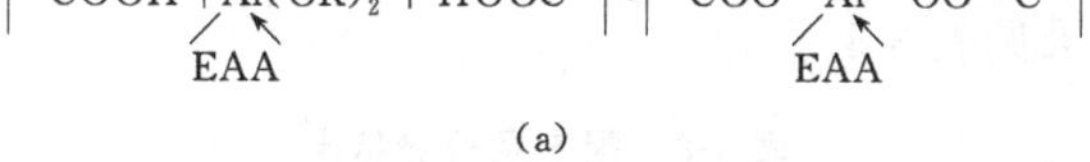

(a)

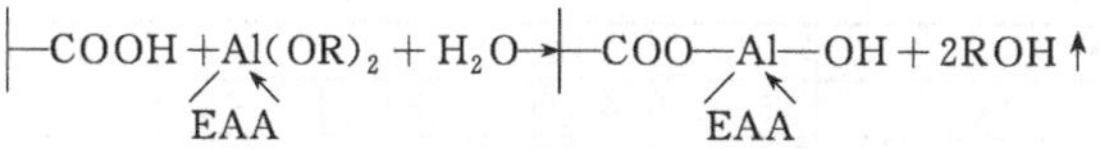

(b)

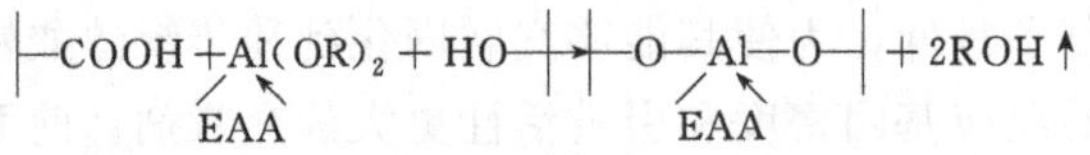

$$\text{---COOH} + \text{Al(OR)}_2 + \text{HO---} \rightarrow \text{---O---Al---O---} + 2\text{ROH}\uparrow$$

(c)

图 3-13　有机铝与醇酸树脂交联反应

添加有机铝后，醇酸树脂涂膜的自动氧化交联固化可以和有机铝交联反应协同作用，如图 3-14 所示。

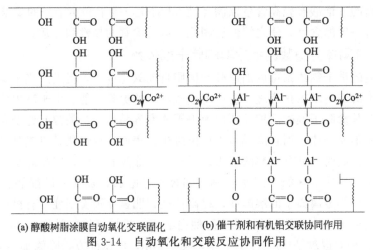

(a) 醇酸树脂涂膜自动氧化交联固化　　(b) 催干剂和有机铝交联协同作用

图 3-14　自动氧化和交联反应协同作用

有机铝用量的计算按数据中总反应基团即羧基和羟基总和（以 mgKOH/g 表示），使有机铝的烷氧基比总反应基团超量 20％左右，再按烷氧基铝结构推算出铝的加入量。

$$\text{烷氧基值} = 1.2 \times (\text{羟值} + \text{酸值})$$

铝的原子量为 27，按图 3-14，一个烷基铝分子可以和两个羧基或羟基反应，可以看成消耗 $2 \times 56100\text{mgKOH}$。设需加的铝量为 G，则有

$$\text{烷氧基值} = (G/27) \times 2 \times 56100$$
$$\text{即 } G = 0.00289 \times (\text{羟值} + \text{酸值})$$

下面介绍几个配方及其检验结果。

醇酸 A1：77％油度的豆油/邻苯二甲酸酐醇酸树脂。酸值 10mgKOH/g，非挥发分 79％（溶剂是矿油精，25℃，黏度为 200mPa·s）。

醇酸 A2：72.5％油度的亚麻油/邻苯二甲酸酐醇酸树脂。最大酸值 10mgKOH/g，非挥发分 75％（溶剂是矿油精，25℃，黏度为 200mPa·s）。

醇酸 A3：75％油度的富含亚油酸的脂肪酸/苯酐/季戊四醇的醇酸树脂，最大酸值 10～15mgKOH/g，非挥发分 80％（溶剂是矿油精，25℃，黏度为 200mPa·s）。

醇酸 A4：65％油度的富含亚油酸的脂肪酸/苯酐/季戊四醇的醇酸树脂，最大酸值 10～15mgKOH/g，非挥发分 62％（溶剂是矿油精，25℃，黏度为 200mPa·s）。

亚麻油：按 BS 242—1969 要求碱精制，最高酸值 4mgKOH/g。

上述配方及检验结果见表 3-8。

表 3-8　配方及检验结果

配方及检验结果	1a	1b	2a	2b	3a	3b	4a	4b
醇酸 A1/％	50.4	44.90	—	—	—	—	—	—
醇酸 A2/％	—	—	48.94	45.23	—	—	—	—

续表

配方及检验结果		1a	1b	2a	2b	3a	3b	4a	4b
醇酸 A3/%		—	—	—	—	47.70	42.60	—	—
醇酸 A4/%		—	—	—	—	—	—	39.03	34.39
亚麻油/%		—	—	—	—	—	—	16.81	14.81
金红石钛白粉/%		39.48	35.17	37.83	34.96	38.13	34.08	38.43	33.86
矿油精/%		8.39	5.50	11.54	5.46	12.50	9.35	4.05	3.02
甲乙酮/%		0.19	0.17	0.19	0.18	0.18	0.16	0.19	0.16
合成钴催干剂(10%)/%		0.30	0.26	0.29	0.26	0.29	0.26	0.29	0.26
合成锆催干剂(18%)/%		0.25	—	0.26	—	0.24	—	0.24	—
合成钙催干剂(10%)/%		0.99	—	0.95	—	0.96-	—	0.96	—
有机铝 Alusec 510/%		—	14.00	—	13.91	—	13.55	—	13.50
合计/%		100.00	100.00	100.00	100.00	100.00	100.00	100.00	100.00
流挂(25℃)		1.39	1.36	1.35	1.36	1.34	1.32	1.35	1.31
VOCs/(g/L)		136	207	182	211	179	241	172	246
黏度/mPa·s		540	520	400	500	490	470	500	390
固体黏结剂中铝用量/%		无	2	无	2	无	2	无	2
固体黏结剂中钴用量/%		0.06	0.06	0.06	0.06	0.06	0.06	0.06	0.06
固体黏结剂中钙用量/%		0.2	无	0.2	无	0.2	无	0.2	无
固体黏结剂中锆用量/%		0.09	无	0.09	无	0.09	无	0.09	无
表干时间(38μm)/h		8.4	5.9	>22	8.8	8.2	5.8	8.1	3.1
实干时间/h		>22	8.6	很慢	15.7	12.2	9.4	8.1	6.5
Konig 硬度	干燥 1d	6.4	13.6	4.2	5.8	6.8	12.8	7.0	11.1
	干燥 7d	6.0	13.6	7.4	10.2	16.3	28.7	6.9	12.3

从表 3-8 中可看出，4 个醇酸树脂白磁漆品种黏度接近喷涂黏度，VOCs＜250g/L，符合环保法规要求（规定 VOCs 为 250～350g/L）。有机铝的加入对表干、实干速率提高幅度较大，硬度增加明显，并且不用辅助催干剂 Zr、Ca。另外还证实有机铝对不同原料（油、多元醇）的醇酸树脂都可适用，从干燥时间延长及硬度增长幅度看，添加有机铝的配方后固化性强，也说明涂膜实干性好。

第三节　高固体分丙烯酸涂料的制备

 教学目标

能力目标

① 能采用合适的技术措施合成高固体分丙烯酸树脂。

② 能制备符合丙烯酸高固体分要求的涂料。

③ 能设计并优化丙烯酸高固体分涂料配方。

知识目标

① 掌握高固体分丙烯酸树脂的性质。

② 掌握高固体分丙烯酸涂料的控制因素。

③ 掌握高固体分丙烯酸涂料的开发前景。

素质目标

① 培养节约意识。

② 培养良好的实验素养。

③ 培养团队合作精神。

一、高固体分丙烯酸涂料概述

20 世纪 70 年代以来，降低污染成为国外涂料工业的首要问题，传统溶剂型丙烯酸涂料的发展因受到水溶性、粉末、高固体分、光固化等新型丙烯酸树脂涂料的竞争而逐渐减少。热固性高固体分丙烯酸树脂涂料发展较快，70％左右的高固体分丙烯酸涂料已解决金属涂料应用问题，广泛用于轿车涂装等领域。

要实现丙烯酸涂料高固体分化，与其他高固体分涂料一样，树脂需要低分子量化、官能团含量需要增加、分子量分布尽量窄化、施工应用时防止流挂、贮存过程中防沉降等。对丙烯酸共聚树脂来说，由于树脂低分子化，官能团在分子中分布不均的问题就显得突出了。传统的热固性丙烯酸树脂由于分子量低，通常在 10000～20000 之间，固含量通常为 30％～40％。要进一步提高固含量，进一步降低 VOCs 用量，是不能以进一步降低树脂分子量来实现这一目标的，因为分子量太低会产生大量的无官能团或含单官能团的聚合物分子链，这些聚合物分子链不能被交联固化。在固化成膜过程中，或挥发或残留在漆膜中作增塑剂，大大降低了涂膜的性能。此外含单官能团的聚合物分子链，起到了大分子封端剂的作用，可终止交联反应，留下一些未被交联的链段，也严重破坏了涂膜的性能。因此，增加固含量的主要途径是确保每个聚合物分子链上至少含有两个官能团，将无官能团或单官能团的分子链数降到最低。

二、合成高固体分丙烯酸树脂的技术措施

1. 基本原则

聚合物的黏度与其分子量大小及分布有关。在固定的浓度下，溶液的黏度随聚合物分子量的降低而降低，其数均分子量需低至 2000～6000 时，才能使固体分达到 70％左右且黏度不太高。此外，每个高分子链需有两个以上的羟基才能保证与多异氰酯等交联成体形大分子，以保证涂膜的质量。下面分析一下在确定配方和数均分子量下，每个分子所含的羟基数。

配方如下：

$$MMA：St：HEMA：BA：MA＝20：8：13：16.7：0.3$$

在数均分子量为 1000 时，每个分子平均含有 1.7 个羟基；数均分子量为 1500 时，为 2.5 个羟基；如果分子量分布得不均匀，每个分子平均有 2.5 个羟基，并不意味着每个分子都有 2～3 个羟基，有些分子可能有 3 个以上的羟基，而有些只有一个或不含羟基。对于不含羟基的分子不能参加交联反应，它只能作为增塑剂或溶剂，在高温下可挥发掉；只含一个羟基的分子则起终止交联反应的作用。因此，在配方设计和合成时，既要保证含羟基单体的数量，又要保证一定的分子量，在合成时要求树脂分子量分布均匀。要满足上述条件，在配方设计中，含羟基的活性官能单体的用量是理论需要量的 3 倍甚至更高。要严格控制反应工艺如反应温度要稳定，混合单体、引发剂、链转移剂等加入要均匀。要检查单体的竞聚率，当单体中有某种物质竞聚率极快或极慢时，应考虑用梯度增量或梯度减量化分开另外滴加，以达到聚合物上单体排布均匀的目的。

2. 技术措施

（1）选用合适的引发剂

引发剂的夺氢能力越小，所得树脂黏度越低。偶氮腈引发剂使羟基丙烯酸树脂获得窄分

子量分布。偶氮腈引发剂分解可产生夺氢反应能力弱的自由基，减少自由基向溶剂转移而生成过小的分子，减少非官能团或单官能团的二聚体或多聚体，改进涂膜性能。一般叔丁基过氧化物不宜用于高固体分丙烯酸树脂的合成，叔丁基过氧化物能分解产生的自由基，活性高，并且能产生夺氢反应，使分子量分布趋宽。叔戊基过氧化物能分解产生能量小、夺氢能力弱的自由基，可以使树脂分子量分布趋窄，降低树脂黏度，适用于高固体树脂的合成，但这类引发剂如叔戊基过氧化氢的价格较高。

（2）提高引发剂的浓度

引发剂的浓度越大，树脂的黏度越低。一般引发剂浓度可达 4% 或更高。在聚合反应中，高用量的引发剂在严格的温度和浓度的控制下，可使树脂的多分散性降至最低。但引发剂的浓度过大不仅会提高成本，增加生产上的不安全因素，而且会导致分解产物量增多，从而影响产品的耐久性及气味。

（3）提高合成温度

提高温度可降低树脂的平均分子量，但树脂合成温度应和引发剂的半衰期相匹配。不同温度下丙烯酸单体在某一溶剂中聚合的链转移常数不同；在同一温度下，不同的溶剂也有不同的链转移常数。有些溶剂如 CCl_4 等在较高温度下控制分子量的能力较强，但温度较高，会使反应难控制，且聚合中会出现链支化反应。

（4）采用链转移剂

链转移剂通过链自由基来调节平均分子量，并使分子量的分布趋于狭窄（见表 3-9）。使用羟基硫醇链转移剂不仅能降低分子量及使分子量分布狭窄，还能为聚合物的端基提供羟基。这类化合物主要有 2-巯基乙醇、3-巯基丙醇、3-巯基丙酸-2-羟乙酯等。这类含羟基硫醇合成出来的树脂的每一个分子链上至少有一个羟基，从而降低交联固化后自由基链末端的数量，使得涂膜性能更好。氨基树脂交联的试验表明，含巯基硫醇对涂膜的硬度及耐溶剂性明显优于使用不含羟基的硫醇的涂膜。

表 3-9　以 3-巯基丙醇为链转移剂制成的聚合物分子量及溶液黏度

巯基丙醇用量[①]	$\overline{M_w}$	$\overline{M_n}$	$\overline{M_w}/\overline{M_n}$	溶液黏度 23.9℃/mPa·s[②]
0	20900	11400	1.9	19400
1.3	10800	6000	1.8	3850
2.6	7200	4300	1.7	1875
3.9	5700	3500	1.6	1300
5.2	4400	3000	1.5	720
6.6	3600	2400	1.5	460
7.9	3100	2200	1.4	300

① 每 100mol 单体中加入的物质的量。

② 固体分 70%。

但硫醇用量太大会使得涂膜的耐水性、耐候性等变差，且单体转化率低，残余硫醇的气味往往为用户所讨厌。

（5）玻璃化转变温度

树脂的玻璃化转变温度越低，分子链的流动性越高，溶液的黏度越低。研究表明，大幅度降低聚合物的 T_g 可提高丙烯酸树脂 10% 的体积固体分。然而，双包装丙烯酸聚氨酯涂料大都是在室温或低温固化的，丙烯酸树脂成分对于干燥速率、固化速率和最终硬度所起的作用是关键性的。所以较低的 T_g 势必会影响涂膜的上述性质。有一类单体具有 4 个或更多个碳原子的支化烷基（特别是叔烷基），如表 3-10 所示，和甲基丙烯酸甲酯或苯乙烯类似，具有很高的玻璃化转变温度，但极性低，耐久性较好。

表 3-10　带支化烷基或环烷基的单体

单体名称	烷基	均聚物的 T_g/℃
甲基丙烯酸环己基酯(CHMA)	C_6	83
甲基丙烯酸三甲基环己基酯(TMCHMA)	C_9	98
甲基丙烯酸叔丁基环己基酯(TBCHMA)	C_{10}	98
甲基丙烯酸异冰片酯(IBOMA)	C_{10}	110

　　试验表明，在恒定的 T_g、$\overline{M_w}$、官能团和固含量下，使用表中的单体能降低树脂的黏度但不降低性能，并且黏度随着单体添加量的增加而下降。

　　(6) 官能团极性

　　为了降低聚合物的黏度，需要考虑单体中官能团的极性。官能团的极性低可使链与链之间的氢键作用降低，相互作用减小，低聚物的黏度降低。如 MMA 赋予聚合物高极性和链刚性，使聚合物溶液的黏度增大，因此在高固体分树脂的合成中其用量需严格控制。又如，不同的羟基单体的黏度也有差异，如丙烯酸羟乙酯、丙烯酸羟丙酯、丙烯酸羟丁酯的黏度依次降低。羧基官能团的含量增加会引起溶液黏度的显著增高。

　　(7) 溶剂

　　高固体分丙烯酸树脂合成温度一般较高，要求溶剂有较高的沸点。由于随着聚合温度的升高，链转移剂的能力减弱，溶剂的链转移能力增强，选择溶剂时应考虑其链转移系数。研究表明，溶剂分子中含有活泼氢原子数或卤素原子数越多（如烷基芳烃、高沸点醚及苄醇），转移反应越易发生。

　　溶剂的选择在丙烯酸树脂合成中是十分重要的。溶剂的溶解能力的大小要与合成的树脂相一致。在不同溶解能力的溶剂中，聚合物链分子的形态有所不同。在良溶剂中，聚合物链呈舒展状，树脂溶液清澈透明；反之，聚合物链将紧缩而卷曲，树脂溶液混浊甚至析出。

　　溶剂的选择对树脂的分子量和黏度有一定的影响。某些溶剂有一定的链转移常数。溶剂的链转移常数愈大，树脂的分子量及黏度就愈低，反之，则愈高，它们的相关式可表示如下：

$$\frac{1}{X_n} = \frac{1}{(X_n)_0} + C_S \frac{[S]}{[M]} \tag{3-8}$$

　　式中，X_n、$(X_n)_0$、C_S 分别为聚合度、无溶剂时的聚合度及溶剂转移常数；$[S]$、$[M]$ 分别为溶剂浓度和单位浓度。

　　溶剂的链转移常数与其结构有关，对于芳烃，C_S 一般有：

　　对于醇类，C_S 一般有：

$$R_2CHOH > RCH_2OH > CH_3OH$$

　　表 3-11 介绍一些溶剂在 60℃时对甲基丙烯酸甲酯和苯乙烯的链转移常数。不同溶剂对聚合物的转化率和黏度的影响见表 3-12。

表 3-11 一些溶剂在 60℃ 时对甲基丙烯酸甲酯和苯乙烯的链转移常数

溶剂	甲基丙烯酸甲酯	苯乙烯	溶剂	甲基丙烯酸甲酯	苯乙烯
丙酮	0.00036	0.023	四氯化碳	0.0043	0.57
苯胺	0.0075	0.011	三氯甲烷	0.00089	0.00345
苯	0.0014	0.00017	乙酸乙酯	0.00027	0.0091
丁酮	0.00089	0.028			

表 3-12 不同溶剂对聚合物的转化率和黏度的影响

溶剂	转化率/%		聚合物在乙酸乙酯中的黏度(加氏管)/s	
	丙烯酸甲酯	甲基丙烯酸乙酯	丙烯酸甲酯	甲基丙烯酸乙酯
苯	90	91	220	2.7
乙酸乙酯	88	88	122	2.6
二氯乙烷	88	99	90	2.2
乙酸丁酯	86	96	1.4	1.2
甲基异丁基酮	81	98	1.0	1.1
甲苯	82	93	1.0	1.0

溶剂的选择还要考虑到树脂的制漆过程和涂料的施工工艺。

链调节剂如十二烷基硫醇、巯基乙醇等具有较大的链转移常数，可以终止正在增长的链反应。链调节剂用量越大，分子量越小，黏度越低。

溶剂对成膜物质的溶解能力和溶液中氢键的形成情况对黏度有明显的影响。当溶剂的溶解度参数 δ 和聚合物的溶解度参数 δ 相等或相近时，溶剂的溶解能力最强。良溶剂时的聚合物链段充分舒展，聚合物分子的自由度增大，从而使得溶液的黏度降低。表 3-13 为一个固体分为 89.5% 的丙烯酸树脂（溶剂为二甲苯）用不同溶剂稀释到固体分为 55% 时的黏度。此外，聚合物溶液含有大量的羧基和羟基，易形成氢键，黏度可能很高，因此加一些酮类溶剂可使溶剂黏度明显下降。因为酮类溶剂是氢键的受体，能转移聚合物链之间氢键的作用力。表 3-14 给出了高固体分丙烯酸树脂在不同溶剂中的黏度。

表 3-13 溶剂对丙烯酸树脂的溶解能力

溶剂	黏度(25℃)/Pa·s	溶剂	黏度(25℃)/Pa·s
丁酮	0.08	乙二醇乙醚乙酸酯	0.92
乙酸乙酯	0.25	四甲苯	3.48
甲苯	0.43	异丙醇	1.65
乙酸丁酯	0.31	乙二醇单丁醚	2.25

表 3-14 高固体分丙烯酸树脂在不同溶剂中的黏度

溶剂[①]	挥发速率(乙酸丁酯=1)	黏度(25℃)/mPa·s	溶剂[①]	挥发速率(乙酸丁酯=1)	黏度(25℃)/mPa·s
乙酸乙酯	4.1	121	甲苯	1.9	290
甲基正丙基甲酮	2.3	80	甲基异丁基甲酮	1.6	110
乙酸丁酯	1.0	202	甲基戊基甲酮	0.4	147
二甲苯	0.6	387			

① 溶液浓度为 0.32kg/L 溶液。

（8）基团转移聚合反应

利用基团转移聚合反应可制备高固体低分子量的丙烯酸聚合物。该聚合物的特点是分子量分布窄，分散系数（D）可降低至 1.2 以下。该种聚合反应对丙烯酸聚合物结构的控制十分严格，聚合物分子内的官能团分布均匀。

三、丙烯酸树脂低黏度化的基本方法

根据合成高固体丙烯酸树脂的技术措施，提出符合丙烯酸高固体分涂料要求的低黏度丙烯酸树脂的制备方法。

1. 通用降低黏度方法

降低分子量是降低树脂黏度的有效方法，但树脂分子量降低过多会影响涂膜的性能。其技术关键是达到常温喷涂黏度下的高固体分，黏度降低且分子量的降低要尽可能少，以保证涂膜性能符合要求。

（1）添加链转移剂

链转移剂是通过对链自由基的转移来调节分子量，并使分子量分布趋于狭窄，在合成高固体分丙烯酸树脂中的作用是很重要的，见图 3-15。

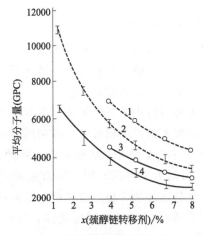

图 3-15   巯醇链转移剂用量对低聚物分子量影响

1—叔壬基巯醇，质均分子量；2—5 种伯巯醇，质均分子量；

3—叔壬基巯醇，数均分子量；4—5 种伯巯醇，数均分子量

从表 3-9 可以看出，链转移剂用量对降低分子量和分子量分散系数（$\overline{M_w}/\overline{M_n}$）的效果明显，随其用量增加，分散系数从 1.9 降至 1.4，树脂黏度也随之明显降低。从图 3-15 中不仅看出链转移剂用量对降低分子量效果明显，而且伯巯醇效果明显优于叔巯醇。

另外，带有羟基的巯醇化合物除了降低分子量及呈现狭窄的分子量分布外，还为合成树脂的分子内提供端羟基，称为官能性链转移剂。

（2）控制聚合物玻璃化转变温度（T_g）

共聚树脂溶液在相同的固体含量时，其 T_g 愈低时，溶液的黏度也愈低，聚合物的 T_g 大小取决于组成聚合物的单体本身的结构和聚合物的聚合度。共聚物的聚合度增大，其 T_g 提高。单体本身结构不同，形成的聚合物的 T_g 也不同。甲基丙烯酸酯聚合物的 T_g 远远高于丙烯酸酯聚合物；烷基碳链十二碳以内的甲基丙烯酸酯或八碳以内的丙烯酸酯的聚合物中，碳链长者形成的聚合物 T_g 低于碳链短者。

同一单体组成而相对比例不同，形成相同分子量的共聚物，其 T_g 不同，在相同的固体分下，T_g 大者黏度高。共聚物不同 T_g 时的黏度与固体分关系见图 3-16（苯乙烯、丙烯酸乙酯和丙烯酸-2-乙基己酯的配比分别为 6∶22.5∶12.5、42.5∶45∶12.5、22.5∶65∶12.5）。

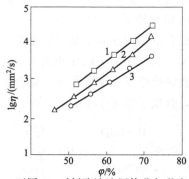

图 3-16 不同 T_g 时树脂溶液固体分与黏度的关系

1—T_g=37；2—T_g=18；3—T_g=2

曲线 1 的 T_g 最高，其等浓度的溶液黏度明显高于曲线 2、曲线 3。降低 T_g 明显降低黏度，是提高相等黏度下涂料固体分的有效办法，一般控制合适的 T_g 可以提高固体分 10%左右。

影响聚合物 T_g 的两个主要因素：一是组成聚合物的单体自身结构，二是聚合物的聚合度。相同单体的聚合物在聚合度较低时，其黏度 T_g 均明显低于聚合度高者。甲基丙烯酸酯聚合物的 T_g 高于丙烯酸酯聚合物。甲基丙烯酸酯低聚物的聚合度、T_g 及黏度间的关系见表 3-15。

表 3-15 甲基丙烯酸酯低聚物的聚合度、T_g 及黏度间的关系

低聚物单体	聚合度	T_g/℃	黏度/mPa·s
MMA	6~7	0~5	5000
MMA	11	20~30	15000~20000
MMA	16~17	50	>50000
BMA	7	-40	<100
BMA	13~14	-25	1000

（3）选择链转移性溶剂

在采用溶剂聚合法制备热固性丙烯酸低聚物时，选用具有链转移活性的溶剂，可以有效地控制聚合度，即采用恰当的溶剂可以实现树脂的低黏度化。

理论研究表明：溶剂分子中含活性氢原子数或卤素原子数越多，转移反应越易发生，根据这一原则，选择了苯、甲苯、二甲苯、环己酮、乙酸丁酯等溶剂，分别测试它们单独和混合使用时对体系分子量的影响，结果见表 3-16。

表 3-16 溶剂对树脂分子量和黏度的影响

溶剂	$\overline{M_n}$	黏度（涂-4 杯）/s
苯	13580	82
甲苯	7840	48
二甲苯	8320	54
环己酮	11240	72
乙酸丁酯	7810	44
甲苯/乙酸丁酯(50∶50)	7640	42
甲苯/乙酸丁酯/四氯化碳(45∶45∶10)	6740	36

由此可见，以含有较多活性氢原子的甲苯、二甲苯、乙酸丁酯作溶剂时，较易发生转移反应，因此树脂的聚合度和黏度相对较低。值得注意的是，含有较多 C—Cl 弱键的四氯化碳特别容易引起转移反应。在混合溶剂中加入少量四氯化碳即引起聚合度明显下降。

在聚合体系中，可选择甲苯∶乙酸丁酯∶四氯化碳＝45∶45∶10（体积比）。一些溶剂的转移常数、不同溶剂对聚合物转化率及黏度的影响，见表 3-11 和表 3-12。

利用基团转移聚合新技术，合成了低分子量的聚合物，其反应如下：

$$\text{H}_3\text{C}\ \text{C}=\text{C}\ \begin{matrix}\text{OSi(CH}_3)_3\\ \text{OCH}_3\end{matrix}\ \text{H}_3\text{C}\quad +\quad \text{H}_2\text{C}=\text{C}\begin{matrix}\text{CH}_3\\ \text{CO}_2\text{CH}_3\end{matrix}\quad \xrightarrow{\text{HF}_2}$$

$$\text{H}_3\text{CO}_2\text{C}-\overset{\text{CH}_3}{\underset{\text{CH}_3}{\text{C}}}-\text{CH}_2-\overset{\text{OSi(CH}_3)_3}{\underset{\text{OCH}_3}{\text{C}=\text{C}}}\ \text{H}_3\text{C}\qquad \text{H}_3\text{C}\begin{matrix}\text{CH}_3\\ \text{CO}_2\text{CH}_3\end{matrix}\quad \longrightarrow$$

$$\text{H}_3\text{CO}_2\text{C}-\overset{\text{CH}_3}{\underset{\text{CH}_3}{\text{C}}}-(\text{CH}_2-\overset{\text{CH}_3}{\underset{\text{CO}_2\text{CH}_3}{\text{C}}})_n-\text{CH}_2-\overset{\text{OSi(CH}_3)_3}{\underset{\text{OCH}_3}{\text{C}=\text{C}}}\ \text{H}_3\text{C}$$

上述低聚物在氢键接受体溶剂（如甲乙酮）中，其施工固体分可达 75％～80％。

利用聚合度与溶剂转移能力的相关性理论指导，已经合成出适合于高固体分涂料的丙烯酸低聚物，其分子量为 800～1000。

2. 引入叔碳酸缩水甘油酯

(1) 配方与工艺设计

在共聚物组分中引入叔碳酸缩水甘油酯（1，1-二甲基-1-庚基羧酸基缩水甘油酯，Cardura E）可获得低分子量和窄分子量分布。用 HMMM 作交联剂，二氧化钛作颜料，在喷涂黏度下固体分至少达到 70％。涂膜在 130℃进行 30min 固化，涂膜的力学性能、耐水性与耐二甲苯性、耐候性优于传统的热固性丙烯酸涂料，用于汽车面漆涂装。

引入的 Cardura E（叔碳酸缩水甘油酯）的结构式如下：

$$\text{C}_6\text{H}_{13}-\overset{\text{CH}_3}{\underset{\text{CH}_3}{\text{C}}}-\overset{\text{O}}{\overset{\|}{\text{C}}}-\text{O}-\text{CH}_2-\text{CH}-\text{CH}_2$$

利用丙烯酸共聚物分子上羧基与 Cardura E 上环氧基的开环反应，连接上 Cardura E 同时产生出羟基：

$$\text{P}-\text{COOH}+\text{C}_6\text{H}_{13}-\overset{\text{CH}_3}{\underset{\text{CH}_3}{\text{C}}}-\overset{\text{O}}{\overset{\|}{\text{C}}}-\text{O}-\text{CH}_2-\text{CH}-\text{CH}_2\longrightarrow$$

$$\text{C}_6\text{H}_{13}-\overset{\text{CH}_3}{\underset{\text{CH}_3}{\text{C}}}-\overset{\text{O}}{\overset{\|}{\text{C}}}-\text{O}-\text{CH}_2-\underset{\text{OH}}{\text{CH}}-\text{CH}_2\text{OOCP}$$

Cardura E 的引入，增加了有机溶剂中的溶解性，降低了黏度。叔碳基对水解的屏蔽作用，可提高涂料的耐光性。为引入 Cardura E，丙烯酸酯共聚物配方中必须包含（甲基）丙烯酸单体。

前已叙述，合成高固体分丙烯酸树脂需用巯基化合物作链转移剂，可以降低树脂黏度，使分子量变窄。一般巯基化合物如巯基乙醇、巯基月桂醇等理论上在聚合反应过程中链转移剂消失，但实际上在最后产品中仍残留少量链转移剂，产生令人不愉快的气味。采用巯基羧酸可和系统中的 Cardura E 反应，除去残留的巯基酸，使不愉快气味从产品中消失。

$$C_6H_{13}-\underset{\underset{CH_3}{|}}{\overset{\overset{CH_3}{|}}{C}}-\overset{\overset{O}{\|}}{C}-O-CH_2-\underset{\underset{O}{\diagdown/}}{CH}-CH_2 + HOOC-CH_2-CH_2-SH \longrightarrow$$

$$C_6H_{13}-\underset{\underset{CH_3}{|}}{\overset{\overset{CH_3}{|}}{C}}-\overset{\overset{O}{\|}}{C}-O-CH_2-\underset{\underset{OH}{|}}{CH}-CH_2-O-\overset{\overset{O}{\|}}{C}-CH_2-CH_2-SH$$

低分子丙烯酸树脂用后面单体中的两种或三种，这些单体是 α-甲基苯乙烯（MS）、苯乙烯、丙烯酸、丙烯酸丁酯、丙烯酸-2-羟乙基酯、丙烯酸-2-羟丙基酯和丙烯酸新戊二醇单酯，用 $C_6H_5C(CH_3)_3OO(CH_3)_2CC_6H_6$ 作引发剂（每 1mol 单体添加 2.5g），不同量的 3-巯基丙酸作链转移剂，在 150℃ 以上溶液聚合或本体聚合制得低分子聚合物。

在聚合反应之后，聚合物中的羧基（来自丙烯酸和巯基丙酸）使环氧丙烷或 Cardura E 中环氧基开环，转变成可固化的羟基。环氧基开环反应，用三苯基苄基氯化鳞盐作催化剂（0.5g/mol 环氧基）。

用高沸点环氧化物也可用一步反应制备要求的树脂，丙烯酸、α-MS、3-巯基丙酸和 Cardura E 在引发剂和催化剂存在下，于 150℃ 进行反应（见表 3-17）。

Ⅰ组：α-MS＋丙烯酸＋Cardura E；

Ⅱ组：苯乙烯＋丙烯酸＋Cardura E；

Ⅲ组：α-MS＋丙烯酸＋环氧丙烷（实际上还加了丙烯酸丁酯）；

Ⅳ组：α-MS＋丙烯酸羟烷基酯（＋少量 Cardura E）。

表 3-17 低分子丙烯酸树脂组成与性质

项目		Ⅰ组			Ⅱ组		Ⅲ组		Ⅳ组	
		1	2	3	1	2	1	2	1	2
组分	α-MS	0.4	0.4	0.4	—	—	0.4	0.4	0.4	0.4
	苯乙烯	—	—	—	0.4	0.4	—	—	—	—
	丙烯酸	0.4	0.4	0.4	0.4	0.4	0.4	0.2	—	—
	Cardura E	0.5	0.55	0.65	0.55	0.65	—	—	0.16	0.16
	环氧丙烷	—	—	—	—	—	0.65	0.55	—	—
	丙烯酸丁酯	—	—	—	—	—	—	0.2	—	—
	丙烯酸-2-羟乙酯	—	—	—	—	—	—	—	0.4	—
	新戊二醇单丙烯酸酯	—	—	—	—	—	—	—	—	0.4
	3-巯基丙酸	0.04	0.08	0.16	0.08	0.16	0.16	0.16	0.16	0.16
性质	酸值/(mgKOH/g)	0.3	0.3	6.0	3.6	0.1	0.1	1.0	0.6	2.9
	$\overline{M_n}$	1300	1100	900	850	1300	1100	650	650	650
	$\overline{M_w}$	2600	2100	1550	1500	3100	2500	1600	1600	1450
	$\overline{M_w}/\overline{M_n}$	2.0	1.9	1.7	1.8	2.4	2.3	2.5	2.5	2.2

从表 3-17 中看出，Ⅰ组与Ⅱ组相比，前者的分子量分散系数 $\overline{M_w}/\overline{M_n}$ 小于后者，就说

明 α-MS 引入聚合物中优于苯乙烯。Ⅲ组树脂的分子量分散系数更大一些，反映 Cardura E 使树脂分子量窄化优于环氧丙烷。同时Ⅰ组中，链转移剂从 0.04 至 0.12，分子量分散系数从 2.0 降至 1.7，说明 3-巯基丙酸用量增加使树脂分子量分布往变窄方向发展。

(2) 低分子丙烯酸树脂的涂料性能

用 HMMM（Cymel 301）作为交联剂、对甲苯磺酸作为催化剂（占总树脂量的 0.7%），二甲苯/乙二醇乙酸酯（1:1）混合物作溶剂。树脂/交联剂是 70/30。用二氧化钛着色（颜料/黏结剂＝0.67），涂膜在 130℃进行 30min 固化。涂膜喷涂在带有环氧底漆的磷酸锌钢板上进行试验。高固体分丙烯酸涂料最高固体分是 76%，对比样品是热固性丙烯酸涂料（TSA，质量固体分 47%），黏度均为福特杯 30s，固化膜厚 40μm。

① "湿" 试验　涂膜耐二甲苯（15min），结果是四组高固分涂料均优于对照样品 TSA。

耐蚀剂（耐 SO_2）试验，按 DIN50018 进行，在Ⅰ组和Ⅱ组中（加 Cardura E 的配合）和对比样在耐蚀试验中不产生裂纹，所有高固体分树脂除一种（Ⅲ-1）外，其余品种均不产生锈蚀点，优于对比样品，并且对比样品起重泡。Ⅰ组涂膜都无起泡趋势（Ⅰ-4 有起泡趋势，是受底漆影响）。

浸水（14d）和在水点下（喷水，4h/60℃）试验，高固体分涂料和对比样品相当。

"湿" 试验结果列于表 3-18。

表 3-18　低分子丙烯酸树脂涂料的 "湿" 试验结果

树脂编号		耐二甲苯(15min)	耐蚀试验(3 周期)					浸渍试验(14d)	水斑点试验(4h/60℃)
			60°光泽/%		C	P	B		
			起始	试验后					
Ⅰ组	1	12	93	92	12	10	12	12	好
	2	12	94	92	12	12	12	11	好
	3	12	89	89	12	7	12	12	好
	4	11	95	94	12	7	8	12	好
Ⅱ组	1	12	95	93	12	10	10	12	好
	2	11	93	90	12	6	0	12	好
Ⅲ组	1	12	107	99	0	5	0	11	好
	2	12	95	78	0	6	0	11	好
	3	12	94	85	0	6	0	12	好
Ⅳ组	1	12	97	90	0	6	0	12	好
	2	12	101	99	0	6	0	12	好
	3	12	100	97	0	10	0	12	好
对比样 TSA		1	87	22	12	12	12	11	小泡

注：1. C 代表裂纹，P 代表锈蚀点，B 代表起泡。
　　2. 12 代表优，0 代表很差。

② 耐久性试验　用同法制得的高固体分涂料和对比样品的涂膜在美国亚利桑那州和佛罗里达州分别进行大气加速老化试验和天然曝晒试验，结果列在表 3-19 中。

表 3-19　美国亚利桑那州老化试验和佛罗里达州曝晒试验结果　　　　单位：%

场地	试样编号	Ⅰ-2	Ⅰ-3	Ⅰ-4	Ⅱ-1	Ⅲ-1	Ⅳ-1	对比样 TSA
亚利桑那	20°起始光泽	98	91	100	98	>100	>100	95
	60000ly[①] 后	83	79	86	86	35	82	80
	160000ly 后	45	43	31	47	2	7	39
	240000ly 后	18	9	4	14	2	2	11
	60°光泽,240000lys 后	35	26	14	31	7	9	34

场地	试样编号	I-2	I-3	I-4	II-1	III-1	IV-1	对比样 TSA
佛罗里达	60°起始光泽	95	96	96	96	96	96	94
	3 个月后	92	94	90	91	89	94	90
	6 个月后	90	95	93	90	85	90	86
	9 个月后	90	90	86	85	70	83	86
	12 个月后	86	83	75	81	66	71	81

① ly 即 langley 兰勒（太阳辐射的能通量单位，$g \cdot cal/cm^2$），$1cal = 4.1868J$。

耐久性试验证实，引入支链二元醇 Cardura E，耐久性增强，优于对比试样。

3. 选用过氧化叔戊基作引发剂

降低分子量除能有效地降低树脂黏度外，使分子量分布趋窄也是降低树脂黏度的有效方法。常用偶氮腈引发剂使羟基丙烯酸树脂获得窄分子量分布。偶氮腈引发剂分解可产生弱夺氢反应能力的选择性自由基，减少自由基向溶剂转移生成过小分子，减少非官能或单官能的二聚体或三聚体，改进涂膜性能。

一般叔丁基过氧化物不宜用于高固体分丙烯酸树脂的合成，因叔丁基过氧化物分解产生的自由基活性高，并且产生夺氢反应，使分子量分布趋宽。叔戊基过氧化物能分解产生能量小、夺氢反应能力弱的自由基，可以使羟基丙烯酸树脂分子量分布趋窄，降低树脂黏度，适合用于高固体分涂料。

乙基-3，3-（过氧化叔戊基）丁醇酯和乙基-3，3-二（过氧化叔丁基）丁酸酯的对比试验。采用单体 BA：BMA：St：HEA＝30：20：30：20（质量比），溶液中 S（溶剂）：M（单体）＝0.3，溶剂为 Exxate700，$[I_0]$＝0.0156mol/100g 单体，采用通常的溶液聚合方法分别制得羟基丙烯酸树脂，用同一种溶剂稀释，树脂性能检验结果列于表 3-20。

表 3-20 用过氧化叔戊基和过氧化叔丁基作引发剂合成树脂的性能检验结果

引发剂	固体分/%	$\overline{M_n}$	$\overline{M_w}/\overline{M_n}$	黏度/Pa·s	Apha 颜色
EAPB	77	3700	2.1	15.0	20
EBPB	77	4200	2.9	32.0	40

从表 3-20 看出，用 EAPB 引发剂和用 EBPB 引发剂所得羟基丙烯酸树脂相比，其分子量分布窄，数均分子量 $\overline{M_n}$ 小，树脂黏度小，树脂颜色浅。

将引发剂 EAPB、APEH（2-乙基己酸过氧化叔戊酯）、AZMB［2，2'-偶氮二（甲基丁氧基腈）］分别作引发剂和作为捕捉反应到最后的体系中游离单体的催化剂，试验结果列于表 3-21。试验体系是 BA：BMA：MMA：HEA：St：MA＝30：20：12：25：10：3（质量比），$S：M＝0.3$，溶剂为 Ektapro EEP，在每一份单体中 $[I_0]$ 分别为 5.0 份、7.2 份和 6.0 份（质量）。用通常溶液聚合方法分别制得三种树脂，试验结果见表 3-21。

表 3-21 用叔戊基过氧化物和偶氮腈引发剂制得的羟基丙烯酸树脂的性能差别

引发剂	残余单体/%	$\overline{M_n}$	$\overline{M_w}/\overline{M_n}$	黏度/Pa·s	Apha 颜色
EAPB	0.51	3100	2.0	15.0	50
APEH	1.43	4600	2.6	26.0	5
AZMB	1.87	6100	3.3	101.0	60

偶氮腈（AZMB）作引发剂和最后"捕捉"游离单位催化剂的叔丁基过氧化物 EAPB 和 APEH 相比效果最差，虽然数均分子量 $\overline{M_n}$ 最大，但分子量分布宽，黏度大。而在叔丁基过氧化物中，降低游离单体的效果 EAPB 优于 APEH，且分子量分布窄，树脂黏度小。

叔戊基过氧化物（EAPB、APEH）的喷涂黏度比偶氮腈（AZMB）要小，VOCs 低而非挥发分（固体分）要高，涂膜起始光泽高。整个涂膜性能如附着力、抗冲击性、柔韧性、抗湿性、抗锈蚀性、抗沾污和耐盐雾性以及保光性，用叔戊基过氧化物作引发剂所得丙烯酸树脂的涂膜，都不比采用偶氮腈作引发剂的差。

综上所述，采用叔戊基过氧化物作引发剂可使羟基丙烯酸树脂分子量分布趋窄，树脂黏度小，可以提高喷涂时涂料的固体分，并且树脂的游离单体含量低，并且不降低涂膜的各项性能。

4. 引入含环烷基的丙烯酸酯

为降低丙烯酸树脂黏度，采用低 T_g 聚合物是有效的，但树脂 T_g 过低，影响最后涂膜的抗抓划和耐磨性能。在丙烯酸-苯乙烯共聚树脂中引入含环烷基的甲基丙烯酸酯，如甲基丙烯酸异冰片酯、甲基丙烯酸环己酯、甲基丙烯酸叔丁基环己酯，在恒定 T_g、M_w、官能度和固体含量下，降低树脂黏度，并不降低性能。试验证实，共聚丙烯酸树脂的黏度随甲基丙烯酸环烷基酯的添加量增加而明显降低。甲基丙烯酸异冰片酯（IBOMA）、甲基丙烯酸叔丁基环己酯（t-BCHMA），在聚合物 T_g 保持在 30℃下，树脂黏度与其含量关系分别见图 3-17 和图 3-18。

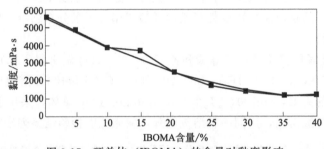

图 3-17　环单体（IBOMA）的含量对黏度影响

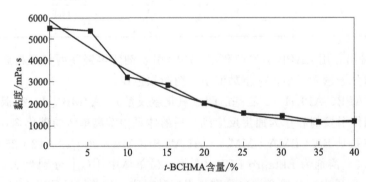

图 3-18　环单体（t-BCHMA）的含量对黏度影响（$T_g=30$℃）

甲基丙烯酸环烷基酯能有效地降低丙烯酸树脂的黏度，为开发丙烯酸高固体分涂料提供了一种新途径。

通过丙烯酸树脂低黏度化的基本方法讨论，证明引入 Cardura E 的方法制备低黏度丙烯酸树脂，在喷涂黏度下的涂料固体分大于 70%，这种方法是值得推荐的。

采用叔戊基过氧化物作引发剂和引入甲基丙烯酸环烷基酯，前者可使树脂分子量分布趋窄，从而降低树脂黏度，不牺牲树脂的性能；后者引入含环烷基的甲基丙烯酸酯降低树脂黏度的原理尚不清楚，但它是一种有益的启迪。

　　在设计高固体分丙烯酸树脂配方与工艺时，可结合原料来源与市场要求，集中几种方法的长处，使在喷涂黏度下固体分达到 75％左右是完全可能的。

四、丙烯酸高固体分涂料的配方设计

　　丙烯酸高固体分涂料的技术基础，是设计配方的理论依据。根据应用要求，在设计丙烯酸高固体分涂料配方时，应重点研究成膜物、交联（固化）剂、颜填料、助剂和溶剂基本组分的作用和要求。

1. 对成膜物的要求

（1）丙烯酸低聚物

　　活性丙烯酸低聚物是涂料的主要成膜物，应保证其分子中含有 2 个以上的活性官能团；通常低聚物的数均分子量（$\overline{M_n}$）可控在 3000～5000（有时 $\overline{M_n}<3000$），低聚物的分子量分布越窄越好，其分散系数（D）为 2.0～3.0（有时 $D<2.0$）；最近新开发的硅氧烷丙烯酸低聚物的 $\overline{M_n}=760～1200$、$D=1.6～1.7$；低聚物应与涂料其他组分有良好的相容性，有利于涂料贮存稳定性和施工性。

（2）交联（固化）剂

　　含羟基丙烯酸低聚物可选择氨基树脂交联剂或多异氰酸酯化合物作固化剂；含羧基丙烯酸低聚物可选择环氧树脂作固化剂；含环氧基丙烯酸低聚物可选择胺类化合物或液态酸酐作固化剂。含溶剂的丙烯酸高固体分涂料的绝大部分基料是含羟基丙烯酸低聚物。

2. 颜填料的作用

（1）颜填料粒子的絮凝对色漆黏度的影响

　　通常干燥的颜料粒子由于表面张力（表面自由能）相互作用使它们聚结在一起，粒子之间填充着空气，经由成膜物和溶剂组成的展色剂（也称黏结剂、漆料）湿润和分散研磨得到分散的颜料粒子。经贮存后颜料粒子又重新聚结在一起的现象，俗称返粗，即絮凝作用，絮凝的颗粒之间填充着漆料。颜料颗粒的聚集和絮凝是两个不同的概念。在传统的涂料中，絮凝引起干膜颜色不均匀和失光。避免絮凝是重要的。对高固体分涂料除了这些问题之外，絮凝作用引起黏度急剧增加。

（2）φ_i（原级粒子颜填料体积分数）与黏度的关系

　　颜料对色漆黏度影响关系式为：

$$\lg\eta=\lg\eta_e+\frac{k_E\varphi_i}{1-\dfrac{\varphi_i}{\phi}}\qquad(3-9)$$

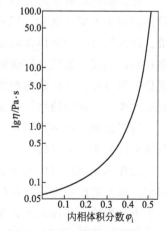

图 3-19　$\lg\eta$ 与 φ_i 的关系

　　式中，η 为色漆黏度，Pa·s；η_e 为低聚物溶液黏度，Pa·s；k_E 为颜填料粒子形状；φ_i 为原级粒子颜填料体积分数；ϕ 为堆积因子（表示颜填料粒子最佳堆积状态时的最大体积分数），对于单分散填料粒子体系，$\phi=0.637$。

　　由式（3-9）知，高固体分色漆的黏度随 φ_i 的增加而增大；当 $\varphi_i=\phi$ 时，黏度为无限大。

　　图 3-19 为式（3-9）中的 $\eta_e=0.06\text{Pa·s}$、$\phi=0.637$、$k_E=2.5$ 时计算出来的 $\lg\eta$ 对 φ_i 的曲线图。

由图 3-19 知，当 φ_i 超过 0.3 时，色漆黏度开始迅速上升。所以，设计高固体分色漆配方时，应尽可能地使 φ_i 降低些，这样不仅可以降低高固体分涂料施工时的颜填料体积（V_p），而且还可以降低 φ_i 值。另外，应选用强的表面活性剂减少颜填料粒子吸附层的高度，达到降低 φ_i 的目的。

（3）防止产生絮凝的吸附层厚度

颜填料粒子絮凝对高固体分涂料黏度和贮存稳定性影响很大。在设计高固体分涂料配方时应采取防止絮凝产生的措施。对涂料中颜料粒子的絮凝机理及如何防止的研究较多，对高固体分涂料的防凝就是由颜料粒子表面吸附漆料层来防止絮凝，靠静电排斥和位阻排斥使粒子难以彼此靠近而聚集。被颜料粒子吸附的低聚物与溶剂层，能否有效地防止絮凝，取决于吸附层的组成结构和厚度。组成和结构决定吸附层静电排斥、熵排斥作用，抗拒絮凝。要确定达到这个作用的最低吸附层厚度。

一般情况下，$V_i > V_p$（V_i 是原级粒子颜填料体积）。当颜料粒子直径为 $0.2\mu m$（200nm）时，吸附层的厚度为 25nm，$V_i = 2V_p$。一些研究者认为，高固体分涂料中，防止絮凝的最适宜的吸附层厚度为 8nm。也有报道称非聚合物稳定剂吸附层可以小于这个厚度，如表面活性剂也可以达到防止絮凝的作用。但表面活性剂一般是单官能度，不如聚合物具有多吸附点，必须在溶剂中存在大量活性剂，一方面用合适厚度的吸附层完全包裹在平衡的颜料表面，另一方面溶液中需要一定的表面活性剂，以平衡被吸附的表面活性剂。添加单官能协和基的表面活性剂和黏结剂竞争颜料粒子表面吸附点，但不能提供不引起絮凝的熵稳定。例如，TiO_2 分散在醇酸展色剂中是牛顿型的，但添加硬脂酸后显示出屈服值，成为非牛顿型。因为吸附层厚度对高固体分涂料流变性影响较大，故如何用最小吸附层厚度达到对絮凝作用稳定，仍需要进一步研究。

总之，高固体分涂料体系中，颜填料粒子表面有展色剂吸附层包裹才能形成稳定的分散体。实际上原级粒子颜填料体积（V_i）应包括颜填料体积（V_p）和颜填料粒子表面吸附层的体积。如果没有吸附层，涂料将会产生絮凝。

3. 助剂的选择

（1）催化剂的选择

选择催化剂时首先应看配方中所用氨基树脂类型。高固体分涂料中较常用的氨基树脂为单体型的 HMMM 树脂。以前一般采用例如对甲苯磺酸一类的强酸催化剂可获得尚好的效果。新的配方中常采用含高亚氨基的更易反应的交联树脂，则更宜使用磷酸酯类较弱酸性的催化剂，但应注意到酸性磷酸酯容易水解，这对贮存稳定性是不利的，采用胺中和封闭的磺酸盐较为可靠。这些催化剂虽然对促进交联有显著的效果，但它们的加入对涂膜的很多性能例如附着力、耐腐蚀性、柔韧性及拉伸强度等均会出现不良影响。

为了改进这种不利因素，又采用了一些新的品种，如亲水性的低分子量甲磺酸（MSA）及疏水性的大分子量的二壬基萘磺酸（DNNSA）等。

酸性催化剂用量应选择适当，超量使用催化剂虽能促进快速交联固化，但存在诸多不利因素，如严重影响涂料贮存稳定性，对涂膜的附着力、耐腐蚀性、柔韧性及拉伸强度等均会产生不良影响。在保证充分交联固化的前提下，应尽量少用催化剂。对甲苯磺酸（p-TSA）、二壬基萘二磺酸（DNNDSA）、二壬基磺酸（DNNSA）及相关磺酸的封闭型催化剂用量见表 3-22。

表 3-22　不同催化剂的建议用量（质量分数）

催化剂品种		p-TSA	DNNDSA	DNNSA	封闭 p-TSA	封闭 DNNDSA	封闭 DNNSA
有效成分/%		40	55	50	25	25	25
固化温度/℃	65.6	3～6	4～8	未采用	4～8	未采用	未采用
	93.3	2～5	3～6	未采用	4～6	4～8	未采用
	121.1	1	1.1	2	1～2	2	2
	148.9	0.5	0.5	1	1	1.5	2
	176.7	0.4	0.4	0.8	0.8	1	1.2
	204.4	0.3	0.3	0.6	0.6	0.8	1
	232.2	0.2	0.2	0.4	0.4	0.6	0.8

注：基料为含羟基丙烯酸树脂 75 份，交联剂为氨基树脂（HMMM）25 份，催化剂为总树脂固体分的质量分数。

（2）抗流挂与防沉淀剂

高固体分丙烯酸漆中，采用低分子低聚物作基料和新的溶剂体系。

流挂现象不仅会出现在喷涂施工过程中，更严重的还会出现在进炉烘烤后的加热期间。原以为固体分较高的涂料喷涂在物面上后黏度会增高而不致出现流挂现象，事实上，高固体分涂料在施工应用过程中溶剂的挥发量很小，并不足以使黏度增高很多至不流挂的程度。S. Wu 发表的数据说明了这个现象：在喷枪中固体分为 70%～80% 的漆涂在物面上后的固体分为 75%～85%，仅升高了 5%，与之相反，固体分为 30% 的常规型喷漆涂在物面上的固体分可达 75%～95%，固体分升高达 45%～65%。由此可见，高固体分漆的流挂现象是不足为奇的。因为虽在物面上的固体分量相近似，但它的分子量（黏度）却低很多。

这个现象大致有三方面原因：a. 高固体分涂料的雾化程度低，雾滴较大，由枪口至物面喷射过程中挥发面积要小得多；b. 高固体分涂料中使用高官能度树脂，溶剂亦选用了可互相作用的高极性溶剂，因此促进了黏度的下降；c. 涂膜膜层厚，溶剂释放慢得多。

在烘烤加热过程中的"炉中流挂"现象主要是由于在烘烤加热时出现的"热稀释"现象，图 3-20 中对比了常规型涂料及高固体分涂料在固化升温过程中的黏度变化曲线。

在升温过程中，常规型漆的热稀释引起的黏度降低程度基本可与溶剂挥发的黏度增高程度相抵，不出现明显的黏度下降，待开始交联之后，黏度即迅速上升，所以不易流挂。高固体分涂料则不同，在升温过程中，热稀释的黏度降低程度远远高于溶剂挥发的黏

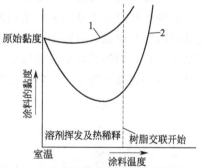

图 3-20　常规型涂料与高固体分涂料在固化升温过程中的黏度变化曲线
1—常规型涂料；2—高固体分涂料

度升高程度，在交联反应发生之前，黏度已大幅度降低，以致出现流挂。

贮存过程中颜料沉淀的原因较为简单，主要因涂料触变性较低所引起。

高固体分涂料的流挂及沉淀两大应用问题均以采用假稠助剂来解决，较易收效，但采用助剂时必须确保不能过多地增高涂料的施工黏度或降低固含量及光泽等其他性能。

最常用的助剂为气相二氧化硅，涂料中的二氧化硅颗粒外面有一个吸附层，在漆雾喷出枪口时，高剪切力使吸附层的粒子变成扁圆形，这样可使装填因素 Φ 变大，同时施工黏度下降，雾滴离开枪口后，粒子外面的吸附层在到达物面时又恢复成原形，黏度也随之增高，从而减少了流挂的倾向。

既要起假稠作用以防止流挂及沉淀又要不明显地降低光泽，必须把二氧化硅分散得极好，三辊机研磨可以得到极好的效果。粒度越细其悬浮效果越好，用量常为涂料总量的 1%～2%。

（3）防缩孔剂

在丙烯酸高固体分涂料施工中，较经常遇到的涂膜缺陷就是涂膜表面产生缩孔现象，缩孔大多是由尚未干燥涂膜上的杂质颗粒所引起的，颗粒使其周围液态涂膜的表面张力降低，使之向外围的较高表面张力的涂膜流去而形成凹形缩孔，孔内中心为杂质颗粒。高固体分涂料中所用的低聚物和溶剂的极性都比常规涂料的大，与杂质颗粒的表面张力相差就更大，所以有颗粒存在时，其周围产生的表面张力差更易导致缩孔。

可选用的防缩孔剂有醋丁纤维素、聚乙酸乙烯酯、聚乙烯醇缩丁醛等；含有机硅的化合物，如 BYK306 等。

4. 溶剂的选择

丙烯酸高固体分涂料中含有少量溶剂，对调整涂料黏度、贮存稳定性和施工性起着重要作用。

Eastman 化学公司的 G. P. Sprinkle 从溶剂类别的角度进行了一系列试验，得出的结论是酮类溶剂对降低黏度及提高固体分最有效。表 3-15 为用不同溶剂以 1495g 树脂溶于 3785mL 溶剂浓度下丙烯酸的黏度。可以看出，尽管甲基正丙基甲酮的挥发速率比乙酸乙酯慢，其溶液黏度却低得多；乙酸正丁酯溶液的黏度约为甲基异丁基甲酮溶液黏度的 2 倍，而甲苯溶液的黏度却为甲基异丁基甲酮溶液黏度的 2.5 倍以上。甲基戊基甲酮溶液的黏度是异丁酸异丁酯及二甲苯溶液黏度的 1/2。

图 3-21 所示为不同固体分的丙烯酸氨基色漆使用不同溶剂时的黏度变化情况。在相同固体分（质量）下，甲基戊基甲酮制成的涂料的黏度比二甲苯、异丁酸异丁酯或乙二醇乙醚乙酸酯制成的要低得多。曾试验用部分其他溶剂代替甲基戊基甲酮，如用 20％二甲苯代替，发现溶剂黏度稍有增高，则黏度明显增高。

选择溶剂时应注意的另一个问题就是涂料的贮存稳定性。高固体丙烯酸烘漆中必定有一定比例的氨基树脂。对通用型烘漆来说，贮存期间黏度增高并不是一个严重问题，含氨基树脂的漆在贮存期间黏度增高是较常见的，但对高固体分漆来说，黏度增高意味着施工时黏度不适用或必须添加溶剂，如需添加较多溶剂才能施工，则势必将降低固体分。图 3-22 所示为

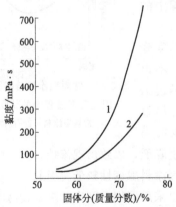

图 3-21　丙烯酸氨基色漆使用不同溶剂时的黏度变化情况

1—溶剂为二甲苯或异丁酸异丁酯；2—溶剂为甲基戊基甲酮

色漆配方（质量分数）：

丙烯酸酯树脂　　45％

氨基树脂　　　　15％

TiO$_2$　　　　　40％

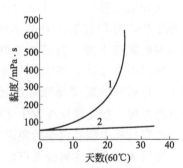

图 3-22　由 AT400 与 CYMEL-303 配制涂料黏度变化

1—甲基戊基甲酮；

2—甲基戊基甲酮：丁醇＝80：20

采用 Rohm and Hass 的 AT400 高固体丙烯酸树脂及美国 Cyanamid 公司 CYMEL-303 氨基树脂按 75：25 比例制成的涂料，使用不同溶剂在 60℃下贮存一段时间后的黏度变化情况。单独使用甲基戊基甲酮有一个黏度明显上升的过程，使用 20%正丁醇取代甲基戊基甲酮时则在贮存期内黏度基本稳定不变，如以醇醚溶剂取代也能得到相同效果，如需用一些较高沸点稳定溶剂时可以考虑使用。

5. 配方示例

（1）配方

见表 3-23。

表 3-23　丙烯酸高固体分涂料配方示例

组分	投料比（质量分数）/%	组分	投料比（质量分数）/%
Johcry500 丙烯酸低聚物（固含量80%）	37.74	丁醇	4.84
TiO_2	36.33	二甲苯	7.43
Dow Corning 57 添加剂（10%丁醇溶液）	0.44	Tone D-190 添加剂	3.94
烷基化三聚氰胺交联剂	8.88	强酸催化剂	0.42

（2）性能

见表 3-24。

表 3-24　丙烯酸高固体分涂料性能

项目	指标	项目	指标
溶剂 VOC/（kg/L）	0.296	铅笔硬度/H	2
固含量（质量分数）/%	78.1	Mandrel 弯曲	通过 1/2in
固化时间和温度	8min/160℃	光泽（20°/60°）/%	86/94

注：1in＝0.0254m。

五、丙烯酸高固体分涂料的进展

1. 丙烯酸高固体分涂料发展现状

丙烯酸高固体分涂料已在汽车、交通、建筑和工业等领域应用，并取得一定效果。改性丙烯酸高固体分涂料和专用性丙烯酸高固体分涂料的开发应用示例如下。

（1）硅氧烷丙烯酸酯高固体分涂料

① 硅氧烷封闭羟基的丙烯酸合成　丙烯酸低聚物中羟基是交联用的官能基，极性大，使低聚物黏度提高。为降低树脂极性，采用硅氧烷预先封闭羟基（甲基）丙烯酸单体中的羟基：

$$CH_2=C(CH_3)\ \underset{|}{\overset{|}{C=O}}\ \underset{OC_2H_4OH}{|}\quad +Cl-Si(CH_3)_3\quad \xrightarrow{N(C_2H_5)_3}\quad CH_2=C(CH_3)\ \underset{|}{\overset{|}{C=O}}\ \underset{OC_2H_4OSi(CH_3)_3}{|}\quad +NH(C_2H_5)_3Cl$$

甲基丙烯酸羟乙酯　　三甲基氯硅烷　　　　TMSEMA（甲基丙烯酸三甲基硅氧乙基酯）

将甲基丙烯酸-α-羟基乙基酯和作为"捕获"反应中产生的氢氯酸的三乙基胺、正己烷（溶剂）加入反应瓶中，然后在冷却状态下滴加三乙基氯硅烷。过滤去除所得铵盐。减压蒸馏得到甲基丙烯酸三甲基硅氧乙基酯（TMSEMA），它是含有封闭羟基的甲基丙烯酸酯单体，用 B—OH 代表，可与其他丙烯酸酯、乙烯基单体共聚合制成丙烯酸酯低聚物。被封闭的羟基在催化剂或水分作用下解封释放出羟甲基和硅烷基。由于羟基被极性很低的硅氧基封闭，含 B—OH 的丙烯酸低聚物极性降低，黏度比含有未封闭羟基的丙烯酸低聚物要小得多，固体分提高 20%。

② 丙烯酸低聚物合成　丙烯酸低聚物配方及有关技术参数，见表 3-25。

表 3-25　丙烯酸低聚物配方及有关技术参数

项目	单体①	R-1	R-2	R-3	R-4	R-5	R-6
非官能性单体	St	20.4	20.4	2	0.4	26.2	29.6
	α-EHA	36.7	36.7	24	20.7	45.5	45.9
B—OH	TMSEMA	66.7	—	40.5	58.6	—	—
含羟基	HEMA	—	42.9	—	—	—	—
含环氧基	GMA	—	—	35.6	41.2	—	—
酸酐	ITAn	—	—	—	—	28.3	—
	MAn	—	—	—	—	—	24.5
f/(mol/1000g)		3.3	3.3	2.5	2.9	2.5	2.5
$M_n/\times10^3$		1.0	1.1	0.86	0.76	1.2	1.2
$M_w/\times10^3$		1.6	1.7	1.5	1.4	2.0	2.0
M_w/M_n		1.6	1.5	1.7	1.8	1.7	1.7
$T_g/℃$		0	0	10	15	0	0

① St：苯乙烯；α-EHA：丙烯酸-α-乙基己酯；TMSEMA：甲基丙烯酸三甲基硅氧乙基酯；B—OH：代表羟基被硅氧基封闭；HEMA：甲基丙烯酸-α-羟乙基酯；GMA：甲基丙烯酸缩水甘油酯；ITAn：丁烯二酸酐；MAn：顺丁烯二酸酐；f：设计的低聚物官能基，以 mol/1000g 树脂表示。

合成工艺：将单体混合物和 α,α'-偶氮二异丁腈（按需要量配制成溶液）分别置于两个滴加瓶中，在 140℃、6h 内在搅拌下滴加到预先放置有二甲苯（总投料量 75%）的反应釜中，物料滴加完后在 140℃下保持 5h，然后减压蒸去二甲苯。分别制得含 B—OH 和—OH 的 R-1 与 R-2；含 B—OH 和环氧基、而原料配比与官能度不同的 R-3 和 R-4；含不同酸酐的低聚物 R-5 和 R-6。这些低聚物的数均分子量为 760~1200，分散度（D）均在 1.6~1.7（GPC 测定）。

③ 汽车清面漆（罩光漆）

a. B—OH/NCO 体系交联固化反应。涂料是双包装体系，含封闭羟基（B—OH）的丙烯酸低聚物（R-1）为一包装，多异酸酯为另一包装，140℃下经过 20min 固化，经历以下反应，见图 3-23。

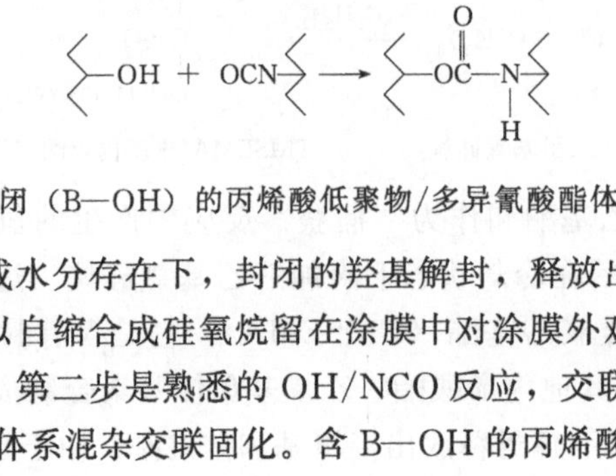

图 3-23　含封闭（B—OH）的丙烯酸低聚物/多异氰酸酯体系的反应机理

反应第一步是催化剂或水分存在下，封闭的羟基解封，释放出—OH 和生成三烷基（甲基）硅醇，三烷基硅醇可以自缩合成硅氧烷留在涂膜中对涂膜外观起调整作用，同时生成封闭羟基解封所需要的水分。第二步是熟悉的 OH/NCO 反应，交联成涂膜。

b. B—OH/环氧/酸酐体系混杂交联固化。含 B—OH 的丙烯酸低聚物（R-1）、含 B—OH

与环氧基丙烯酸低聚物（R-3、R-4）和含酸酐的丙烯酸低聚物（R-5、R-6）配成清漆，进行杂化交联，140℃下进行20min固化，反应机理见图3-24。

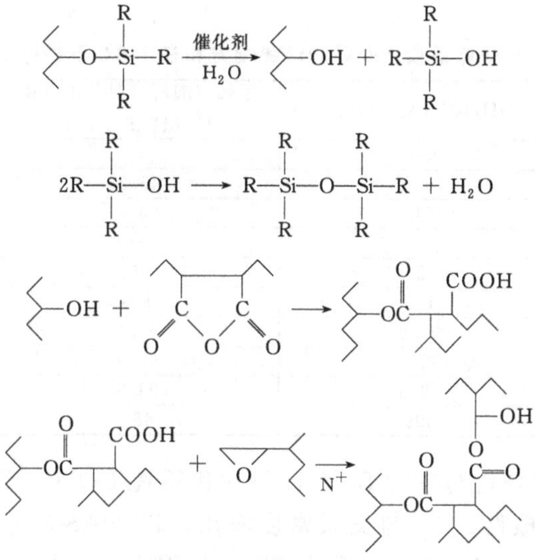

图3-24 B—OH/酸酐/环氧体系反应机理

反应第一步与图3-23的第一步相同，反应第二步是新释放出的—OH和酸酐开环反应，产生—COOH，—COOH再与环氧反应交联成涂膜。它也是双包装体系，含B—OH的丙烯酸低聚物和含环氧基的丙烯酸低聚物为一包装，其他组分为另一包装。

c. 汽车面漆性能。B—OH/NCO（HAS-2）、OH/NCO（HAS-1）和氨基丙烯酸（HAS-3）三个体系的配方和140℃下进行20min固化的涂膜性能列在表3-26。

表3-26 B—OH/NCO（HAS-2）、OH/NCO（HAS-1）和氨基丙烯酸（HAS-3）三个体系的配方和140℃下进行20min固化的涂膜性能

组分	HAS-1	HAS-2	HAS-3
R-1	—	58.2	—
R-2	58.2		—
A-345[1]	—	—	70
DN-990S[2]	41.8	41.8	
L-117-60[3]	—	—	30
烷基磷酸酯	2	2	—
非挥发分[4]/%	66	83	47
耐二甲苯摩擦	好	好	好
抗摩擦性（保光率）[5]/%	73	76	23
凝胶分数[6]/%	98.2	98.8	95.4
固化涂膜 T_g/℃	85	85	110
M_c[7]/(g/mol)	740	770	549

① A-345：汽车涂料通用的丙烯酸树脂，DIC的产品。

② DN-990S：多异氰酸酯树脂，DIC的产品。

③ L-117-60：三聚氰胺甲醛树脂，DIC的产品。

④ 非挥发分（固体分）：在喷涂施工黏度（25℃，福特杯20s）下的非挥发分（固体分）。

⑤ 抗摩擦性：用质量为1.6kg的清洁器摩擦30min后，测20°的涂膜光泽与摩擦前涂膜光泽对比，计算保光率。

⑥ 凝胶分数测定：制得的游离涂膜丙酮萃取24h，然后在60℃干燥1h，根据萃取前后的涂膜质量计算凝胶分数。

⑦ M_c：涂膜交联点之间的摩尔质量，$1/M_c$表征交联密度。

从表3-26中的非挥发分、抗摩擦性看出，HAS-2（含B—OH）大大优于HAS-3（传统

的氨基丙烯酸酯涂料），也优于未封闭—OH 的 HAS-2，而 HAS-2 交联密度最低。

B—OH/环氧/酸酐体系杂化交联的清漆配方和在 140℃ 下进行 20min 固化的涂膜性能列在表 3-27。

表 3-27　B—OH/环氧/酸酐体系杂化交联的清漆配方和在 140℃ 下进行 20min 固化的涂膜性能

组分	B—OH/NCO 交联（HAS-4）	丁烯二酸酐等混杂化交联（HAS-5）	顺丁烯二酸酐、氨基丙烯酸等混合交联（HAS-6）
R-3	50	—	—
R-4	—	46.3	46.3
A-5	50	5307	—
R-6	—	—	53.7
烷基磷酸酯	2	2	2
1-甲基咪唑	1.0	1.0	1.0
凝胶分数/%	93.8	93.4	93.4
抗摩擦性（保光率）/%	32.8	62.9	65.3
固化涂膜 T_g/℃	78.8	93.8	95.5
M_c/(g/mol)	599	489	470

烷基磷酸酯和 1-甲基咪唑分别为 B—OH 解封和环氧/COOH 反应的催化剂。

从表 3-27 中的抗摩擦性、T_g 与交联密度看出，以 HAS-6 为优，说明顺丁烯二酸酐（HAS-6）优于丁烯二酸酐（HAS-5），官能度高的低聚物 R-4 也起了作用。

从筛选的配方 HAS-2（含 B—OH 丙烯酸低聚物/NCO 体系）、混杂化交联（B—OH/环氧/酸酐）的 HAS-6 和传统的丙烯酸配方 HAS-3，都配成汽车清面漆，用氨基丙烯酸色漆作底色漆，喷涂后接着分别喷三种清面漆，两喷一烘，140℃ 下进行 20min 固化，涂膜性能检测结果列于表 3-28。

表 3-28　汽车清面漆性能比较

检测项目	B—OH/NCO(HAS-2)	混杂化交联（HAS-6）	氨基丙烯酸（HAS-3）
铅笔硬度	HB	H	F
20°光泽/%	86	87	88
耐二甲苯摩擦	好	好	好
冲击强度/N·cm	490	490	294
耐水性	好	好	好
抗摩擦性（保光率）/%	74	94	25
耐酸雨性	好	好	差
凝胶分数/%	98.8	96.2	95.4
非挥发分/%	88	90	44
固化膜的 T_g/℃	110	110	110
贮存稳定性[①]（福特杯4号）/s	胶凝	胶凝	+0
M_c/(g/mol)	596	240	549

① 23℃ 下贮存 24h 后测黏度变化。

检测结果证实，B—OH/NCO 交联、混杂化交联体系的施工黏度下非挥发分比氨基丙烯酸要高 44% 以上，耐酸雨性优，抗摩擦性也高于传统氨基丙烯酸清漆。

综上所述，用硅氧烷封闭羟基，使丙烯酸低聚物极性大大降低，使施工黏度下的涂料固体分大为提高（80% 以上），取代传统氨基丙烯酸涂料，涂膜抗酸雨等性能好。封闭羟基的技术路线为开发耐酸雨侵蚀的高固体分丙烯酸涂料提出了新的思路，在国内尚未见报道。B—OH/环氧/酸酐混杂化交联的涂膜交联密度高（见表 3-28，$M_c=240$），抵抗环境腐蚀性强，但户外耐久性尚未见数据，要达到工业化应用尚需进一步完善。

（2）汽车用抗酸雨的丙烯酸高固体分涂料

由于氨基丙烯酸树脂涂料适合户外使用，涂膜保光保色性好，和氨基聚酯涂料相比，在同样的人工加速老化条件下，在老化1000h以内二者保光率相当，超过1000h以后，氨基树脂涂料保光率急剧下降，而氨基丙烯酸涂膜在4000h后才明显下降。所以近几年氨基树脂在汽车面漆中用量逐年下降，氨基丙烯酸汽车面漆用量逐年增加。

用作汽车面漆的高固体分丙烯酸氨基涂料，固体分一般在60%左右，有单色漆和金属漆，应用广泛。但一般高固体分丙烯酸涂料抗酸雨腐蚀性差。酸雨是"空中杀手"，给世界普遍带来危害。抗酸雨能力是现代汽车面漆重要的质量指标。

根据硅橡胶室温硫化在双键上产生氢化硅烷化反应的研究启示，可以设计含—SiH的有机硅聚合物和含双键的丙烯酸低聚物配合作为成膜物，用含双键的醚低聚物作活性稀释剂的高固体分清漆配方。为使组分混溶性好，有机硅聚合物分子侧链要有苯基。丙烯酸和醚的低聚物分子中双键要含在侧链，易于交联反应，涂膜性能好。

聚二苯基甲基氢硅烷（PMHS）是由0.84mol六甲基硅氧烷、0.16mol聚甲基氢硅烷和2.0mol二苯基二甲氧基硅烷在10℃反应24h，硫酸作催化剂合成的。合成的PMHS结构如下：

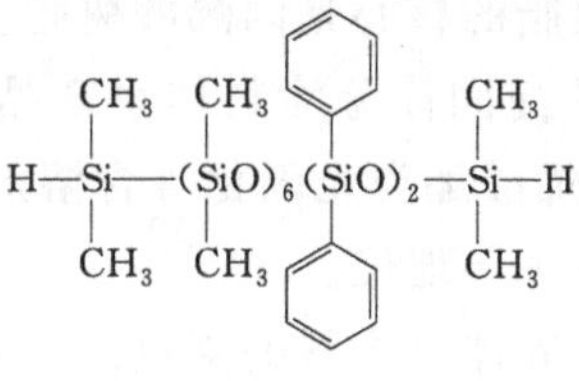

含双键的丙烯酸低聚物用以下单体：

2MBA(甲基丙烯酸-β-丁烯酯)

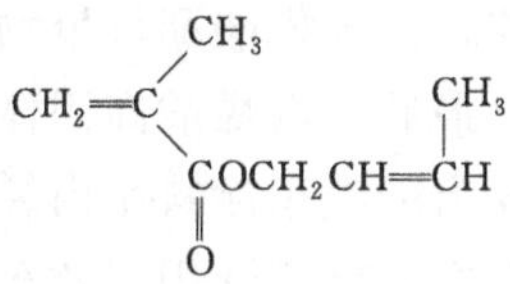

3M3BA(甲基丙烯酸-3-甲基-3-丁烯酯)

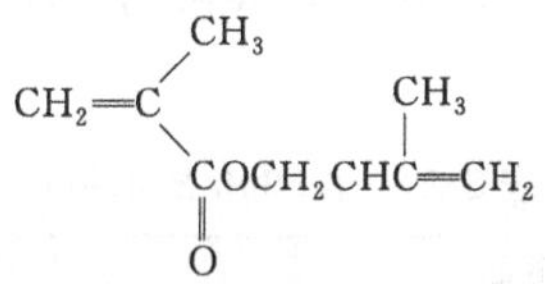

AMA(甲基丙烯酸烯丙烯酯)

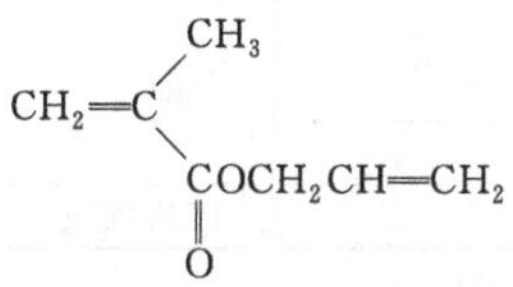

利用2,2'-偶氮（2-甲基丁腈）作引发剂，二甲苯为溶剂，120℃下自由基聚合成含双键的丙烯酸低聚物。

固化交联反应示意如下：

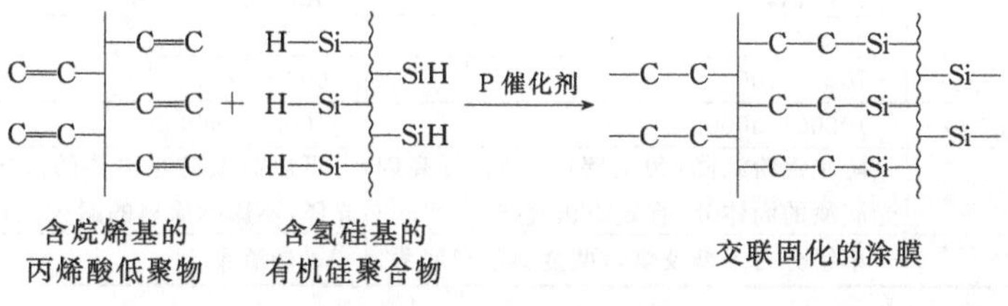

含烷烯基的　　含氢硅基的　　　　　　　　　　　交联固化的涂膜
丙烯酸低聚物　有机硅聚合物

用含双键的醚低聚物 HPE-1030 作活性稀释剂，配制清漆在施工黏度（福特 4 号杯，20s/25℃）下固体分 70%～90%、140℃下进行 30min 固化，涂膜具有优良的物理力学性能和优良的抗溶剂性、抗酸雨性。

含双键的醚聚合物 HPE-1030 结构式如下：

$$C_4H_9O \quad \underset{3}{\overset{O}{\bigcirc}} \quad H$$

利用—SiH 和双键的氢化硅烷化反应引入有机硅聚合物，提高固体分，改进抗酸雨性，这是开发抗酸雨性优良的高固体分丙烯酸汽车涂料的一个新途径。

2. 丙烯酸高固体分涂料开发前景

（1）丙烯酸高固体分涂料体系产品的开发

高固体分涂料可用（基料）树脂的核心是丙烯酸树脂。利用复配改性技术，可以开发出以丙烯酸树脂（低聚物）为核心的高固体分涂料体系产品，如丙烯酸-醇酸、丙烯酸-聚脂、丙烯酸-聚氨酯、丙烯酸-环氧和丙烯酸酯类光固化等含溶剂的高固体分涂料产品，已在高固体分涂料和辐照固化涂料领域中占主导地位。

丙烯酸高固体分涂料是开发高固体分涂料的支点。首先，丙烯酸树脂结构具有改性的潜力，如丙烯酸树脂可实现低分子量、低分散度（$D=1.5～2.5$）、低极性化和粒子化，为高固体分涂料用基料结构更新提供了便利。其次，交联（固化）剂的可调控性，如各类烷基化的三聚氰胺甲醛树脂及其用量的调控、多异氰酸酯低聚物和环氧化合物的选用、其他固化剂的利用等均可调出涂料的优异性能。最后，丙烯酸高固体分涂料是开发的热点，如中国化工建设总公司常州涂料化工研究院开发出的汽车涂料用丙烯酸树脂及其高固体分涂料，施工固体分高，涂膜力学性能优异，耐候性好，已广泛用于轿车、微型车等领域；其中，防流挂树脂系列达到国外同类产品水平。高固体分丙烯酸树脂（B-3000）的技术指标见表 3-29，防流挂树脂的指标及特性见表 3-30。

表 3-29   B-3000 技术指标

项目	技术指标	项目	技术指标
树脂名称	B-3000	酸值/(mgKOH/g)	10～15
树脂类型	丙烯酸型		以 CARDURAE-10 改性,优异的保光保色性,光泽高,丰满度佳
外观	水白色透明液体	优点	
固体分/%	70±2		
黏度(25℃)/mPa·s	2000～4000	应用领域	罩光清漆

表 3-30   防流挂树脂指标及特性

项目	指标及特性	
树脂名称	RCR2001-XS-55	RCR3000-X-60
树脂类型	聚酯型	丙烯酸型
外观	乳白色黏稠液体	乳白色黏稠液体
固体分/%	55±2	60±2
黏度($100s^{-1}$,25℃)/mPa·s	700～1100	600～1200
黏度($1s^{-1}$,25℃)/mPa·s	10000～30000	10000～30000
优点	防止铝粉沉降,帮助铝粉定向,提高闪光底漆的固体分,有效防止流挂	可以有效防止清漆的流挂,不影响涂膜的雾影光泽,不影响涂料的耐久性及贮存稳定性
应用领域	单组分自干型及烘烤型金属闪光底漆	罩光清漆

（2）丙烯酸高固体分涂料的品种创新

① 应用领域　热塑性丙烯酸涂料在工业涂装、器械仪表、各种木材、金属及塑料中得到应用。由于汽车工业的迅速发展及汽车涂料耐久性要求的日益提高，促进了热固性丙烯酸涂料的发展。由于丙烯酸树脂的颜色浅，户外耐候性佳，保色保光性优，过烘烤（低于170℃）下不变色，有一定的耐蚀性，这些特性决定了丙烯酸高固体分涂料用途的广泛性。目前，最大市场是汽车（尤其是轿车涂装），其他在如轻工、家电、金属器具、铝制品、卷材、仪器仪表、建筑、纺织品、塑料制品、木制品和造纸等工业中也将广泛应用。涂料性能的可设计性是满足广泛应用领域的技术关键。

② 涂料品种的创新性　纳米技术和亚微米技术用于设计清漆，可明显地提升涂膜硬度、增加抗裂强度，PPG公司已利用纳米粒子提升汽车清漆的抗划伤性；利用高分子化合物共混理论和互穿网络技术，不仅增加了涂料新的花色品种，而且设计出性能优异的防腐蚀涂料、汽车防石击涂料和阻尼涂料等新品；原位聚合、接枝技术和嵌段技术将在丙烯酸高固体分涂料中发挥更大的新的作用，可以设计、制造出理想的涂料用树脂；离子交换技术可使涂料用防锈颜料增加新成员，向无毒型颜料迈出一大步，这种颜料可用于卷材底漆中，精密聚合（质均分子量/数均分子量≈1）技术将使涂料用树脂的分子量分布达到预期的最佳值，为实现高固体分化开拓新途径，保证涂料性能最佳化；液晶技术在涂料中的应用，不必加入流变助剂即可获得防流挂性和起到增厚作用，并增强涂膜的防护功能等，为高固体分涂料品种创新提供了技术基础。

（3）丙烯酸高固体分涂料发展前景

从20世纪80年代初开始，我国丙烯酸单体及丙烯酸涂料出现热点式跳跃发展，为我国涂料工业带来显著进步，提升了涂料产品的质量。现在，以丙烯酸低聚物及其改性树脂为成膜物的高固体分涂料，已成为环境友好型涂料开发应用的热点，将为我国涂料工业水平产生飞跃，起到至关重要作用。低VOCs、低污染涂料是21世纪涂料发展的主要目标，我国水性涂料、高固体分涂料、粉末涂料、辐照固化涂料等环境友好型涂料在国内市场上的需求量呈增长趋势，上述涂料的进一步开发应用更离不开丙烯酸体系产品的支撑。丙烯酸高固体分涂料的开发应用要以汽车涂料为切入点，以工业涂料和专用涂料为主战场，全方位平衡产品质量、涂装性和适用性等指标，以满足用户要求为出发点。

汽车涂料是工业涂料中用量最大的品种，在汽车工业发达的国家中，它处于主导地位，一般占涂料总产量的15%～20%，因此它对涂料工业的影响具有举足轻重的作用。未来对汽车涂料要求是：a. 环境保护效果好（VOCs排放少、无重金属、废水少、废渣少）；b. 涂膜性能佳（高装饰性、高平滑性、鲜映性、高防腐性、抗石击性、边角防腐性、防锈钢板适合性、高耐久性、耐候性、耐擦伤性、耐酸雨性、长效性）；c. 设备投资少（工艺过程少、节省能源、高涂装效率、少涂料消耗）。

今后汽车面漆的发展方向是：努力开发外观装饰性更好［高光泽、高鲜映性、多色彩锢（闪光、珠光、随角异色、瞬间变色）］、抗擦伤、耐酸雨、抗石击性能好的面漆。轿车面漆颜色将向着具有高透明感、深底感和高色彩方向发展。为贯彻世界性和地区环保法，减少汽车面漆VOCs排放量，汽车面漆将向水性化、高固体分化和粉末涂料方向发展。

另外，"聪明涂料"是今后可能研究方向的指示器，所谓"聪明涂料"是指能通过改变涂膜颜色或自我修复对不断变化的环境做出反应。这其中包括自洁型涂料和卫生表面涂料等，业界对其的研究兴趣在增强。

第四章
粉末涂料的生产及检验

第一节　树脂的合成

 教学目标

能力目标

① 能根据树脂合成的原理，选择正确的原料。

② 能搭建正确的树脂合成装置。

③ 能在合成过程中控制好操作参数，合成产品。

知识目标

① 掌握树脂的分类。

② 理解树脂的原料、特点。

③ 掌握树脂的制备方法。

素质目标

① 自觉遵守各项规章制度。

② 严格按操作规程操作，有良好的工作习惯。

③ 具备良好的团队协作意识。

④ 能自主学习，具有研究问题和独立解决问题的初步能力。

一、醇酸树脂介绍

自从 1927 年发明醇酸树脂以来，涂料工业有了一个新的突破，它开始摆脱以干性油与天然树脂合并熬炼制漆的传统旧法而真正成为化学工业的一个组成部分。它所用的原料简单，生产工艺简便，性能优良，因此得到了飞快发展。

用醇酸树脂制成的涂料，有以下特点：

① 漆膜干燥后形成高度网状结构，不易老化，耐候性好，光泽持久不退。

② 漆膜柔韧坚牢，耐摩擦。

③ 抗矿物油、抗醇类溶剂性良好。烘烤后的漆膜耐水性、绝缘性、耐油性都大大提高。

醇酸树脂涂料也有以下一些缺点：

① 干结成膜快，但完成干燥的时间长。

② 耐水性差，不耐碱。

③ 醇酸树脂涂料虽不是油漆，但基本上还未脱离脂肪酸衍生物的范围，在防湿热、防真菌和防盐雾等性能上还不能完全得到保证。因此，在品种选择时应加以考虑。

1. 醇酸树脂的原料

醇酸树脂是由多元醇、多元酸和其他单元酸通过酯化作用缩聚而得。其中多元醇常用的是甘油、季戊四醇，其次为三羟甲基丙烷、山梨醇、木糖醇等。多元酸常用邻苯二甲酸酐，其次为间苯二甲酸、对苯二甲酸、顺丁烯二酸酐、癸二酸等。单元酸常用植物油脂肪酸、合成脂肪酸、松香酸，其中以油的形式存在的如桐油、亚麻仁油、梓油、脱水蓖麻油等干性油，豆油等半干性油和椰子油、蓖麻油等不干性油。以酸的形式存在的如上述油类水解而得到混合脂肪酸和合成脂肪酸、十一烯酸、苯甲酸及其衍生物等。

生产醇酸树脂最常用的多元醇是甘油，其官能度是 3，最常用的多元酸是苯酐，其官能度是 2，当苯酐和甘油以等当量之比反应时，反应式如下：

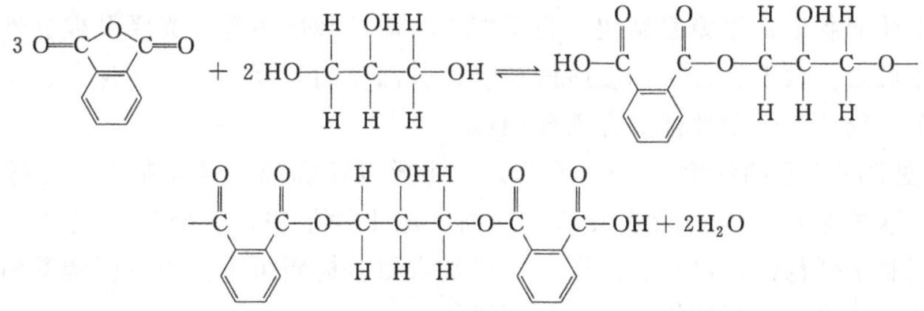

初步得到的酯官能度为 4，如两个这样的分子反应，分子间产生交联，形成体型结构的树脂。该树脂加热不熔化，也不溶于溶剂，称之为热固性树脂，在涂料方面没有使用价值。后来采用了以脂肪酸来改性聚酯，这一步骤极为重要，不但改进了聚酯的性能，而且成了涂料的主要基料。

主要的改性方法是引进一官能度的脂肪酸来降低总官能度。如等分子比的甘油、苯酐和脂肪酸三个成分反应，则可视为在适当的情况下，脂肪酸与甘油先反应生成 2 官能度的产物，之后苯酐再与之反应，则官能度之比为 2∶2，易生成链状结构而不胶化，形成热塑性树脂。该树脂加热可以熔化，也可溶于溶剂，能作涂料使用。

2. 醇酸树脂的分类

(1) 按油品种不同分类

通常根据油的干燥性质，分为干性油、半干性油和不干性油三类。干性油主要是碘值在 140 以上，油分子中平均双键数在 6 个以上的油，它在空气中能逐渐干燥成膜。半干性油主要是碘值在 100~140，油分子中平均双键数在 4~6 个的油，它经过较长时间能形成黏性的膜。不干性油主要是碘值在 100 以下，油分子中平均双键数在 4 个以下的油，它不能成膜。油的干性除了与双键的数目有关外，还与双键的位置有关。处于共轭位置的油，如桐油，有更强的干性。工业上常用碘值，即 100g 油所能吸收的碘的克数，来测定油类的不饱和度，并以此来区分油类的干燥性能。干性油的碘值在 140 以上，常用的有桐油、梓油、亚麻油等。半干性油的碘值在 100~140，常用的有豆油、葵花籽油、棉籽油等。不干性油的碘值在 100 以下，有蓖麻油、椰子油、米糠油等。

① 干性油醇酸树脂　由不饱和脂肪酸或干性油、半干性油为主改性制得的树脂能溶于脂肪烃、萜烯烃（松节油）或芳烃溶剂中，干燥快、硬度大而且光泽较强，但易变色。桐油反应太快，漆膜易起皱，可与其他油类混用以提高干燥速率和硬度。蓖麻油比较特殊，它本身是不干性油，含有约85％的蓖麻油酸，在高温及催化剂存在下，脱去一分子水而增加一个双键，其中20％～30％为共轭双键。因此脱水蓖麻油就成了干性油。由它改性的醇酸树脂的共轭双键比例较大，耐水和耐候性都较好，烘烤和曝晒不变色，常与氨基树脂拼合制烘漆。

② 不干性油醇酸树脂　由饱和脂肪酸或不干性油为主来改性制得的醇酸树脂，不能在室温下固化成膜，需与其他树脂经加热发生交联反应才能固化成膜。其主要用途是与氨基树脂拼用，制成各种氨基醇酸漆，具有良好的保光、保色性，用于电冰箱、汽车、自行车、机械电器设备，性能优异；另外可在硝基漆和过氯乙烯漆中作增韧剂以提高附着力与耐候性。醇酸树脂加于硝基漆中，还可起到增加光泽，使漆膜饱满，防止漆膜收缩等作用。

（2）按油含量不同分类

树脂中油含量用油度来表示。油度的定义是树脂中应用油的质量和最后醇酸树脂的理论质量的比。

① 短油度醇酸树脂的油度为35％～45％，可由豆油、松浆油酸、脱水蓖麻油和亚麻油等干性、半干性油制成，漆膜凝结快，自干能力一般，弹性中等，光泽及保光性好。烘干干燥快，可用作烘漆。烘干后，短油度醇酸树脂比长油度的硬度、光泽、保色、抗摩擦性能都好，用于汽车、玩具、机器部件等方面作面漆。

② 中油度醇酸树脂的油度为46％～60％，主要以亚麻油、豆油制得，是醇酸树脂中最主要的品种。这种涂料可以刷涂或喷涂。中油度漆干燥很快，有极好的光泽、耐候性、弹性，漆膜凝固和干硬都快，可自己烘干，也可加入氨基树脂烘干。中油度醇酸树脂用于制自干或烘干磁漆、底漆、金属装饰漆、车辆用漆等。

③ 长油度醇酸树脂的油度为60％～70％。它有较好的干燥性能，漆膜富有弹性，有良好的光泽，保光性和耐候性好，但在硬度、韧性和抗摩擦性方面不如中油度醇酸树脂。另外，这种漆有良好的刷涂性，可用于制造钢铁结构涂料、户（室）内外建筑涂料。因为它能与某些油基漆混合，因而用来增强油基树脂涂料，也可用来增强乳胶漆。

④ 超长度油度醇酸树脂的油度在70％以上。其干燥速率慢、易刷涂，一般用于油墨及调色基料。

总之，对于不同油度的醇酸树脂，一般说来，油度越高，涂膜表现出的特性越多，比较柔韧耐久，漆膜富有弹性，适用于室外用涂料。油度越低，涂膜表现出的特性少，比较硬而脆，光泽、保色、抗磨性能好，易打磨，但不耐久，适用于室内涂料。

3. 醇酸树脂的合成

醇酸树脂主要是利用脂肪酸、多元醇和多元酸之间的酯化反应制备的。根据使用原料的不同，醇酸树脂的合成可分为醇解法、酸解法和脂肪酸法三种；若从工艺过程上区分，则又可分为溶剂法和熔融法。醇解法的工艺简单，操作平稳易控制，原料对设备的腐蚀小，生产成本也较低。而溶剂法在提高酯化速率、降低反应温度和改善产品质量等方面均优于熔融法。因此，目前在醇酸树脂的工业生产中，仍以醇解法和溶剂法为主。溶剂法和熔融法的生产工艺比较见表4-1。

通过比较可以看出，溶剂法优点较突出。因此目前多采用溶剂法生产醇酸树脂，其工艺过程见图4-1。

表 4-1 溶剂法和熔融法的生产工艺比较

方法	项目				
	酯化速率	反应温度	劳动强度	环境保护	树脂质量
溶剂法	快	低	低	好	好
熔融法	慢	高	高	差	较差

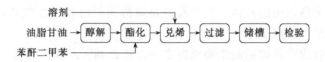

图 4-1 溶剂法生产醇酸树脂的工艺过程

在整个生产过程中，有醇解、酯化两个反应步骤。醇解是制造醇酸树脂过程的一个极为重要的步骤，它是影响醇酸树脂分子量分布与结构的关键。醇解的目的是制成甘油的不完全脂肪酸酯，特别重要的是甘油一酸酯。

二、环氧树脂介绍

20 世纪 30 年代发明了环氧树脂的合成方法，同世纪的 40 年代环氧树脂的应用得到推广，随后瑞士的汽巴公司、美国的壳牌公司相继投入正式生产，发展速度很快。环氧树脂赋予涂料以优良的性能和应用方式上的广泛性，使得在涂料方面的增长速率仅次于醇酸树脂涂料和氨基树脂涂料，被广泛用于汽车、造船、化工、电子、航空航天、材料等工业部门。

环氧树脂是含有环氧基团的高分子聚合物。环氧基团是由一个氧原子和两个碳原子组成的三元环，由于极性和张力因素，具有较高的活泼性，使环氧树脂能与多种类型的化合物发生交联反应形成三维网状结构的高聚物。它主要是由环氧氯丙烷和双酚 A 合成，其分子量一般在 300～700 之间。其结构如下：

1. 特性

环氧树脂作为涂料概括其特性如下：

① 涂膜具有优良的附着力，特别是对金属表面有更强的附着力。

② 涂层具有较好的热稳定性和电绝缘性。

③ 涂层的保色性较好。

虽然环氧树脂涂料具有以上的优点，但它也存在以下不足之处：

未经改性的双酚 A 型环氧树脂涂料户外耐候性差，涂膜易粉化、失光，丰满度较差，因此不宜作为高质量的户外用涂料。

2. 原料

双酚 A 型环氧树脂是由环氧氯丙烷和双酚 A 在氢氧化钠作用下缩聚而成的。环氧氯丙烷和双酚 A 是其主要原料。

（1）环氧氯丙烷

环氧氯丙烷 Epichlorohydrin（Chloropropyleneoxide），别名 1-氯-2,3-环氧丙烷，俗称表氯醇，其结构式为 $H_2C\!\!-\!\!\overset{\underset{\displaystyle O}{|}}{\overset{\displaystyle H}{C}}\!\!-\!\!CH_2Cl$，分子量 92.5。

环氧氯丙烷是无色透明的液体，具有乙醚及氯仿相似的刺激性气味，能溶解于醇、醚、氯仿、四氯化碳、苯，微溶于水。

环氧氯丙烷是合成环氧树脂的主要原料之一，它起着引入活性端基——环氧基和增长分子链两个重要作用。

环氧氯丙烷是一个相当活泼的化合物，能和下列化合物在室温下就起化学反应：脂肪族胺类、液氮、盐酸、硝酸、硫酸、液碱。在贮存、运输过程中应避免和它们接触。

（2）双酚 A

双酚 A（Bisphenol A）简称 BPA，又名 4,4'-羟基二苯基丙烷（4,4'-Bis hydroxyphenyl propane），二酚基丙烷。其结构式为 $HO\!\!-\!\!\langle\!\!\!\bigcirc\!\!\!\rangle\!\!-\!\!\overset{\underset{\displaystyle CH_3}{|}}{\overset{\overset{\displaystyle CH_3}{|}}{C}}\!\!-\!\!\langle\!\!\!\bigcirc\!\!\!\rangle\!\!-\!\!OH$，分子量 228。

它是一种白色的结晶或片状、球状物质，微有苯酚的气味，带有苦味，其粗品呈黄色粉末状。不溶于水但能溶于醇、醚、酮类及碱性水溶液，受热到 180℃ 则分解。

根据双酚 A 的纯度可分成聚碳酸酯（PC）级和环氧树脂（EP）级。环氧树脂的质量与双酚 A 的质量有着密切的关系，至少要选用 EP 级。

① 双酚 A 的色相越好，环氧树脂的色泽越浅；相反，双酚 A 的色相越深，所得环氧树脂色泽也越深。

② 双酚 A 中含有少量 2,4'-二羟基二苯基丙烷异构体，由此而制得的环氧树脂的固化速率会变慢，原因是 2 号位上的羟基比 4 号位的活性差。

③ 双酚 A 中含有少量的 BPX 结构后，它与环氧氯丙烷反应生产含有支链结构的成分。这种树脂的熔融黏度比普通线型结构的树脂来得高，固化速率也较快。

3. 环氧树脂合成

双酚 A 和环氧氯丙烷都是双官能团单体，所以它们的聚合产物是线型树脂，一般合成为定端基分子量不高（几百至几千）的结构型预聚物，属热固性树脂，凝胶的产生是在加入固化剂后、涂料成膜的过程中。因此环氧树脂合成不需考虑凝胶点的问题，只需考虑分子量控制。下面主要讨论双酚 A 型环氧树脂的合成。

（1）合成原理

双酚 A 型环氧树脂又称为双酚 A 缩水甘油醚型环氧树脂，因原料来源方便、成本低，所以在环氧树脂中应用最广，产量最大，约占环氧树脂总产量的 85% 以上。双酚 A 型环氧树脂是由双酚 A 和环氧氯丙烷在氢氧化钠催化下反应制得的，双酚 A 和环氧氯丙烷都是二官能度化合物，所以合成所得的树脂是线型结构。双酚 A 型环氧树脂实际上是由低分子量的二环氧甘油醚、双酚 A 以及部分高分子量聚合物组成的，双酚 A 与环氧氯丙烷的摩尔比不同，其组成也就不同。

环氧树脂的分子量随双酚 A 和环氧氯丙烷的摩尔比的变化而变化，一般说来，环氧氯丙烷过量越多，环氧树脂的分子量越小。若要制取分子量高达数万的环氧树脂，必须采用等摩尔比。工业上环氧氯丙烷的实际用量一般为双酚 A 化学计量的 2～3 倍。

（2）合成工艺

工业上，双酚 A 型环氧树脂的生产方法主要有一步法和二步法两种。低分子、中分子量的树脂一般用一步法合成，而高分子量的树脂既可用一步法，也可用二步法合成。

① 一步法　一步法是将一定摩尔比的双酚 A 和环氧氯丙烷在 NaOH 作用下进行缩聚，用于合成低、中分子量的双酚 A 型环氧树脂。

② 二步法　二步法又有本体聚合法和催化聚合法两种。本体聚合法是将低分子量的环氧树脂和双酚 A 加热溶解后，再在 200℃高温下反应 2h 即得产品。本体聚合法是在高温下进行的，副反应多，生成物中有支链，产品不仅环氧值低，而且溶解性差，反应过程中甚至会出现凝固现象。催化聚合物是将低分子量的双酚 A 型环氧树脂和双酚 A 加热到 80～120℃溶解，然后加入催化剂使其反应，因反应热而自然升温，放热完毕后冷至 150～170℃反应 1.5h，过滤即得产品。

一步法是在水介质中呈乳液状态进行的，后处理较困难，树脂分子量分布较宽，有机氯含量高，不易制得环氧值高、软化点也高的树脂产品；而二步法是在有机溶剂中呈均相状态进行的，反应较平稳，树脂分子量分布较窄，后处理相对较容易，有机氯含量低，环氧值和软化点可通过原料配比的反应温度来控制。二步法具有工艺简单、操作方便、投资少以及工时短、无"三废"、产品质量易控制和调节等优点，因而日益受到重视。

三、氨基树脂介绍

氨基树脂是热固性合成树脂中主要的品种之一，是氨基与醛类反应生成的树脂，也可以说是含有直接连在氮原子上的羟甲基的树脂。这种树脂极性大，与其他涂料用树脂相溶性差，固化产品性脆，无实用价值。涂料用氨基树脂是经过醇醚化改性的产品（主要是甲醇、丁醇和异丁醇醚化产品），提高了烃基含量，增加了油溶性，改善了与其他树脂的相溶性，但由其单独加热固化所得涂膜仍然硬而脆，且附着力差，因此（醚化）氨基树脂主要作为交联剂与其他基体树脂如醇酸树脂、聚酯树脂、环氧树脂、丙烯酸树脂等配合组成氨基树脂涂料。氨基树脂提高了基体树脂的硬度、光泽、耐化学性以及烘干速率，而基体树脂则克服了氨基树脂的脆性，改善了附着力。

1. 分类

涂料用氨基树脂有各种分类方法。

按醚化剂不同，可分为丁醚化氨基树脂、甲醚化氨基树脂及混合（甲醇、丁醇）醚化氨基树脂；按母体化合物，可分为脲醛树脂、三聚氰胺甲醛树脂、苯代三聚氰胺甲醛树脂、共缩聚树脂。

按结构分类，丁醚化氨基树脂常用的主要是部分烷基化（部分醚化）聚合型氨基树脂，未醚化的羟甲基含量较高，分子量较大。甲醚化氨基树脂包括三类：部分烷基化聚合型树脂、高烷基化高亚氨基聚合型树脂和高烷基化单体型树脂。

可见，变动母体化合物的类型、醚化度、缩聚度、树脂中亚氨基含量和醚化剂的类型，可制得各种不同的氨基树脂。增加醚化度和醇的碳原子数都能使树脂的油溶性增加，与其他树脂的混溶性提高，但反应活性下降。

2. 原料

（1）氨基化合物

① 尿素　又称脲或碳酰胺，无色晶体，大量存在于人类和哺乳动物的尿中，密度是

$1.335g/cm^3$，熔点是 132.7℃，加热温度超过熔点时即分解，溶于水、乙醇和苯，水溶液呈中性反应。它可用作肥料、动物饲料、炸药、稳定剂和脲醛树脂等的原料，可由氨和 CO_2 在高温、高压下作用制得。

② 三聚氰胺　即蜜胺，又称氰胺酰胺，白色晶体，难溶于水、乙二醇、甘油，略溶于乙醇，不溶于苯等有机溶剂。它可用于制备合成树脂和塑料等，可由双氰胺法和尿素法制得。

③ 苯代三聚氰胺　俗称苯鸟粪胺，是以— C_6H_5 取代三聚氰胺分子上的一个氨基所得的化合物。它的主要用途是涂料、塑料，与三聚氰胺并用制层压板或密胺餐具，另外，在织物处理剂、纸张处理剂、胶黏剂、耐热润滑剂的增稠等方面也有应用。以它制得的氨基树脂，改善了三聚氰胺树脂的脆性，又不影响其耐候性。

工业上苯代三聚氰胺由苯甲腈和双氰胺在碱性催化剂存在下，以丁醇为溶剂制得。

（2）甲醛

又名蚁醛，常温为无色、有强烈刺激气味的气体，对人的眼、鼻等有刺激作用。它易溶于水和乙醇，水溶液浓度最高可达 55%，通常是 40%，被称为甲醛水，俗称福尔马林，是具有防腐功能的带刺激性气味的无色液体，通常加入 8%～12% 的甲醇，防止聚合。它具有强还原作用，特别是在碱性溶液中，能燃烧，蒸气与空气形成爆炸性混合物，爆炸极限为 7%～73%（体积）。

甲醛是重要有机原料之一，广泛用作制取聚甲醛树脂、酚醛树脂、脲醛树脂、三聚氰胺树脂、维尼纶纤维等的原料，也是炸药、医药、农药和染料等的原料。

（3）醇类

① 甲醇　甲醇由甲基和羟基组成，结构简式 CH_3OH，无色透明液体，有刺激性气味，具有醇所具有的化学性质，能与水、乙醇、苯、酮类和大多数其他有机溶剂混溶。它是基本有机原料之一，主要用于制造甲醛、甲胺等多种有机产物，也是农药和医药的原料；它也是合成对苯二甲酸二甲酯、甲基丙烯酸甲酯和丙烯酸甲酯的原料之一。

② 乙醇　俗称酒精，是一种有机物，结构简式 CH_3CH_2OH 或 C_2H_5OH，分子式 C_2H_6O，是最常见的一元醇。它是无色透明、易燃易挥发液体，有酒的气味和刺激性辛辣味，能与水以任意比互溶，能与氯仿、乙醚、甲醇、丙酮和其他多数有机溶剂混溶。

③ 异丙醇　无色透明液体，有类似乙醇和丙酮混合物的气味，结构简式 $(CH_3)_2CHOH$，溶于水，也溶于醇、醚、苯、氯仿等多数有机溶剂。异丙醇是重要的化工产品和原料，主要用于制药、化妆品、塑料、香料、涂料等。

④ 正丁醇　无色液体，有酒的气味，溶于水，结构简式 $CH_3CH_2CH_2CH_2OH$，稍溶于水，是多种涂料的溶剂和制增塑剂邻苯二甲酸二丁酯的原料。

3. 氨基树脂合成

（1）化学反应

在氨基树脂整个生产过程中，主要发生了三个化学反应：

① 加成反应（羟甲基化反应）　氨基化合物和醛类（主要是甲醛）的加成反应可在碱或酸的催化下进行，其反应速率与 pH 值、温度、反应物的比例以及反应时间有关。一般来说，当 pH＝7 时，羟甲基化反应较慢；pH＞7，反应加快；在 pH＝8～9 时，生成的羟甲基衍生物较稳定。

② 缩聚反应　羟甲基衍生物在酸性催化剂存在下，可与氨基化合物的酰胺基或羟甲基缩合，生成亚甲基键。

含羟甲基越多的羟甲基衍生物，它们分子间的缩聚反应越慢。反之，羟甲基少的，分子中活性氢原子越多，分子间的缩聚反应越快。

③ 醚化反应　羟甲基衍生物低聚物具有亲水性，不溶于有机溶剂，因此不能用于涂料。因此，必须经过醇类醚化改性，醚化后的树脂中具有一定数量的烷氧基，使原有分子的极性降低，并获得在有机溶剂中的溶解性，并作为涂料交联剂使用。

（2）合成工艺

氨基树脂的生产过程可分为三个阶段：

① 反应阶段

a. 一步法。树脂在反应过程中不区分碱性和酸性两个阶段，而是将各种原料投入后，在微酸性介质中同时进行羟甲基反应、醚化反应和缩聚反应。本法工艺简单，但必须严格控制 pH 值，使三种反应平衡地进行，达到规定的反应程度。

b. 二步法。物料先在微碱性介质中主要进行羟甲基化反应，反应到一定程度后，再转入微酸性介质中进行缩聚和醚化反应。由于在碱性阶段形成的羟甲基化合物较稳定，转入醚化反应阶段后也较平稳，所以生产过程较易控制。

② 脱水阶段

a. 蒸馏法。这是利用蒸馏手段将反应体系中的水分全部蒸出的方法。一般加入少量苯类溶剂进行三元共沸蒸馏。甲苯或二甲苯都可采用，纯苯由于毒性较大，已不采用。苯类的用量约为醇量的 10%。常压法在常压回流脱水，通过分水器分出水分，醇类返回反应体系，由于水分不断及时地排出，使醚化反应和缩聚反应向右进行。该方法醇损耗少，树脂收率高。减压法脱水温度低，树脂在蒸馏阶段质量变化小，终点易控制，但醇损耗较大。

b. 分水法。这是在蒸馏脱水前先将反应体系中部分水分离出去的方法。甲醛溶液中约含 63% 的水，缩聚和醚化反应时又有一部分反应水生成。全部水采用蒸馏法脱出，耗能大，工时长，而且反应中若有亲水性小分子物残留在树脂中，影响树脂抗水性和贮存稳定性。以二步法为例，当树脂在碱性反应阶段时，形成的羟甲基衍生物是亲水性的，能溶于热水，溶液透明；树脂转入酸性反应阶段，随着缩聚和醚化反应的进行，树脂极性逐渐减少，由亲水性转变憎水性，这时溶液变混浊，若此时使溶液静止，溶液即分为两层，上层为树脂的醇溶液，下层为水。分水法即分去下层水，然后再蒸出残余的水，此方法耗用热量少，若控制一定的缩聚程度，调整好树脂层和水层之间的极性差距，可使树脂中的亲水性小分子更多地分离掉，有利于提高树脂的内在质量，但醇类损耗较蒸馏法大。

在实际生产中，在脱水阶段通过测定树脂黏度控制缩聚程度，从测定树脂对 200 号油漆溶剂油的容忍度来控制醚化程度。测定容忍度应在规定的不挥发分含量及规定的溶剂中进行，否则得出的数值将是不同的。测定方法为称 3g 试样于 100mL 烧内，在 25℃ 搅拌下以 200 号油漆溶剂油进行滴定，至试样溶液显示乳浊，在 15s 内不消失为终点。1g 试样可容忍 200 号油漆溶剂油的克数即为树脂的容忍度数值。容忍度也可以用 100g 试样能容忍的溶剂的克数来表示。

当容忍度达到终点后，脱去过多的醇，调整黏度至规定范围，然后进入最后一个阶段：后处理阶段。

③ 后处理阶段

a. 水洗。有些树脂为了提高质量增加了水洗工序，以除去亲水性物质。树脂中的小分子量产物、没有醚化好的羟甲基衍生物低聚物、原料中的杂质所形成的低分子量树脂等，都具有一定的亲水性，这种树脂在贮存时往往产生针状或絮状析出物，过滤也不能彻底滤除，滤后不久又会析出，若树脂放在敞口容器中，析出速率加快，可利用这点作为树脂抗水性的加速检验方法。水洗后的树脂，贮存稳定性和抗水性明显提高，但增加一道水洗工序，不仅增加了工时，而且水洗时部分醇类溶解在热水中随水分排出，使醇类单耗上升。

水洗方法是在树脂中加入 20%～30% 的醇，再加入与树脂等量的水，三者一起加热到回流；静止分去水层后，减压回流脱水，水脱尽后再将树脂调整到规定的黏度范围；冷却过滤后，即可得到透明而稳定的树脂。

b. 过滤。成品必须过滤除去树脂中的杂质，如未反应的原料、未醚化的羟甲基衍生物低聚物、残余的催化剂等。助滤剂可采用硅藻土、碳酸镁等物质，过滤温度以 60～70℃ 为宜。

四、聚酯树脂介绍

聚酯树脂涂料是以聚酯树脂为主要成膜物质的涂料，它是由多元醇和多元酸缩聚而成的。聚酯树脂涂料广泛应用于中高档涂料、低污染的高固体分、粉末涂料中。

涂料中所用的聚酯树脂一般是低分子量、无定形、含有支链、可以交联的聚合物。它一般由多元醇和多元酸酯化而成，有纯线型和支化型两种结构，纯线型结构树脂制备的漆膜有较好的柔韧性和加工性能；支化型结构树脂制备的漆膜的硬度和耐候性较突出。通过对聚酯树脂配方的调整，如多元醇过量，可以得到羟基终止的聚酯。如果酸过量，则得到的是以羧基终止的聚酯。

1. 分类

按聚酯树脂的类型，聚酯树脂涂料可分为不饱和聚酯涂料、饱和聚酯涂料、对苯二甲酸聚酯涂料等。

（1）不饱和聚酯涂料

不饱和聚酯涂料是由分装的四组分不饱和聚酯树脂的苯乙烯溶液、有机过氧化物等引发剂（交联催化剂）、环烷酸钴等促进剂、石蜡的苯乙烯等混合制得。苯乙烯起着溶剂和成膜物质的双重作用。

不饱和聚酯涂料的特点是无溶剂涂料，溶剂蒸气对环境污染小；可室温固化，也可加热固化，在固化过程中漆膜收缩率较大，不易修补；漆膜硬而脆，容易损伤；漆膜必须打磨除蜡，并抛光；多组分包装，使用不方便；施工效率高，一道涂刷可获得厚涂层（达 150～250μm）；尽管加入阻聚剂降低了空气阻聚的作用，但是漆的贮存稳定性还不够好，限制了其应用。

不饱和聚酯涂料现主要用于高级木材家具、金属表面的快干腻子、电视机、涂刷绝缘材料、缝纫机、化学储罐的涂层等。不饱和聚酯也可制成色漆，一般采用黏度低的树脂或增塑剂分散颜料。聚酯树脂漆还可与光敏材料结合制成光感涂料，像照相底片一样能感光。

（2）饱和聚酯涂料

涂料行业最常用的饱和聚酯树脂是含端羟基官能团的聚酯树脂，通过与异氰酸酯、氨基树脂等树脂交联固化成膜。它的特点是泽度高，丰满度好，硬度高，柔韧性好，耐磨和耐热性好，保光和保色性良好，宜做湿热带型电机的漆包线涂料（155 级、180 级）、浸渍绝缘涂料、金属底色漆、汽车中档及高档的工业涂料和清漆、户外高装饰性涂料等。其主要品种有聚酯氨基烘漆、聚酯聚氨酯涂料、聚酯环氧粉末涂料等。

（3）对苯二甲酸聚酯涂料

对苯二甲酸聚酯涂料是由对苯二甲酸聚酯、苯、酮类稀释剂制成的。它的特点是防潮性、耐绝缘性好，宜做湿热带型电机用浸渍绝缘漆和漆包线漆。

2. 原料

（1）常见多元酸

① 对苯二甲酸　对苯二甲酸是生产聚酯的主要原料，常温下为固体，加热不熔化，300℃以上升华，若在密闭容器中加热，可于425℃熔化，常温下难溶于水。该品为白色晶体或粉末，低毒，可燃，溶于碱溶液，微溶于热乙醇，不溶于水、乙醚、冰乙酸、乙酸乙酯、二氯甲烷、甲苯、氯仿等大多数有机溶剂。

② 间苯二甲酸　可燃性晶体粉末，无色。生成的酯抗水解性高，相应提高了涂层的耐水性和户外耐久性，但价格稍高，另外熔点高，反应温度要求较高，涂层力学性能较差。

③ 邻苯二甲酸　俗称苯酐，微溶于水和乙醚，溶于甲醇和乙醇，不溶于氯仿和苯。与邻苯二甲酸酐化学性质类似，生成的酯容易水解，使树脂的耐水性、耐久性变差，涂层容易粉化，所以目前很少使用。

④ 己二酸　白色结晶体或粉末，有骨头烧焦的气味，味酸，易溶于乙醇、乙醚，微溶于水，不溶于苯和氯仿。线型结构赋予树脂优良的柔韧性，涂层的力学性能良好，由于它属于脂肪饱和分子链，涂层的耐候性较好，但使用过多会降低树脂的玻璃化转变温度。

（2）常见多元醇

① 乙二醇　乙二醇（ethylene glycol）又名"甘醇""1,2-亚乙基二醇"，简称EG，化学式为$(HOCH_2)_2$，是最简单的二元醇。乙二醇是无色无臭、有甜味的液体，对动物有毒性，人类致死剂量约为1.6g/kg。乙二醇能与水、丙酮互溶，但在醚类中溶解度较小。

它和二甘醇一样，容易得到，价格便宜，有较大的亲水性，未反应的痕量都会对涂层的耐水性产生不良影响，同时还易引起粉末涂料结块，对耐候性也有不利影响，所以合成耐候聚酯树脂不能用很多。

② 新戊二醇　新戊二醇是白色结晶固体，无臭，具有吸湿性，易溶于水、低级醇、低级酮、醚和芳烃化合物等。

它主要用于生产不饱和聚酯树脂、聚酯粉末涂料、无油醇酸树脂，比较常用，有较好的硬度、热稳定性和耐候性。

③ 三羟甲基丙烷　化学名称为2-乙基-2-羟甲基-1,3-丙二醇，又名三甲醇丙烷、2,2-二羟甲基丁醇，外观为白色结晶或粉末。它易溶于水、乙醇、丙醇、甘油和二甲基甲酰胺，部分溶于丙酮、甲乙酮、环己酮和乙酸乙酯，微溶于四氯化碳、乙醚和氯仿，难溶于脂肪烃和芳香烃。它具有吸湿性，其吸湿性约为甘油的50%；可燃，微毒；由甲醛、丁醛在碱性介质中缩合而成。

三羟甲基丙烷主要用于醇酸树脂、聚氨酯、不饱和聚酯树脂、聚酯树脂、涂料等领域，还可用作聚氯乙烯树脂的热稳定剂。它反应平稳，但由于其是三官能团化合物，用量不能太多，适当使用可增加黏度，提高力学性能和硬度。

3. 聚酯树脂合成

用邻苯二甲酸酐与乙二醇（或其他二元醇）进行酯化，然后与顺丁烯二酸酐继续酯化到规定酸值能得到功能更好的聚酯涂料。

根据相似相溶原理，不饱和树脂溶于苯乙烯单体，在引发剂——有机过氧化物、促进剂——环烷酸钴的共同作用下，可使不饱和聚酯和苯乙烯单体聚合而制得涂料。用对苯二甲酸与乙二醇聚合制得的对苯二甲酸聚酯，也称涤纶树脂。把涤纶下脚料溶于苯、酮溶剂中，即可制得强度很高、韧性好、绝缘性好的涂料。不饱和聚酯涂料，通常是把各个组分分开包装。使用时按比例混合，在引发剂作用下，混合液（醇、酸、引发剂、促进剂）涂层在常温下就能固化成膜。常用封闭层石蜡上浮会导致无光，只要把石蜡打磨掉，再经过抛光，就能得到具有美丽光滑表面的涂层。

聚酯绝缘烘漆也是一种不饱和聚酯漆，它是用不饱和丙烯酸聚酯和蓖麻油改性聚酯混合后，再加催干剂、引发剂制成的。

五、丙烯酸树脂介绍

丙烯酸树脂（acrylic resin）是由丙烯酸或甲基丙烯酸及它们的酯类和其他乙烯单体，诸如苯乙烯、丙烯酰胺等经聚合反应而生成的一类树脂。这类树脂具有色浅、耐光、耐候、保光、保色及耐沾污等方面的极好性能。同时涂膜光泽高，所以具有极好的装饰性能，是户外用高装饰粉末涂料用树脂的适选品种之一。

丙烯酸粉末涂料的主要优点为：

① 可配制多种颜色。由于丙烯酸树脂色浅，接近于水白，所以可配制白色和鲜艳的浅色，而当配制深色漆时，也显得色泽纯正。

② 高装饰性能。漆膜光亮、丰满、硬度高，不易划伤。另外，耐污性好，保光保色性好，有非常漂亮的外观。

③ 可应用于室外。耐候性极好，是目前室外应用中技术经济效果最佳的粉末涂料品种之一。

丙烯酸粉末涂料当前所存在的主要缺点是价格偏高，涂层的冲击性能较差，与其他粉末涂料用树脂的混溶性较差。

1. 分类

（1）热固性丙烯酸树脂

它是以丙烯酸系单体（丙烯酸甲酯、丙烯酸乙酯、丙烯酸正丁酯和甲基丙烯酸甲酯、甲基丙烯酸正丁酯等）为基本成分，经交联成网络结构的不溶性丙烯酸系聚合物。

热固性丙烯酸树脂除具有丙烯酸树脂的一般性能以外，其耐热性、耐水性、耐溶剂性、耐磨性、耐划性更优良，有本体浇铸材料、溶液型、乳液型、水基型多种形态。

本体浇铸材料由甲基丙烯酸酯与多官能丙烯酸系单体或其他多官能烯类单体共聚制浆，经铸型聚合制得，主要用作飞机舱盖、风挡。溶液型、半乳型、水基型热固性丙烯酸树脂，需加热烘烤交联固化成膜，形成网络结构。交联方式分为两类：

① 反应交联型。聚合物中的官能团没有交联反应能力，必须外加至少有 2 个官能团的交联组分（如三聚氰胺树脂、环氧树脂、脲树脂和金属氧化物等）经反应而交联固化，交联组分加入后不能久贮，应及时使用。

② 自交联型。聚合物链上本身含有两种以上有反应能力的官能团（羟基、羧基、酰氨基、羟甲基等），加热到某一温度（或同时添加催化剂），官能团间相互反应，完成交联。这类热固性丙烯酸树脂主要用作织物、皮革、纸张处理剂、工业用漆及建筑涂料。

（2）热塑性丙烯酸树脂

热塑性丙烯酸树脂是由丙烯酸、甲基丙烯酸及其衍生物（如酯类、腈类、酰胺类）聚合制成的一类热塑性树脂，可反复受热软化和冷却凝固。它一般为线型高分子化合物，可以是均聚物，也可以是共聚物，具有较好的物理力学性能，耐候性、耐化学性及耐水性优异，保光、保色性高。涂料工业用的热塑性丙烯酸树脂分子量一般为 75000～120000，常用硝酸纤维素、乙酸丁酸纤维素和过氯乙烯树脂等与其拼用，以改进涂膜性能。

热塑性丙烯酸树脂是溶剂型丙烯酸树脂的一种，可以熔融、在适当溶剂中溶解，由其配制的涂料靠溶剂挥发后大分子的聚集成膜，成膜时没有交联反应发生，属非反应型涂料。为了实现较好的物化性能，应将树脂的分子量做大，但是为了保证固体分不至于太低，分子量又不能过大，一般在几万时，物化性能和施工性能比较平衡。

2. 原料

丙烯酸树脂用原料通常有单官能单体和多官能功能性单体两大类，前者只含不饱和双键，在共聚反应中通过其加成聚合构成树脂的骨架结构；后者则不仅含有不饱和双键，同时带有可供固化交联用的极性基团，例如环氧基、羧基、羟基、酰胺基等。

（1）甲基丙烯酸甲酯

甲基丙烯酸甲酯，又称 MMA，简称甲甲酯，化学式 $C_5H_8O_2$。它是无色易挥发液体，并具有强辣味，易燃，溶于乙醇、乙醚、丙酮等多种有机溶剂，微溶于乙二醇和水，可以聚合得到水白色的树脂，且耐光耐热性良好，低温烘烤性、抗湿性优良，不过其产物相当脆，因而力学性能低于涂料应用要求。丙烯酸乙酯也可聚合得到耐光耐热良好的树脂，层间附着力良好，耐溶剂性优良，但抗水性差，而且这种单体用量过多时，涂层硬度明显下降，有冷开裂倾向。它的刺激性气味也很难从聚合物中除尽。

（2）丙烯酸-2-乙基己酯

丙烯酸-2-乙基己酯，无色透明液体，几乎不溶于水，与乙醇、醚能混溶。它赋予共聚物优良的耐水性及抗冷开裂性，但耐溶剂性及层间附着力和保光性下降。丙烯酸丁酯性能介于丙烯酸乙酯和丙烯酸-2-乙基己酯之间。

（3）苯乙烯

苯乙烯，化学式 C_8H_8，不溶于水，溶于乙醇、乙醚，是合成树脂、离子交换树脂的重要单体。苯乙烯取代部分甲基丙烯酸甲酯可降低成本，而且可以提高抗湿性、耐水性和耐碱性，但如果用量过多，则柔韧性下降，耐光耐热性变差，户外耐久性也变差，这是由于芳环的存在所造成的。

（4）丙烯酸

丙烯酸是最简单的不饱和羧酸，由一个乙烯基和一个羧基组成，化学式 $C_3H_4O_2$。纯的丙烯酸是无色澄清液体，带有特征的刺激性气味。它可与水、醇、醚和氯仿互溶，丙烯酸类单体的侧链上引入其他基团可以进一步改进共聚物的性能。例如，极性较大的羟基、羧基乃至更大的氰基都可以不同程度地改进附着力及耐油耐溶剂性，但过多的羧基或羟基会降低耐水性，过多的氰基又会降低树脂的溶解性。

3. 丙烯酸树脂合成

粉末涂料用丙烯酸树脂固体含量必须接近 100%，分子量应在 3000～5000，玻璃化转变温度应大于 60℃，熔融温度在 75～105℃。满足这些要求的关键之一是选择适宜的聚合方式。通常丙烯酸单体的游离基聚合方式可以依如下四种基本方式中的任一种进行。

① 本体聚合——在无溶剂下的聚合。

② 溶液聚合——在溶剂存在下的聚合。

③ 悬浮聚合——在非溶剂存在下的聚合。

④ 乳液聚合——在非溶剂存在下使用一种水溶性引发剂进行聚合。

其中，本体聚合用粉末涂料用丙烯酸树脂的合成是较为理想的，这是因为此法可免除烦琐的脱溶剂步骤。但是，该法在工业上大批量生产时会出现强烈的放热反应，而且随树脂黏度的增长，反应热的消散变得越来越困难。如若没有有效的措施除去局部热中心，将会导致暴聚的危险。

为了消除或减轻大规模生产中严重的放热反应的危害，已开发了螺杆反应装置和管式反应器，用以连续生产丙烯酸树脂。由于这类反应装置中，前者反应体积小，后者冷却面较大，因而有利于过多热量的移除，易控制放热反应进行。但是，这种工艺制得的树脂分子量偏大（往往超过10000），分子量分布也较宽，所以应对链转移剂及引发剂加以选择，才能使生成的树脂符合粉末涂料要求。

在一般反应釜中进行聚合反应，调节反应速率，控制反应热释放是制备合格丙烯酸树脂的又一途径。为此提出了一种分步聚合方法：首先可以将单体在高温下聚合成中等黏度的浆状物，再将这种浆状物在低温下作进一步聚合。然而最可取的方法是，第一步用连续加入溶于部分单体的小于100℃分解成游离基的引发剂（例如过氧化二苯甲酰BPO），使单体在100℃温度下分步聚合，在控制反应热消散的条件下，单体转化率可达70%～80%。第二步当转化率高于70%后，这种快速的游离基引发效率迅速下降，这时将温度升到130℃以上，并且使用只在高于100℃分解出游离基的引发剂（如二叔丁基过氧化物）来完成转化。当转化率达95%以上时，可用真空蒸馏或氮气吹逸以除去残留的游离单体。此种工艺树脂的分子量和熔融范围能得到最佳控制，分子量还可通过少量链调节剂（例如硫醇）来加以控制。上述的两步聚合反应，第一步不能过度，否则既会使反应时间过长，又会降低树脂的软化点。但如果仅采用100℃以上分解的引发剂，即进行一步法本体聚合反应，则极不安全，会引起猛烈爆炸反应。

思考题

1. 制备粉末涂料的树脂主要有哪些？
2. 丙烯酸树脂合成有哪几种方法？

第二节　粉末涂料的生产

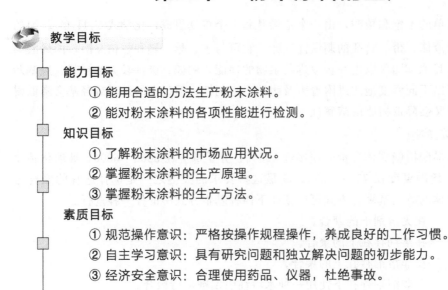

教学目标

能力目标
① 能用合适的方法生产粉末涂料。
② 能对粉末涂料的各项性能进行检测。

知识目标
① 了解粉末涂料的市场应用状况。
② 掌握粉末涂料的生产原理。
③ 掌握粉末涂料的生产方法。

素质目标
① 规范操作意识：严格按操作规程操作，养成良好的工作习惯。
② 自主学习意识：具有研究问题和独立解决问题的初步能力。
③ 经济安全意识：合理使用药品、仪器，杜绝事故。

　　粉末涂料是一种含有100％固体分的、以粉末形态进行涂装并涂层的涂料，它与一般溶剂型涂料和水性涂料不同，不是使用溶剂或水作为分散介质，而是借助空气作为分散介质的。

　　20世纪30年代后期聚乙烯工业化生产以后，人们想利用聚乙烯耐化学品性能好的特点，把它用在金属容器的涂装和衬里方面。但是聚乙烯不溶于溶剂中，无法制成溶剂型涂料，也没有找到把它制成衬里的黏合剂。不过人们却发现可以采用火焰喷涂法，把聚乙烯以熔融状态涂覆到金属表面，这就是粉末涂装的开始。1973年第一次世界石油危机以后，人们从节省资源、有效利用资源角度考虑，开始注意发展粉末涂料；1979年在世界石油危机再次冲击下，出于省资源、省能源、低公害考虑，世界各国对粉末涂料更加重视，并且取得了不少进展。如：粉末涂装的重点从厚涂层转移到薄涂层，粉末涂料的重点从热塑性粉末涂料转移到热固性粉末涂料，相继出现了热固性的聚酯和丙烯酸粉末涂料，在应用方面，从以防腐蚀为主转移到以装饰为主。进入20世纪80年代以后，粉末涂料工业的发展更快，在品种、制造设备、涂装设备和应用范围方面都有了新的突破，产量一直稳步增长。

　　粉末涂料的优点主要有：

　　① 粉末涂料不含有机溶剂，避免了有机溶剂带来的火灾、中毒和运输中的不安全问题。虽然存在粉尘爆炸的危险性，但是只要把体系中的粉尘浓度控制适当，爆炸是完全可以避免的。

　　② 不存在有机溶剂带来的大气污染，符合防止大气污染的要求。

　　③ 粉末涂料是100％的固体体系，可以采用闭路循环体系，过喷的粉末涂料可以回收再利用，涂料的利用率可达95％以上。

　　④ 粉末涂料用树脂的分子量比溶剂型涂料的分子量大，因此涂膜的性能和耐久性比溶剂型涂料有很大的改进。

　　⑤ 粉末涂料在涂装时，涂膜厚度可以控制，一次涂装可达到$30\sim500\mu m$厚度，相当于溶剂型涂料几道至十几道涂装的厚度，减少了施工的道数，既利于节能，又提高了生产效率。

　　⑥ 在施工应用时，不需要随季节变化调节黏度；施工操作方便，不需要很熟练的操作技术，厚涂时也不易产生流挂等涂膜弊病；容易实行自动化流水线生产。

　　⑦ 容易保持施工环境的卫生，附着于皮肤上的粉末可用压缩空气吹掉或用温水、肥皂水洗掉，不需要用有刺激性的清洗剂。

　　⑧ 粉末涂料不使用溶剂，是一种有效的节能措施，因为大部分溶剂的起始原料是石油。减少溶剂的用量，直接节省了原料的消耗。

　　粉末涂料和涂装还存在如下的缺点：

　　① 粉末涂料的制造工艺比一般涂料复杂，涂料的制造成本高。

　　② 粉末涂料的涂装设备跟一般涂料不同，不能直接使用一般涂料的涂装设备，用户需要安装新的涂装设备和粉末涂料回收设备。

　　③ 粉末涂料用树脂的软化点一般要求在80℃以上，用熔融法制造粉末涂料时，熔融混合温度要高于树脂软化点，而施工时的烘烤温度又比制造时的温度高，这样，粉末涂料的烘烤温度比一般涂料高得多，而且不能涂装大型设备和热敏底材。

　　④ 粉末涂料的厚涂比较容易，但很难薄涂到$15\sim30\mu m$的厚度，造成功能过剩，浪费

了物料。

⑤更换涂料颜色、品种比一般涂料麻烦。当需要频繁调换颜色时，粉末涂料生产和施工的经济性严重受损，换色之间的清洗很费时。粉末涂料最适合于同一类型和颜色的粉末合理地长时间运转。

我国粉末涂料工业起步较晚，1965年广州电器科学研究所最先研制成电绝缘用环氧粉末涂料，在常州绝缘材料厂建立了生产能力为10t/年的电绝缘粉末涂料生产车间，产品主要以流化床浸涂法覆在汽车电机的转子和大型电机的铜排上面。自从1986年杭州中法化学有限公司从法国引进生产能力为1000t/年粉末涂料生产线和1500t/年聚酯树脂生产装置以后，我国粉末涂料生产技术迅速提高到新的水平。与此相配合，许多单位引进粉末涂料涂装设备和成套生产线，促进了我国粉末涂料工业的发展，在全国范围内掀起了粉末涂料和涂装热。30多年来，我国粉末涂料一直以稳步增长的势头发展，年增长率基本保持在4.5%～13.8%，2012年的增长率最低，此后又逐步增加。特别是从2016年开始，随着国家对环保工作的日益重视，涂装行业也更加重视环保友好型的粉末涂料。目前，我国粉末涂料的生产量已占据世界粉末涂料总产量的50%以上，是名副其实的粉末涂料生产和消费大国，但还不能说是粉末涂料生产的技术强国，我国聚氨酯、丙烯酸、氟碳粉末等高档粉末涂料所占比例很少（不到1%），特殊性能产品的研发能力和技术水平跟发达国家相比还有一定差距，还需要不断努力提高和创新。

根据粉末涂料成膜物质的性质可分为两大类，成膜物质为热塑性树脂的叫热塑性粉末涂料，成膜物质为热固性树脂的叫热固性粉末涂料。热塑性粉末涂料和热固性粉末涂料的特性比较见表4-2。

表4-2　热塑性粉末涂料和热固性粉末涂料的特性比较

性能	热塑性粉末涂料	热固性粉末涂料
分子量	高	中等
软化点	高至很高	比较低
颜料分散性	稍微困难	比较容易
粉碎性能	需要冷冻(或冷却)粉碎	比较容易
底漆的要求	多数情况需要底漆	不需要底漆
薄涂性	困难	比较容易
涂膜耐污染性	不好	好
涂膜耐溶剂性	比较差	好

一、热塑性粉末涂料

热塑性粉末涂料是由热塑性树脂、颜料、填料、增塑剂和稳定剂等成分经干混合或熔融混合、粉碎、过筛分级得到的。热塑性粉末涂料的品种有聚乙烯、聚丙烯、聚丁烯、聚氯乙烯、醋丁（醋丙）纤维素、尼龙、聚酯、EVA（乙烯/乙酸乙烯酯共聚物）、氯化聚醚和聚偏氟乙烯粉末涂料等。这些粉末涂料经涂装以后，加热熔融可以直接成膜，不需要加热固化。

1. 聚乙烯粉末涂料

聚乙烯分低密度和高密度两种，制造粉末涂料一般都用低密度聚乙烯。这是因为高压法制造的低密度聚乙烯的熔融黏度低，适用于粉末涂装，价格便宜，涂装后应力开裂小。聚乙烯用于粉末涂装有如下优点：

① 耐矿物酸、耐碱、耐盐类等化学药品性能好；

② 树脂软化温度和分解温度间温差大，热传导性差，耐水性好；

③ 涂膜拉伸强度、表面硬度和冲击强度等物理力学性能好；

④ 对流化床、静电喷涂等施工适应性好；

⑤ 涂膜电性能好；

⑥ 原料来源丰富，价格便宜，涂膜修补容易。

其缺点是机械强度差，耐磨性不好，耐候性差，不适用于户外涂装。

聚乙烯粉末涂料主要用于电线涂覆，家用电器部件、杂品、管道和玻璃的涂装，特别是从水质安全卫生考虑，用于饮水管道的涂装较多。

2. 聚丙烯粉末涂料

聚丙烯树脂是结晶形聚合物，没有极性，具有韧性强、耐化学药品和耐溶剂性能好的特点。聚丙烯树脂的相对密度为 0.9，因此用相同质量的树脂涂布一定厚度时，比其他树脂涂布的面积大。

聚丙烯不活泼，几乎不附着在金属或其他底材上面。因此，用作保护涂层时，必须解决附着力问题。当添加过氧化物或极性强、附着力好的树脂等特殊改性剂时，对附着力有明显的改进。聚丙烯涂膜附着力强度和温度之间的关系表明，随着温度的升高，涂膜附着力将相应下降。

聚丙烯结晶体熔点为 167℃，在 190～232℃ 热熔融附着，用任意方法都可以涂装。为了得到最合适的附着力、冲击强度、光泽和柔韧性，应在热熔融附着以后迅速冷却。聚丙烯是结晶性聚合物，结晶球的大小取决于从熔融状态冷却的速率；冷却速率越快，结晶球越小，表面缺陷少，可以得到细腻而柔韧的表面。聚丙烯粉末的稳定性好，在稍高温度下贮存时，也不发生胶化或结块的现象。聚丙烯可以得到水一样的透明涂膜。聚丙烯涂膜的耐化学药品性能比较好，但不能耐硝酸那样的强氧化剂。

虽然聚丙烯不适用于其他装饰，但加入一些颜料并改变稳定性以后，保光性和其他性能会同时有所改进。一般地，涂膜经暴晒 6 个月后，保光率只有 27%，然而添加紫外线稳定剂后，经同样时间暴晒涂膜保光率仍可达 70%。聚丙烯粉末涂料主要用于家用电器部件和化工厂的耐腐蚀衬里等。

3. 聚氯乙烯粉末涂料

聚氯乙烯（PVC）粉末涂料对人们有很大的吸引力。原因是其原料来源丰富、价廉并且配方的可调范围非常宽，而且可以添加增塑剂、稳定剂、螯合剂、颜料、填料、防氧化剂、流平剂和改性剂来改进涂膜的性能。

这种粉末涂料可用干混合法和熔融混合法制造。目前一般采用强力干混合法或它的改进法。采用熔融混合法制造时，涂膜耐候性可提高 10%～20%，但要注意受热过程和稳定剂的消耗问题。

聚氯乙烯粉末涂料主要用流化床浸涂法和静电喷涂法施工。流化床浸涂用粉末涂料粒度要求 100～200μm，静电喷涂用粉末涂料粒度要求 50～70μm。底材的表面处理对涂膜附着力影响较大，有必要涂环氧丙烯酸底漆。这种涂料的涂膜物理力学性能、耐化学药品性能和电绝缘性能都比较好。

聚氯乙烯粉末涂料的用途很广，最理想的用途是金属线材和导线制品涂装。另外还可以用作游泳池内金属零件、汽车和农机部件、电器产品、金属制品、日用品、体育器材等户内外用品的涂装。

4. 醋丁纤维素和醋丙纤维素粉末涂料

醋丁纤维素和醋丙纤维素的韧性、耐水性、耐溶剂性、耐候性和配色性都很好，早已在喷涂施工、注射成型等方面得到应用。醋丁纤维素和醋丙纤维素粉末涂料可以用于流化床浸涂和静电粉末喷涂法施工，但必须使用底漆以增加附着力。

醋丁纤维素和醋丙纤维素适用于薄涂膜，涂底漆后静电粉末喷涂，于230℃烘烤8～10min熔融流平。醋丙纤维素粉末涂料应符合药品与食品卫生标准，可用在与食品有关的设备的零部件涂覆，例如冰箱内的货架等。

5. 尼龙粉末涂料

尼龙也称聚酰胺，其品种有很多，在粉末涂料中使用最多的是尼龙11，其次是尼龙12。尼龙11的熔融温度和分解温度之间温差较大，可以用流化床浸涂和静电粉末喷涂法施工。尼龙粉末涂料的边角覆盖力和附着力不好，对冲击强度和耐腐蚀性要求高的场合必须涂底漆。尼龙11粉末涂料相对密度小，单位质量的涂覆面积较大；其涂膜的韧性强，柔软，摩擦系数小，光滑，手感好，耐冲击性好；除了耐强酸和强碱性稍差外，耐其他化学品性能都比较好。

尼龙粉末涂料特点是力学性能、耐磨性能和润滑性能好，被用于农用设备、纺织机械轴承、齿轮和印刷辊等；因其耐化学品性能好，被用于洗衣机零件和阀门轴等；因其无毒、无臭、无腐蚀性，被用于食品加工设备和用具；降低噪声效果好，手感好，传热系数小，被用于消声部件和各种车辆的方向盘等。

6. 聚酯粉末涂料

聚酯粉末涂料是由热塑性聚酯树脂、颜料、填料和流动控制剂等组分，经过熔融混合、冷却、粉碎和分级过筛得到的。该粉末涂料可以用流化床浸涂法或静电粉末法施工。这种粉末涂料的涂膜对底材的附着力好，涂装时不需要底漆；涂料的贮存稳定性非常好，涂膜的物理力学性能和耐化学品性能都比较好。这种粉末涂料主要用于变压器外壳、贮槽、马路安全栏杆、货架、家用电器、机器零部件的涂装，另外还用于防腐和食品加工等设备的涂装。这种粉末涂料的缺点是耐热性和耐溶剂性较差。

7. 乙烯/乙酸乙烯酯共聚物（EVG）粉末涂料

这种涂料是德国Bayer公司为火焰喷涂法施工开发的品种，也可以采用注入法、流化床浸涂法和一般喷涂法施工。采用喷涂法施工时，应把金属被涂物预热到170～200℃，然后立即喷涂并熔融流平得到有光泽涂膜。注入法用于贮槽内部的涂装，其方法为把贮槽加热到260～300℃，粉末涂料加到槽中转动10～20s，然后倒出未附着上去的粉末。这样已附着上去的粉末就在几秒钟内熔融流平，得到平整、有光泽、没有针孔的涂膜。

该粉末涂料的优点是施工温度低、范围宽，施工时不产生有臭味的气体。涂膜的附着力、耐腐蚀性、耐化学品性、电性能和耐候性好，在低温下的涂膜柔韧性也好。由于涂膜是难燃的，修补也简单；其缺点是涂膜较软，主要用途是槽衬里、管道涂膜的修补和板状物的保护。

8. 氯化聚醚粉末涂料

氯化聚醚树脂的分子量约为300000，含氯量约45％（质量）。从化学结构来看，氯化聚醚是非常稳定的化合物。这种粉末涂料的涂膜物理力学性能和耐化学品性能非常好，比一般的热塑性粉末涂料耐热温度高，吸水率极小。由于该树脂的价格较贵，所以仅在特殊场合使用，如用于耐化学药品性能要求高的钢铁槽作衬里等。

9. 聚偏氟乙烯粉末涂料

聚偏氟乙烯树脂分子中碳原子骨架上氢原子和氟原子是交叉有规则地排列着的。聚偏氟乙烯粉末涂料的涂膜性能有如下特点：①耐候性很好；②耐污染性很好；③耐化学药品和耐油性很好；④耐冲击性很好；⑤耐热性好。

粉末涂料用聚氟偏乙烯的特性黏度范围在 0.6～1.2 是比较理想的。如果大于 1.2，熔融性差；小于 0.6，涂膜强度下降。聚偏氟乙烯粉末涂料用在化工防腐衬里等方面。

二、热固性粉末涂料

热固性粉末涂料是由热固性树脂、固化剂、颜料、填料和助剂等组成，经预混合、熔融挤出混合、粉碎、过筛分级而得到的粉末涂料。这种涂料中的树脂分子量小，本身没有成膜性能，只有在烘烤条件下，与固化剂反应、交联成体型结构，才能得到性能好的涂膜。热固性粉末涂料的主要品种有环氧、聚酯/环氧、聚酯、丙烯酸、丙烯酸/聚酯等品种。

1. 环氧粉末涂料

在热固性粉末涂料中，环氧粉末涂料是开发应用最早、品种最多、产量最大、用途较广的品种之一。

（1）环氧粉末涂料用树脂

环氧粉末涂料用树脂的特点如下：a. 树脂的分子量小，树脂发脆容易粉碎，可以得到所要求的颗粒；b. 树脂的熔融黏度低，可以得到薄而平整的涂膜；c. 混合各种熔融黏度的树脂品种，可以调节熔融黏度；d. 配置的粉末涂料施工适应性好；e. 因为烘烤固化时不产生水及其他物质，所以不容易产生气泡或针孔等涂膜弊病；f. 固化后的涂膜物理力学性能和耐化学品性能好。

环氧粉末涂料用树脂品种主要有：

① 双酚 A 型环氧树脂　在粉末涂料中用得最多的还是双酚 A 型环氧树脂，该树脂由双酚 A 和环氧氯丙烷缩合而成。在粉末涂料中适用的树脂软化点范围为 70～110℃。

② 线形酚醛环氧树脂　这种树脂是线形苯酚酚醛树脂或线形甲醛酚醛树脂和环氧氯丙烷反应而得到的固体状多官能团环氧树脂。如果把软化点 80～90℃、环氧当量 220～225 的线形酚醛环氧树脂和双酚 A 型环氧树脂配合使用，可增加树脂官能度，使固化反应速率加快、交联密度提高，使涂膜的耐热性、耐溶剂性、耐化学品性随之增加。

③ 脂环族环氧树脂　这种树脂是包括乙醛缩乙二醇型、酯键型、改性型的氢化双酚 A 缩水甘油醚衍生物。这种树脂的耐候性好，熔融黏度低，但不能作为环氧粉末涂料的主要成分，只能作为改性剂使用。

（2）环氧粉末涂料的特点

环氧粉末涂料具有以下特点：

a. 熔融黏度低，涂膜流平性好。因为在固化时不产生副产物，所以涂膜不易产生针孔或火山坑等缺陷，涂膜外观好。

b. 由于环氧树脂分子内的羟基对被涂物的附着力好，一般不需要底漆。另外，涂膜硬度高，耐划伤性、耐剥离性好，耐腐蚀性强。

c. 环氧树脂结构中有双酚骨架，又有柔韧性好的醚链，所以涂膜的力学性能好。

d. 涂料的配色性好，固化剂品种的选择范围宽。

e. 因为在成膜物骨架上没有醚链，所以涂膜耐化学品性能好。

f. 涂料的施工适应性好，可用静电喷涂、流化床浸涂和火焰喷涂等方法施工。

g. 应用范围广，不仅可用于低装饰性施工，还可以用于防腐蚀和电绝缘施工。

尽管环氧粉末涂料有上述特点，但由于芳香族双酚 A 结构的影响，户外的耐候性不好。夏季在户外放置 2～3 个月涂膜就泛黄、粉化，不过对防腐蚀性没有多大的影响。

在国外，环氧粉末涂料已经大量使用在不同口径的输油、输气管道的内外壁，小口径的上水管道等的防腐蚀，液化气钢瓶、厨房用具、电缆桥架、农用机械、汽车零部件、化工设备、建筑材料等的防锈、防腐方面，室内用电器设备、电子仪器和仪表、日用五金、家用电器、金属家具、金属箱柜等低装饰性涂装；另外还可以用作电动机转子等的电绝缘涂料。

2. 聚酯/环氧粉末涂料

这种粉末涂料是欧洲首先开发并迅速获得推广的粉末涂料品种，目前是粉末涂料中产量最大、用途最广的品种，其主要成分是环氧树脂和带羟基的聚酯树脂。

聚酯树脂的价格便宜，既降低涂料成本，又可以解决纯环氧粉末涂料中涂膜泛黄和使用酸酐类固化剂带来的安全卫生问题。

在聚酯/环氧粉末涂料中，根据聚酯树脂的酸价和环氧树脂的环氧值，可以任意改变聚酯树脂的配比，该配比（以质量计）的范围一般是（90∶10)～(20∶80)，最常用的比例是50∶50。

从聚酯树脂和环氧树脂的价格考虑，聚酯树脂比例高的类型，使用低酸树脂更经济，而且涂膜的耐候性也好，但这种体系的涂膜交联密度、耐污染性、耐碱性下降，必须选择合适的二元酸及二元醇。环氧聚酯粉末涂料的配方可以通过改变聚酯树脂的酸价和环氧树脂的环氧值来调整，而且涂膜的性能也随着烘烤条件的改变而改变。环氧聚酯粉末涂料在烘烤固化过程中，释放出的副产物很少，涂膜不容易产生缩孔等弊病，涂膜外观也比较好。从涂膜物理力学性能来看，跟环氧粉末涂料差不多。在耐化学品方面，除了耐碱性外，其他性能接近环氧粉末涂料。在耐候性方面，如果环氧树脂用量超过一半，则耐候性和环氧粉末涂料差不多，环氧树脂用量越少越好。

环氧聚酯粉末涂料的低温固化是通过提高聚酯树脂羟端基的活性，或者在树脂成分中作为二元羧酸大量使用的对苯二甲酸，同时使用咪唑或碱类固化剂，把固化温度降为140℃的。

环氧聚酯粉末涂料的静电喷涂施工性能好，涂料的配方范围宽，可以制造有光、无光、美术、耐寒、防腐、高装饰等各种要求的粉末涂料。目前主要用于洗衣机、电冰箱、电风扇等家用电器，仪器仪表外壳，液化气罐，灶具，金属家具，文件资料柜，图书架，汽车，饮水管道等的涂装。

3. 聚酯粉末涂料（含聚氨酯粉末涂料）

聚酯粉末涂料是继环氧粉末涂料和聚酯/环氧粉末涂料后发展起来的耐候性粉末涂料，其产量在热固性粉末涂料中占第三位。在性能方面其耐候性比丙烯酸粉末涂料差一些，但作为户外涂料其具有足够的耐候性，而且涂膜的平整性、防腐蚀性及机械强度都很好，总的看来是比较好的粉末涂料品种之一。

（1）粉末涂料用聚酯树脂

热固性粉末涂料用聚酯主要由对苯二甲酸、间苯二甲酸、邻苯二甲酸、偏苯三甲酸、均苯四甲酸、己二酸、壬二酸、癸二酸、顺丁烯二酸、多元羧酸或酸酐与乙二醇、丙二醇、新戊二醇、甘油、三羟甲基丙烷、季戊四醇等多元醇经缩聚得到，分子量范围是1000～6000。在合成聚酯树脂过程中，使多元羧酸或多元醇过量，聚酯树脂端基上便带有羧基或羟基。一般羧基树脂的酸价范围是30～100，用异氰脲酸三缩水甘油酯等缩水甘油基化合物交联固化；羟基树脂的羟基值范围是30～100，用封闭型异氰酸酯、固体氨基树脂等交联固化。

用于粉末涂料的聚酯树脂应具有以下条件：

a. 树脂的玻璃化转变温度应在50℃以上，脆性好，容易粉碎成细粉末，配制成粉末涂料后在40℃不结块。

b. 树脂的熔融黏度低，成膜固化后容易得到薄而平整的涂膜。

c. 配置粉末涂料后，所得涂膜的物理力学性能、耐水性、耐化学品性、耐候性、耐热性等良好。

从合成设备和工艺考虑，合成聚酯树脂有常压缩聚法、减压缩聚法和减压缩聚-解聚法。常压缩聚法的聚合度一般在10以下，很难制得分子量在2000以上的稳定产品。作为粉末涂料的聚酯树脂要求聚合度在7～30，用减压缩聚法可达到此要求。所以减压缩聚法已成为粉末涂料用树脂合成的常用方法。为了改进减压缩聚中调节聚合度的难题，以生产出产品质量稳定的树脂，可以采用缩聚-解聚法，该方法容易控制树脂的聚合度。

生产中改变共聚物的组成、分子量、支化程度和官能团都可以改变聚酯树脂的结构和性能。

（2）聚酯粉末涂料用固化剂

聚酯粉末涂料用固化剂或交联树脂的要求与一般粉末涂料一样，主要品种有：a. 三聚氰胺树脂；b. 封闭型二异氰酸酯；c. 异氰脲酸三缩水甘油酯；d. 酸酐类；e. 过氧化合物。

（3）聚酯粉末涂料的特点

聚酯粉末涂料的特点之一是固化形式多样，涂料的品种多。通过不同醇、羧酸组成的选择，可以合成不同玻璃化转变温度、熔融指数、熔融黏度、耐结块性的聚酯树脂，也可以合成不同反应基团和反应活性的聚酯树脂。另外还可以通过采用不同固化形式，得到涂膜物理力学性能和耐化学品性能不同的粉末涂料。在聚酯粉末涂料中，某些品种的涂膜物理力学性能、耐化学品性能、防腐性能接近环氧粉末涂料，某些品种的涂膜耐候性和装饰性又接近丙烯酸粉末涂料。因此，聚酯树脂粉末涂料不仅可以用于防腐，而且可以大量用于耐候的装饰性涂装。用于耐候性方面，主要用异氰脲酸三缩水甘油酯和封闭型异佛尔酮二异氰酸酯固化聚酯粉末涂料。该涂料可以用于马路栏杆、交通标志、钢门窗、农用机械、汽车、拖拉机、钢制家具、洗衣机、电冰箱、电风扇、空调设备和电器产品等方面。用于防腐方面，可以用封闭型芳香族二异氰酸酯固化粉末涂料，还可以用在快速固化的预涂钢板（PCM）方面。

4. 丙烯酸粉末涂料

丙烯酸粉末涂料有热塑性和热固性两种。热塑性丙烯酸粉末涂料的光泽好，涂膜平整，但涂膜的物理力学性能、耐化学品性能差，不能获得比溶剂型丙烯酸粉末涂料更好的性能，因而热塑性丙烯酸粉末涂料没有得到推广。目前推广应用的主要是热固性的丙烯酸粉末涂料。

（1）丙烯酸粉末涂料用树脂

丙烯酸粉末涂料用树脂的基本要求和环氧、聚酯粉末涂料用树脂一样。丙烯酸树脂的特性取决于所用单体的性质。在丙烯酸树脂中，硬单体含量增加时树脂的玻璃化转变温度升高，涂膜硬度增加，但相应的涂膜柔韧性降低。当丙烯酸酯单体的碳原子数目增加时，涂膜柔韧性增加，但涂膜硬度、耐污染性和耐水性相应降低。在丙烯酸树脂中，引进反应性单体数目增加时，树脂的反应活性增加，成膜时交联密度高，可以提高涂膜的耐化学品性能和硬度，还可以改进涂膜的附着力。一般丙烯酸树脂都是共聚物。

聚合丙烯酸树脂常采用的制备方法有本体聚合、溶液聚合、悬浮聚合和乳液聚合。从树脂分子量的控制和产品质量的稳定性考虑，大多采用溶液聚合，其缺点是溶剂的处理量大。本体聚合的工艺简单，但树脂合成时黏度较大，不易除去反应热，树脂的分子量及分子量分布不易控制。悬浮聚合和乳液聚合过程中不用有机溶剂，反应容易控制，但树脂分子量较大，不易除去树脂中含有的水溶性悬浮剂和乳化剂，影响涂膜耐水性。

① 羟基丙烯酸树脂　这种树脂在共聚物中引进带羟基的反应性单体，如甲基丙烯酸羟乙酯、甲基丙烯酸羟丙酯、丙烯酸羟乙酯和丙烯酸羟丙酯等，该类树脂常用溶液聚合法合成。

② 羧基丙烯酸树脂　这种树脂在共聚物中引进带羧基的反应性单体，如丙烯酸、甲基丙烯酸、顺丁烯二酸和衣康酸等，这种树脂常用溶液聚合法合成。

③ 缩水甘油基丙烯酸树脂　这种树脂在共聚物中引进带缩水甘油基的反应性单体，如甲基丙烯酸缩水甘油酯和丙烯酸缩水甘油酯，这类树脂常采用溶液聚合法合成。

④ 羟甲基酰胺基丙烯酸树脂　这种树脂在共聚物中引进带羟甲基酰胺基的反应性单体，如羟甲基丙烯酰胺和烷氧甲基丙烯酰胺等，这类树脂常采用本体聚合法合成。

（2）丙烯酸粉末涂料用固化剂

丙烯酸粉末涂料用固化剂的基本要求和一般热固性粉末涂料用固化剂一样。在溶剂型丙烯酸涂料中，羟基树脂用氨基树脂交联的占主流，但在粉末涂料中则缩水甘油基树脂用多元羧酸固化剂的占主流。

① 羟基树脂固化剂　羟基丙烯酸树脂的固化剂有氨基树脂、酸酐、封闭型异氰酸酯、羧酸和烷氧甲基异氰酸酯加成物等。在这些固化剂中，氨基树脂固化丙烯酸粉末涂料的贮存稳定性不好，用封闭型异氰酸酯固化的粉末涂料成本又比较贵。

② 羧基树脂固化剂　羟基丙烯酸树脂的固化剂有多元羟基化合物、环氧树脂、唑啉和环氧基化合物等。这些固化剂中应用最多的还是环氧树脂。这种体系没有反应副产物，涂膜物性和耐化学品性能好，但用双酚 A 型环氧树脂固化粉末涂料的涂膜耐光性和耐候性不好。

③ 缩水甘油基树脂固化剂　缩水甘油基丙烯酸树脂的固化剂有多元羧酸、多元酸、多元酚、酸酐和多元羟基化合物。从粉末涂料和涂膜的综合性能考虑脂肪族多元羧酸是最好的固化剂，目前在丙烯酸粉末涂料中占主要地位。这种涂料固化过程的主要反应为丙烯酸树脂的环氧基和多元羧酸的羧基之间的开环加成反应，除此之外还有羟基之间的醚化反应以及羟基和羧基之间的酯化反应等。这种丙烯酸粉末涂料的涂膜性能比溶剂型涂料好，已经广泛应用于建筑材料、家用电器、卡车面漆、交通标志等耐候性高的装饰方面。

④ 自交联固化　烷氧甲基酰胺基丙烯酸树脂粉末涂料在高温烘烤时可以自交联固化。如果在粉末涂料配方中加乙酸丁酯纤维素等改性剂，可以改进涂膜外观。这种体系的粉末涂料的缺点是储存稳定性不好。

（3）丙烯酸粉末涂料的特点

丙烯酸粉末涂料的最大特点是涂膜的保光性、保色性和户外耐久性比环氧、聚酯环氧、聚酯粉末涂料的涂膜性能好，最适用于户外装饰性涂料。

　　热固性丙烯酸粉末涂料的附着性好，不用涂底漆。另外对静电粉末涂料的适应好，静电平衡的涂膜厚度比环氧粉末涂料薄，最低达 $30\sim40\mu m$，可作为薄涂性粉末涂料。它主要应用于电冰箱、洗衣机、空调、电风扇等家用电器及钢制家具、交通器材、建筑材料、车辆。

5. 丙烯酸/聚酯粉末涂料

　　丙烯酸/聚酯粉末涂料的主要成膜物质是带有缩水甘油基的丙烯酸树脂和带羧基的聚酯树脂，通过这两种树脂中的缩水甘油基和羧基之间的加成反应交联成膜。在丙烯酸/聚酯粉末涂料中，进一步拼用封闭型异氰酸酯的带有缩水甘油基丙烯酸树脂/封闭型异氰酸酯/羧基-羟基聚酯树脂体系可以得到均匀的固化涂膜。

　　在丙烯酸树脂中，缩水甘油基和羧基并存，可以得到提高涂膜的交联密度，这种粉末涂料的涂膜柔韧性和耐污染性优异，可以和聚酯/封闭型聚氨酯体系的涂膜性能相媲美，适用于高装饰性的预涂钢板（PCM）。

三、特殊粉末涂料

（1）电泳粉末涂料

　　电泳粉末涂料是在有电泳性质的阳离子树脂（或阴离子树脂）溶液中，使粉末涂料均匀分散而得到的涂料。在电泳粉末涂料中的阳离子树脂（或阴离子树脂）把粉末涂料粒子包起来，使粉末涂料粒子在电场中具有强的泳动能力。当在电泳粉末涂料中施加直流电时，由于电解、电泳、电沉积、电渗四种作用，在阴极（或阳极）析出涂料，经过烘烤固化得到涂膜。

　　电泳粉末涂料的优点：a. 短时间单涂装可以得到 $40\sim100\mu m$ 的涂膜厚度，涂装效率高；b. 库仑效率高，便于通过改变电压和电极位置来控制涂膜厚度；c. 可以得到高性能的涂膜，它的性能相当于基料性能加粉末涂料所具有的所有性能，不需要锌系磷化处理，仅用铁系磷化处理或脱脂处理就可以得到良好的涂膜性能；d. 安全卫生性比较好，不存在静电粉末涂装那样的粉尘爆炸和粉尘污染等问题；e. 电泳涂装后水洗下来的涂料可以回收利用，涂料的利用率高；f. 和阴极电泳涂料相配合，在电泳粉末涂料上面不烘烤直接进行阴极电泳涂装，然后一次烘烤得到性能和泳透力很好的涂膜，形成湿碰湿的新涂装体系。

　　电泳粉末涂料既有粉末涂料的涂膜性能，又有电泳涂膜的施工性能，是一种比较理想的涂料品种，然而有如下缺点：a. 由于粉末涂料的粒子大，沉积时不能增加电阻，所以电泳粉末涂料的泳透力比阳离子电泳涂料泳透力差；b. 因为沉积的涂膜中含有水分，如果迅速加热容易产生针孔，所以需要预烘烤，给施工应用带来麻烦。

　　电泳粉末涂料一般要求电泳涂料的基料与粉末涂料的基料具有相容性，固化时自固化或与粉末涂料中的树脂交联固化，而且对粉末涂料的润湿性、电沉积性要好；同时粉末涂料要有适合于电泳的粒度。

　　电泳粉末涂料的制造方法主要有：a. 水中分散粉末涂料粒子；b. 电泳涂料中分散粉末涂料粒子；c. 电沉积水溶液中分散粉末涂料粒子；d. 电沉积水溶液中分散树脂和颜料。

（2）水分散粉末涂料

　　水分散粉末涂料（又叫浆体涂料）是由树脂、固化剂、颜料、填料及助剂经熔融混合、冷却、粉碎、过筛得到的粉末涂料分散到水介质中；或者粉末状树脂及其他涂料组分分散在水介质中；或者溶剂型涂料经沉淀得到湿涂料，然后再加必要的水、分散剂、增稠剂和防腐剂等分散得到浆体涂料。

① 水分散粉末涂料的特点　这种涂料既有水溶性涂料的特点，又有粉末涂料的特点，但和水溶性涂料比有以下优点：a. 不用有机溶剂，不会引起大气污染；b. 一次涂装就可以得到较厚的涂膜（70～100μm）；c. 比乳胶涂料水溶性助剂用量少；d. 水分挥发快，烘烤前放置时间短，涂装后马上可以烘烤；e. 比水溶性涂料水溶性物质小，没有水溶性胺类等有害杂质，废水处理比较容易；f. 施工中湿度的影响要比水溶性涂料小，对喷涂室的污染小。

和粉末涂料比有以下优点：a. 溶剂型涂料的涂装设备经过简单改装后直接可以用于该涂料的涂装；b. 可以采用一般溶剂型涂料和水性涂料常用的喷涂、浸涂和流涂等施工办法；c. 可以得到15～20μm厚度的涂膜，涂膜厚度在40μm时，外观很平整；d. 可以得到和溶剂型涂料一样的金属闪光型涂料；e. 在施工中，清洗和改变涂料颜色比较容易；f. 在施工中，没有粉尘飞扬、爆炸的危险性。

然而，这种涂料的制造工艺比较复杂，在制造过程中要回收大量的溶剂，制造成本高；另外烘烤温度高，湿涂膜的水分较高，烘烤过程中易起泡。

② 水分散粉末涂料的制造方法　这种涂料的制造方法基本上是溶剂型和粉末涂料制造方法的结合，可分为半湿法和全湿法两种。半湿法是在按常规粉末涂料制造方法制造的粉末涂料中加水、分散剂、防腐剂、防锈剂和增稠剂等助剂，研磨到一定的细度，调节黏度得到所需要的固体分浓度。全湿法又有几种方法，一种是在粉末状树脂、颜料、填料、分散剂和增稠剂等物料中加水研磨至所需粒度，然后调节黏度到所需要的固体分浓度。另一种是先合成树脂溶液，然后加固化剂等其他涂料成分研磨到一定的细度，用双口喷枪喷到一定量的水中，使固体状的涂料粒子被析出来。由于气泡的悬浮作用，颜料浮到水面由传送带带出，经过滤、洗涤得到一定含水量的厚水浆涂料半成品。用这种方法得到的水分散粉末涂料的粒度分布均匀，粒子近似球形，涂料的施工性能和涂膜完整性好。

③ 水分散粉末涂料的施工及应用　该涂料可以用空气喷涂法、静电喷涂法、浸涂法、流涂法和滚涂法施工，其中空气喷涂法和静电喷涂法的效果比较好。用静电喷涂法施工时，喷涂室的温度为10～30℃，湿度为50%～70%，风速为0.4～0.6m/s。

该涂料应用在涂装圆筒状的热水器、炊具、邮筒和小口径管道等形状简单的工件或土建机械、农机、冷冻设备和合成纤维机械等复杂工件和自动售货机、家用电器、变压器和存物箱等箱体。该涂料的特殊用途是作为粉末涂料的补充。

（3）美术型粉末涂料

在粉末涂料中，如果改变树脂、固化剂、颜料、填料和助剂的品种和用量，可以得到皱纹、锤纹、龟甲纹和金属闪光等美术型粉末涂料，还可以得到半光和无光粉末涂料。

① 皱纹粉末涂料　皱纹型的粉末涂料是由树脂、固化剂、固化促进剂、颜料、填料和助剂组成的，皱纹图案的形成主要决定于固化剂、固化促进剂的用量，还决定于颜料、填料品种和用量，粉末涂料的粒度也有一定的影响。通过调节涂料配方，可以得到涂膜外观像合成革那样的细皱纹至粗砂纸一样粗糙的皱纹。

一般皱纹型粉末涂料的特点是胶化时间短，水平熔融流动性小。形成皱纹型涂层的主要原理：一是粉末涂料的固化速率快，胶化时间短，当粉末涂料熔融流平固化时，还没有很好地流平时涂膜已经固化；二是粉末涂料中添加了影响粉末涂料熔融流动性的填料，如滑石粉、氧化镁、二氧化硅等，降低了粉末涂料的熔融流动性，使粉末涂料只能熔融流平到表面与砂纸一样时固化，得到皱纹型涂膜。

该皱纹型粉末涂料广泛用于有隐匿缺陷的翻砂或热轧钢工件上。和溶剂型皱纹或纹理涂料相比，该涂料的涂膜外观令人满意，且生产成本较低。

② 锤纹粉末涂料　虽然锤纹粉末涂料不能得到像溶剂型涂料那样吸引人的锤纹涂膜，但可以得到小而紧密的锤纹图案。锤纹图案是通过加特殊的锤纹助剂得到的。锤纹助剂可用有机硅树脂或非有机硅树脂，以干混合法加到粉碎的粉末涂料中。用有机硅树脂得到的图案类似于溶剂型涂料的涂膜外观，但容易产生针孔，而非有机硅树脂能得到比有机硅更好的图案。锤纹粉末涂料可以用在铸件、点焊件等方面。由于涂膜可能产生针孔，不适用于户外耐久性涂装。

③ 龟甲纹粉末涂料　龟甲纹粉末涂料又称花纹粉末涂料，其涂膜是在凹的部分呈立体背景的色斑纹、在凸的部分呈深的颜色或金属光泽，两者形成鲜明的对比，从而得到龟甲纹的图案。其涂膜是在一层涂膜中呈现锤纹、皱纹、金属闪光等性能。

龟甲纹粉末涂料和一般粉末涂料有较大的差别，在涂料组成中有漂浮剂、漂浮颜料及凹面形成剂。在制造方法上，先制成底材粉末，再与助剂混合。龟甲纹粉末涂料的涂膜颜色和龟甲纹图案取决于底材的组成和颜色、漂浮剂组成和漂浮颜料的品种及它们的用量。该涂料的主要成膜机理为：粉末涂料静电喷涂后熔融流平时，底材成分形成凹凸不平的涂面，同时漂浮剂和漂浮颜料也就熔融分散并漂浮在底材涂面的凸部分，最后固化得到涂膜的凹部分颜色为底材涂料颜色，涂膜的凸部分为漂浮颜料色，不过凹凸部分的颜色都是复合颜色。该涂料的用途和锤纹、皱纹涂料相同。

④ 半光和无光粉末涂料　能够得到半光和无光粉末涂料的方法很多，如：改变固化剂或固化促进剂的品种和用量，混合两种不同反应活性的粉末涂料或互溶性不好的粉末涂料，添加互溶性不好的聚乙烯、聚丙烯和聚苯乙烯等树脂，添加有消光作用的硬脂酸盐、氢化蓖麻油、石蜡、聚乙烯蜡等助剂，添加有明显消光作用的颜料和填料等。在设计半光和无光粉末涂料配方时，要注意控制助剂和填料等的添加量，使粉末涂料的贮存稳定性和涂膜的物理力学性能不受影响。半光和无光粉末涂料主要用于仪器仪表外壳、收藏架、电器开关柜、隔板等的涂装。

第三节　粉末涂料的涂装

 教学目标

能力目标

① 能正确选择粉末涂料的施工工具。

② 能进行底材的简单处理。

③ 能处理施工过程中的瑕疵。

知识目标

① 了解粉末涂料的施工方法。

② 掌握粉末涂料的底材处理方法。

③ 掌握粉末涂料的施工性能检测方法。

素质目标

① 规范操作意识：严格按操作规程操作，养成良好的工作习惯。

② 自主学习意识：具有研究问题和独立解决问题的初步能力。

③ 经济安全意识：合理使用药品、仪器，杜绝事故。

一、粉末涂装概论

粉末涂料涂装技术的发展，起始于 20 世纪 40 年代。随着世界聚乙烯树脂产量的迅速增长，人们获得一层没有针孔缺陷的涂膜。这种涂膜的防腐性能大大优于传统的喷漆工艺，对于流传数千年的液体涂装技术来说，这确实是一场富有挑战性的技术革命。聚乙烯树脂是热塑性树脂，当树脂的温度高于熔点时，呈现出具有流动性的液态相；当温度低于熔点时，树脂又转变为固态相。人们根据这个特点，设计了一种新颖的粉末涂装工艺方法。它与传统的液体涂装工艺的区别在于，不需要将成膜物质溶解于溶剂中进行涂装施工，而是将成膜物质直接涂装于工件表面。因此它获得的涂膜没有针孔缺陷，又省却了仅仅为了施工需要而使用的大量溶剂，同时还节省了能源，改善了环境。

1. 粉末涂装的特点

粉末涂装是使用粉末涂料的一种涂覆工艺。它的特点是：

① 一次涂装便可得到较厚的涂层，容易实现自动化流水线，提高了施工效率，缩短了生产周期；

② 涂料中不含溶剂，无须稀释及调黏，减少了火灾的危险，有利于环保；

③ 涂层的附着力强，致密性好，提高了涂层的各项机械物理性能；

④ 过量的涂料可回收利用，粉末涂料的利用率达到或超过 95%，降低了涂料的消耗，节省了资源；

⑤ 粉末涂料的生产、储存、运输方便，同时能降低一些溶剂型涂料存在的隐患概率，如火灾。

粉末涂装存在的缺陷有：烘烤温度高（大于 200℃），涂膜易变色；涂覆设备专有，换色不方便；涂膜流平性和外观装饰性差；烘烤以后的涂膜缺陷不易修补；涂膜附着力差等。对于热塑性粉末涂料，由于很多树脂具有结晶性，在烘烤以后必须进行淬水处理，以确保涂层具有足够的附着力。

2. 粉末涂装的方法

粉末涂装的方法有：火焰喷射法、流化床法、静电流化床法、静电喷涂法及粉末电泳法等。火焰喷射时，树脂易受高温而分解，涂膜质量差，现在很少应用。流化床法是将工件预热到高于粉末涂料熔融温度 20℃ 以上的温度，然后浸在沸腾床中使粉末局部熔融而黏附在表面上，经加热熔合形成完整涂层。工件预热温度高，则涂层厚，但若要的是薄涂层及热容量小的薄板件则不宜用流化床法。静电流化床法是将冷工件在流化床中通过静电吸附粉末，工件不需预热就可形成薄涂层，但也只适合小件的涂装。静电喷涂法是粉末涂装应用最广的一种方法。它不仅能形成 $50\sim200\mu m$ 的完整涂层，而且涂层外观质量好，生产效率高。粉末电泳法是将树脂粉末分散于电泳漆中，按电泳涂装的方法附着在工件的表面，烘烤时树脂粉末和电泳漆熔为一体形成涂层。它有电泳涂装的优点，并且避免了粉末涂装的粉尘问题。它的不足是由于水分的存在，烘烤时涂层易产生气孔，且烘烤温度高。

3. 粉末静电喷涂设备及工艺

粉末静电喷涂主要设备有高频高压静电发生器、手提或固定式静电喷粉枪、供粉系统、加热烘箱、喷涂室、粉末回收装置等。

高频高压静电发生器的输出电压要达到 $60\sim100kV$，电流低于 $300\mu A$。一般晶体管的能耗低，体积小，应有防击穿安全保护装置。

静电喷粉枪分固定式和手提式，生产线上都采用固定式，现场施工则采用手提式。静电喷粉枪按带电形式分内部带电和外部带电。内部带电是通过设在枪身内的极针与环状电极间的电晕放电而带上电荷，内电场强度大（6～8kV/cm），适合于喷粉量大、复杂形状工件的涂覆。外部带电是利用喷枪与工件间的电晕放电而带上电荷，荷电电场强度比内带电弱，但沉积电场强度大（1～3.5kV/cm），涂覆效率高，应用广。

国外的喷枪采用三级进风装置，可保持带电针上始终不沾粉末，使粉末颗粒有最佳的带电效果。瑞士金马公司研究出在喷枪内设有"限景"装置，它可使粉末带电和空气电离区域的角度缩小，更有利于控制带电粉末涂装在工件上。静电喷粉枪的粉末扩散大致有冲撞分散法、空气分散法、旋转分散法和搅拌分散法等，其中因冲撞分散法操作方便，应用较多。此法的目的是根据工件大小和形状有效地涂覆，减少粉末的反弹作用。

供粉系统由新粉桶、旋转筛和供粉器组成。粉末涂料先加入到新粉桶，压缩空气通过新粉桶底部的流化板上的微孔使粉末预流化，再经过粉泵输送到旋转筛。旋转筛分离出粒径过大的粉末粒子（100μm 以上），剩余粉末下落到供粉器。供粉器将粉末流化到规定程度后通过粉泵和送粉管供给喷枪喷涂工件。供粉器应该连续、均匀地将粉末输送给喷粉枪，一般有压力式、抽吸式和机械式三种供粉。压力式供粉器容积 15～25L，粉末不能连续投料，多用于手提静电喷粉枪供粉，不适合自动生产线。机械式供粉器能精确地定量供粉，多用于连续生产线。抽吸式供粉器利用文丘里原理，使粉斗内粉末被空气流抽吸形成粉末空气流，粉斗内积粉少，便于清扫和换色，适应性强。

喷枪喷出的粉末除一部分吸附到工件表面上外，其余部分自然沉降。沉降过程中的粉末一部分被喷粉棚侧壁的旋风回收器收集，利用离心分离原理使粒径较大的粉末粒子（12μm 以上）分离出来并送回旋转筛重新利用。12μm 以下的粉末粒子被送到滤芯回收器内，其中粉末被脉冲压缩空气振落到滤芯底部收集斗内，这部分粉末定期清理装箱，等待出售。

分离出粉末的洁净空气（含有的粉末粒径小于 1μm，浓度小于 5g/m^3）排放到喷粉室内以维持喷粉室内的微负压。负压过大容易吸入喷粉室外的灰尘和杂质，负压过小或正压容易造成粉末外溢。沉降到喷粉棚底部的粉末收集后通过粉泵进入旋转筛重新利用。回收粉末与新粉末的混合比例为（1:3）～（1:1）。

粉末静电喷涂的粉末附着率一般仅 30%～35%，必须靠回收装置才能使粉末涂料利用率在 95% 以上，提高经济效益。回收设备有旋风式、布袋式及它们的组合形式，旋风式噪声大，能耗大，回收率不高；布袋式体积小，噪声小，回收率高，但需采取振动或逆气流措施防布袋堵塞。最先进的是滤芯式换色喷房，更换滤芯能达到快速换色。

粉末静电喷涂工艺的影响因素主要有粉末特性、喷涂电压和距离、供粉气压等。

粉末特性主要是粉末粒度和粉末电导率。粉末粒度越细，粉体的流动性越差，在设备中越易堵塞，粉末的涂覆性提高且能薄涂，但粉尘的飘散性也增加。粉末涂料的电导率影响粉末的荷电率和附着率，体积电阻率一般以 10^{10}～$10^{14}\Omega\cdot$cm 为宜。

喷涂电压一般从 60～90kV，喷涂距离约以 250mm 为宜，此时粉末附着率较高。供粉气压影响到粉末气流的荷电率和飘散性，随着供粉气压增大，粉末附着率会下降。

粉末静电喷涂必须强化表面处理来保证涂层的附着力。PTEE 涂层的喷涂工艺实例如下：工件喷砂表面粗化→脱脂剂 85℃喷射清洗→85℃热水喷洗→110℃干燥 5～8min→静电喷粉→380℃烘烤 30min→喷水强制冷却→下件。上面喷砂是为了提高附着力，85℃热水喷洗是为了加快干燥；由于 PTFE 涂层结晶性大，在高温烘烤融合以后，通过强制冷却来降低结晶度，确保涂层附着力。

粉末涂装除了用来涂覆防护性涂层外，也可以用来涂饰带美术花纹的装饰性涂层，并且国外已在进行薄层粉末罩光涂层的应用试验。

二、汽车涂装工艺

1. 汽车用涂装材料的选择

汽车用涂装材料，按功能、用途及材质可划分为以下几类：

① 漆前表面处理材料；

② 电泳涂料（以阴极电泳涂料为主体）；

③ 中涂、面漆（有机溶剂型）；

④ 环保型中涂、面漆（水性、粉末、高固体分）；

⑤ 汽车用特种涂料（如 PVC 车底涂料、密封胶、抗石击涂料等）；

⑥ 喷用水性防腐蚀涂料（如底盘、发动机、散热器用的快干水性涂料）；

⑦ 粉末涂料（汽车零部件防蚀和耐候粉末涂料）；

⑧ 双组分低温烘干型汽车用涂料；

⑨ 汽车修补用涂料（含色母）；

⑩ 塑料件用涂料等。

（1）汽车用底漆的特点及常用品种

汽车用底漆就是直接涂装在经过表面处理的车身或部件表面上的第一道涂料，它是整个涂层的开始。

根据汽车用底漆在汽车上的使用部位，要求底漆与底材具有良好的附着力，与上面的中涂或面漆具有良好的配套性，还必须具备良好的防腐性、防锈性、耐油性、耐化学品性和耐水性。当然，汽车底漆所形成的漆膜还应具有合格的硬度、光泽、柔韧性和抗石击性等力学性能。

随着汽车工业的快速发展，对汽车底漆的要求也越来越高。20 世纪 50 年代，汽车还是喷涂硝基底漆或环氧树脂底漆，然后逐步发展到溶剂型浸涂底漆、水性浸涂底漆、阳极电泳底漆、阴极电泳底漆。目前比较高档的汽车尤其是轿车一般采用阴极电泳底漆，阴极电泳底漆经过几十年的发展，同时也经过引进先进技术和工艺，现在已经能很好地满足底漆所要求的各项力学性能及与其他涂层的配套性，尤其是现代的流水线涂装工艺，目前轿车用底漆几乎已全部使用阴极电泳底漆。

汽车用溶剂型底漆主要选用硝基树脂、环氧树脂、醇酸树脂、氨基树脂、酚醛树脂等为基料，颜料一般选用氧化铁红、钛白、炭黑及其他颜料和填料，涂装方式有喷涂和浸涂两种。电泳漆是在水性浸涂底漆的基础上发展起来的，它在水中能离解为带电荷的水溶性成膜聚合物，并在直流电场的作用下泳向相反电极（被涂面），在其表面上不沉积析出。采用电泳涂装法要求被涂物一定是电导体。根据所采用的电泳涂装方式的不同，电泳底漆可分为阳极电泳底漆和阴极电泳底漆。

（2）汽车用金属闪光底色漆

金属闪光底色漆就是作为中涂层和罩光清漆层之间的涂层所用的涂料。它的主要功能是着色、遮盖和装饰。金属闪光底漆的涂膜在日光照耀下具有鲜艳的金属光泽和闪光感，给整个汽车添装诱人的色彩。

金属闪光底漆之所以具有这种特殊的装饰效果，是因为该涂料中加入了金属铝粉或珠光粉等效应颜料。这种效应颜料在涂膜中定向排列，光线照过来后通过各种有规律的反射、透射或干涉，最后人们就会看到有金属光泽的、随角度变光变色的闪光效果。溶剂型金属闪光底漆的基料有聚酯树脂、氨基树脂、共聚蜡液和乙酸丁酸纤维素（CAB）树脂液。其中聚酯树脂和氨基树脂可提供烘干后坚硬的底色漆漆膜，共聚蜡液使效应颜料定向排列，CAB树脂液主要是用来提高底色漆的干燥速率和体系低固体分下的黏度，阻止铝粉和珠光颜料在湿漆膜中杂乱无章地运动和防止回溶现象。有时底漆中还加入一点聚氨酯树脂来提高抗石击性能。

（3）汽车用中涂漆的特点及常用品种

汽车用中涂漆也称二道浆，是用于汽车底漆和面漆或底色漆之间的涂料。它一般要求既能牢固地附着在底漆表面上，又能容易地与上面的面漆涂层相结合，起着重要的承上启下的作用。中涂漆除了要求与其上下涂层有良好的附着力和结合力外，同时还要求具有填平性，以消除被涂物表面的洞眼、纹路等，从而制成平整的表面，使得涂饰面漆后得到平整、丰满的涂层，提高整个漆膜的鲜映性和丰满度，以提高整个涂层的装饰性；中涂漆还应具有良好的打磨性，以便使打磨后能得到平整光滑的表面。

腻子、二道底漆和封闭漆都是涂料配套涂层的中间层，即中涂。腻子是用来填补被施工物件的不平整的地方，一般呈厚浆状，颜料含量高，涂层的力学性能强度差，易脱落，所以目前大量流水线生产的新车已不再使用腻子，有时仅用于汽车修补。封闭漆是涂面漆前的最后一道中间层涂料，涂膜呈光亮或半光亮状态，一般仅用于装饰性要求较高的涂层中（例如汽车修补），这种涂层要求在涂面漆之前涂一道封闭漆，以填平上述底层经打磨后遗留的痕迹，从而得到满意的平整底层。目前新车原始涂装一般采用二道底漆作为中间涂层，它所选用的基料与底漆和面漆所用基料相似，这样就可保证达到与上下涂层间牢固的结合力和良好的配套性。该二道中涂主要采用聚酯树脂、氨基树脂、环氧树脂、聚氨酯树脂和黏结树脂等作为基料，颜料和填料选用钛白、炭黑、硫酸钡、滑石粉、气相二氧化硅等。二道中涂一般固体分高，可以制得足够的膜厚（大约 $40\mu m$）；力学性能好，尤其是具有良好的抗石击性；另外还具有表面平整、光滑，打磨性好，耐腐蚀性、耐水性优良等特点，对汽车整个漆膜的外观和性能起着至关重要的作用。

（4）汽车用面漆特点及常用品种

汽车用面漆是汽车整个涂层中的最后一层涂料，它在整个涂层中发挥着主要的装饰和保护作用，决定了涂层的耐久性能和外观等。汽车面漆可以使汽车五颜六色，焕然一新。这是我们主要讨论的实色面漆。

汽车面漆是整个漆膜的最外一层，这就要求面漆具有比底层涂料更完善的性能。首先耐候性是面漆的一项重要指标，要求面漆在极端温变湿变、风雪雨雹的气候条件下不变色，不失光，不起泡和不开裂。面漆涂装后的外观更重要，要求漆膜外观丰满，无橘皮，流平性好，鲜映性好，从而使汽车车身具有高质量的协调和外形。另外，面漆还应具有足够的硬度、抗石化性、耐化学品性、耐污性和防腐性等性能，使汽车外观在各种条件下保持不变。

随着汽车工业的飞速发展，汽车用面漆在近 50 年来，无论是在所用的基料方面，还是在颜色和施工应用方面，都经历了无数次质的变化。19 世纪三四十年代主要采用硝基磁漆、自干型醇酸树脂磁漆和过氯乙烯树脂磁漆，至同世纪八九十年代采用氨基醇酸磁漆、中固聚酯磁漆、热塑性丙烯酸树脂磁漆、热固性丙烯酸树脂磁漆和聚氨酯树脂磁漆，它们的耐污性等都有了显著的提高，从而大大改善了面漆的保护性能。与此同时，汽车面漆在颜色方面也逐渐走向多样化，使汽车外观更丰满、更诱人。20 世纪 90 年代，为执行全球性和地区环保法，减少汽车面漆挥发分的排放量，人们开始研究探索和采用水性汽车面漆。目前一些西方发达国家的新建汽车涂装线上，已采用了水性汽车面漆，国内基本上还处于溶剂型汽车面漆阶段。

　　如上所述，汽车面漆的主要品种是磁漆，一般具有鲜艳的色彩，较好的力学性能以及满意的耐候性。汽车用面漆多数为高光泽的，有时根据需要也采用半光的、锤纹漆等。面漆所采用的树脂基料基本上与底层涂料相一致，但其配方组成却截然不同。例如，底层涂料的特点是颜料分高，配料预混后易增稠，生产及贮存过程中颜料易沉淀等。而面漆在生产过程中对细度、颜色、涂膜外观、光泽、耐候性方面的要求更为突出，原料和工艺上的波动都会明显地影响涂膜性能，对加工的精细度要求更加严格。

　　目前高档汽车和轿车车身主要以氨基树脂、醇酸树脂、丙烯酸树脂、聚氨酯树脂、中固聚酯等树脂为基料，选用色彩鲜艳、耐候性好的有机颜料和无机颜料如钛白、酞菁颜料系列、有机大红等。另外还必须添加一些助剂如紫外吸收剂、流平剂、防缩孔剂、电阻调节剂等来达到更满意的外观和性能。

　　在我国，汽车用粉末涂料水平还远远落后，实际应用也很少，绝大部分限于铝轮毂的涂料，但发展前景十分广阔的。世界上公认 VOCs 排放量最少的轿车涂装体系为：阴极电泳→粉末中涂→水性底色漆→粉末罩光清漆。粉末涂料在整个喷涂过程中可以循环使用，节省成本，同时不需要用化学药剂和漆雾去除系统去除过喷漆雾。粉末清漆的烘烤过程比较干净，可以长时间保持烘房的清洁度。日本东亚公司近来开发出烘烤温度为 120℃、烘烤20min 的环氧粉末涂料 E203 以及烘烤温度为 130℃、烘烤 20min 的环氧聚酯系粉末涂料E301，它们流变性好，贮存稳定，耐腐蚀性达到烘烤温度为 180℃、烘烤 30min 的标准型环氧涂料的水平。丙烯酸系列粉末涂料具有高的耐候性和装饰性，其耐腐蚀性更优于目前所使用的聚酯系粉末涂料，可用于汽车中涂、面漆和罩光漆。由于技术的限制，目前汽车用粉末涂料只是单色系列，如中涂和清漆，这是由于粉末涂料不能像液态涂料那样可以迅速换色。今后汽车用粉末涂料的发展，将在进一步提高耐候性、抗紫外线性、低温化、薄膜化和提高装饰性方面努力。随着环保要求越来越严和粉末涂料技术的不断提高，粉末涂料在汽车上的应用将越来越广泛。

　　(5) 汽车用抗石击车底涂料

　　随着交通运输的高速化，汽车速度大大提高，车头灯处的引擎盖部位、车顶以及车门下部及其底部，在汽车行驶时极易受到飞石冲击。汽车车身底板下表面、轮罩及车身的下部冲击力显著增大，使涂层易受损坏而失去耐腐蚀能力。为提高汽车车身的使用寿命，在车身底板下表面，尤其是易受石击的轮罩、挡泥板表面，增涂 1～2mm 厚的耐磨（具有抗石击性）涂层，称为车底涂层（under body coat），所用涂料称车底涂料。因为这层涂层能吸收飞石的冲击能，随之加以扩散，只不过由于该涂层所处位置不同，厚度差异很大，在汽车上部厚度为 5μm，故要求伸长率高，而在下部和底部厚度达 100～200μm，所采用的涂料体系为聚氯乙烯（PVC）类或聚氨酯类。轻质 PVC 及低温烘烤型是 PVC 涂料的发展方向。PVC 涂料在低于 800℃ 焚烧时极易生成致癌物质，而采用聚氨酯涂料则性能好，但价格贵。而现已开发的以聚酯化合物为主要原料的耐石击涂料，性能可与现有的 PVC 涂料相匹敌甚至更优，如用在车身尾部的焊缝上时，普通的 PVC 涂料易开裂，而聚酯涂料不会开裂。但存在的主要问题仍是价格较高，也有人在研究用丁苯橡胶或共混乳胶漆体系代替 PVC 耐石击涂料。

车底涂料当初采用溶剂型（如沥青系列和合成树脂系列）涂料，后因容易起泡，抗石击和力学性能差而被淘汰。现今采用的是以聚氯乙烯（PVC）树脂为主要基料和增塑剂制成的三种无溶剂涂料，其不挥发分高达 95%～99%，这种涂料被称为 PVC 涂料。

此 PVC 涂料有较好的硬度、伸长率、剪切强度和拉伸强度，能很好地满足阻尼涂料的性能要求，在汽车上用量很大，如每台轿车车身的 PVC 涂料耗用量可达 20 多千克。

（6）汽车用 PVC 焊缝密封胶

为提高汽车车身的密封性（不漏水、不漏气），以提高汽车的舒适性和车身缝隙间的耐腐蚀性，车身的所有焊缝和内外缝隙在涂装过程中都需涂密封涂料（俗称密封胶）进行密封。焊缝密封和车底涂料一般通用一种 PVC 涂料，但因使用目的和施工方法的不同，在要求高的场合采用两种 PVC 涂料，以适应各自的特殊性能，如车底涂层用的 PVC 涂料的抗石击性要好，易高压喷涂，施工黏度低一些好；焊缝密封涂料对其涂层的硬度、伸长率、抗剪强度、抗拉强度等都有要求，施工黏度高一些好。因此为适应各自的要求，在配方基本一致的基础上做一些相应的调整。

汽车车身涂密封胶操作实例：用专用搅拌棒将喷涂机内的 PVC 胶搅拌均匀后，根据 PVC 胶的黏度和环境温度在 $5\sim7kg/m^2$ 内调整喷涂机的进气压力，以出胶适量、平缓为宜；挤胶时注意控制出胶量，以遮盖焊缝光滑、均匀、无堆积为准。涂胶部位正确，不堵塞和妨碍安装孔，涂胶厚度 2～3cm，胶体搭接区域用手涂实修平，不允许出现间隔、孔眼。

喷涂车底涂料操作实例：用专用搅拌棒将喷涂机内的 PVC 胶搅拌均匀后，根据 PVC 胶的黏度和环境温度，在 $5\sim7kg/m^2$ 内调整喷涂机的进气压力，以喷枪喷雾扇面均匀、雾化性好为准，将工件平稳地吊到安全托架上，在车身和货厢地板下表面、挡泥板、轮罩下表面均匀地喷一层 PVC 车底胶，要求无漏喷、无流挂，喷涂厚度 1～3mm，注意对轮罩、挡泥下表面重点喷涂。

（7）汽车塑料件用涂料

随着合成化学工业的发展，塑料品种越来越多，性能不断地提高，采用工程塑料代替各种金属材料是一种技术进步。塑料的耐腐蚀性能好，密度低，有些工程塑料的力学性能不亚于金属材料。汽车要省油，就要轻量化，因此塑料在汽车上的应用在全世界呈增长的趋势。

在轿车车身中，塑料部件约占总体积的 1/3。但是塑料除本身耐紫外线等环境腐蚀性不甚理想外，在加工成型工程中表面也常产生各种缺陷。因此，汽车在使用这些塑料件时，为提高表面装饰性，延长塑件的使用寿命，必须对其表面进行涂装。因为汽车用塑料的品种和塑料本身的性质，决定了塑料涂装的难度。汽车塑料涂料与其他金属部件用涂料相似，也分为底漆、底色漆、清漆或面漆（面漆用来代替底色漆/清漆体系）。

底漆可直接涂在经表面处理过的塑料底材表面上，一般要求膜厚 $30\mu m$ 左右，以完全覆盖部件表面的流痕和缺陷。环氧-聚酰胺双组分塑料底漆主要用在汽车前后保险杠上，因保险杠一般是聚丙烯的，该底漆中还加入了少量氯化聚丙烯作为基料以提高底漆的附着力。

另外还有溶剂型单/双组分聚氨酯底漆用于汽车保险杠和其他塑料部件上。底色漆一般采用与金属部件用底色漆组分相同的体系，膜厚一般为 $10\sim15\mu m$。清漆主要是溶剂型双组分聚氨酯体系，即将聚丙烯酸酯及聚酯类与多异氰酸酯结合，其漆膜能达到所需的柔韧度，还具有高耐化学品性和良好的力学性能。清漆膜度一般要求约 $35\mu m$，以提供色饱和度，并能达到与车身一致的光泽。塑料单色面漆也是采用双组分聚氨酯体系来达到与车身一致的外观和性能要求。各种汽车塑料涂料的烘烤温度均在 $80℃$ 左右。

（8）汽车修补漆

汽车修补漆是指对汽车车身原厂漆进行重新修补用的油漆。它只能由工人手工作业，喷涂必须在低温（$60℃$ 以下）操作。修补漆必须具备两种功能：保护功能及美观功能。这两种功能不能由单个产品独立完成。因此，高质量的修补漆品牌一般都由系列产品组合而成，它主要有：

① 腻子类　用于填补钣金缺陷。

② 底漆类　用于防锈，促进漆层之间黏合力及增高漆膜厚度。

③ 面漆类　用于改善表面质量及增加耐候性。

鉴于汽车整车不能经受高温烘烤，一般汽车修补工厂涂装条件差，汽车修补漆和翻新涂装多采用自干型底漆，腻子、中间涂料、自干型合成树脂漆和挥发干燥型硝基漆、过氯乙烯漆。

硝基漆易施工，能快干，能抛光，是比较理想的汽车修补用面漆。但一般硝基漆的耐候性较差，在南方，使用一个夏季就能严重失光，变色。而用优质树脂（丙烯酸树脂和有机硅树脂）改性的硝基漆则有较好的耐候性，但其固体含量低，需喷涂 $3\sim4$ 道才能达到所要求的面涂层厚度，且价格较贵，因而修补成本较高。

醇酸漆的耐候性较优，一般喷涂两道厚度就能达到 $40\mu m$ 以上，涂层的光泽和丰满度较好。其缺点是干燥较慢，每道漆自干需 $16\sim24h$，施工周期长，需要较清洁的涂装环境。另外醇酸漆耐湿热性差，易起泡，外观装饰性较差，不适合作为汽车的面漆。

目前，大多数成漆是采用双层漆，即金属层或珍珠层再外罩清漆，其余基本上为双组分纯色漆。双组分漆是在 20 世纪 60 年代由阿克苏诺贝尔公司率先推出的，它的基本机理是利用含羟基官能团（—OH）的丙烯基链与氰酸酯中的—NCO 基团反应而固化成网状结构的聚氨酯聚合物。这种双组分聚氨酯漆兼有硝基漆和醇酸漆的优点，涂膜快干性、光泽和丰满度好，涂 $1\sim2$ 道就能达到 $40\mu m$ 以上的厚度，耐候性、耐化学性、耐湿热性优异，很快被各油漆厂家所采用。金属漆、珍珠漆是以改性乙酸丁酯纤维素树脂为载体，再罩上一层透明的双组分清漆的双层漆。

2. 汽车涂装前表面处理方法的选择

汽车涂装前的表面预处理是极其重要的工序，只有保证表面处理的质量，才能获得最佳的涂装效果。由于漆前表面处理剂品种多，处理方式也各种各样，使得表面处理工艺复杂化。此时对表面处理工艺方法的选择应考虑以下几个方面：①材质；②材料表面状态；③涂层质量要求（依应用环境条件而定）；④表面处理的技术经济性等。

例如，对不同的材质采用化学处理，侧重点是不同的。钢铁材料主要是为了提高耐蚀性，而锌合金、铝合金、塑料主要是为了提高涂膜附着力，选用的化学处理剂完全不同，整个工艺过程也产生很大的差异。

对同种材料，表面的油污种类和锈蚀程度可能不一样，采用处理剂时就要有针对性；物品的形状不一样，可采取的工艺方式也不一样。如果是油脂类污垢，就要靠强碱的皂化水解来清洗；如果是复杂形状的工件，就应采取浸渍的方式，使各个部位都被处理。表面处理的质量等级应该与涂层品质一致。如果表面处理的质量太低，涂层品质达不到预期要求；如果定得太高，就影响到表面处理的技术经济性。

例如典型的轿车车身涂装前处理工艺如下：

除油 1→除油 2→喷淋清洗→浸洗→表调→磷化→喷淋清洗→浸洗→钝化→浸洗→沥干→防尘。

3. 典型的汽车涂装工艺

汽车的喷涂又称"涂装"。涂装质量（漆面的外观、光泽和颜色）的优劣是人们直观评价汽车质量的重要依据。不管是新车制造、旧车翻新还是坏车修复，汽车的涂装都是一项很关键的工作。不同档次的汽车对涂装工艺要求也不一样，普通轿车车身要喷涂三层，由阴极电泳底漆、中涂和面漆组成，一些中高级汽车车身要喷涂四至五层，由阴极电泳底漆、中涂一至二层和面漆一至二层组成，以达到较高的外观装饰性。不同档次汽车的涂装工艺步骤主要从成本方面考虑。

汽车涂装工艺是汽车涂装五要素（涂装材料、涂装工艺、涂装设备、涂装环境和涂装管理）之一，是充分发挥涂装材料的性能、获得优质涂层、降低涂装生产成本、提高经济效益的必要条件。典型的汽车涂装工艺一般由漆前表面处理、涂布和干燥等三个基本工序组成，具体阐述如下。

（1）打磨工艺

① 涂装部打磨线一般分为打磨和抛光：抛光主要对边盖、尾盖、小圆盖等小型工件以及可以大面积抛光的工件进行处理，其余件一般采取打磨的方式。

② 打磨（或抛光）前外观质量要求：坯件不允许有裂纹、欠铸、气泡和任何穿透性缺陷，坯件的浇口、飞边、溢流口、隔皮等应清理干净。

③ 打磨（或抛光）后外观质量要求：主要表面平整、光滑，无毛刺、凸起、裂纹、拉伤、明显砂眼等缺陷；边角圆弧处必须圆滑，不允许打磨变形；不允许改变工件尺寸。

④ 抛光砂轮是将涂有明胶的抛光轮在 $200^{\#}$ 金刚砂中滚动后制作而成的。

（2）涂装喷涂线工艺

① 涂装喷涂线工艺流程　　目前，发动机公司涂装部喷涂流水线投入使用的有：涂装二线、涂装三线、涂装四线、涂装五线。这四条线的生产工艺流程为：

挂件→前处理（热水洗、脱脂、水洗、化成、水洗）→吹水→水洗烘干→坯件检验→上堵具→吹灰→涂底漆（关键过程）→涂面漆（关键过程）→中烘→涂清漆（关键过程）→固化烘干→下堵具→成品检验→下件。

② 各工序的主要工作要点

a. 挂件要点

ⓐ 按喷涂计划顺序号确认状态、数量、色号与计划要求及流转卡一致后挂件，严禁非正常跳序号挂件。

ⓑ 挂件时应按计划要求挂上打磨班组号及色号牌，色号牌应挂在最前面的一个挂具上，色号不同的工件应分段间隔 2 个以上挂具上挂，挂上相应的色号牌并隔离。

ⓒ 若上挂的为返漆件，应检查返漆件是否经过满砂，箱体左右体的加工、坯件单位是否相同（有时还必须注意模号匹配），并与其他的临时要求符合。

ⓓ 对 $2803^{\#}$ 、$2805^{\#}$ 、$2807^{\#}$ 、$2808^{\#}$ 、$4805^{\#}$ 、$4806^{\#}$ 、$5802^{\#}$ 、$5803^{\#}$ 、$7832^{\#}$ 、

7833#等颜色不易控制的色号，当计划少于50套时，应在箱体、左右盖及尾盖到齐的情况下才允许一起挂件，并将箱体挂在前面，盖类挂在后面。

ⓔ 上挂产品应尽量挂在挂钉上，不能有下掉现象，所有缸头在挂件时不允许将挂钩挂在气门孔内，同时也不允许挂在火花塞孔内，可挂在未机加的链条过孔内，以免伤及机加孔道。缸体应尽量平放在挂具上，以保证缸套内磷化均匀。

b. 前处理要点

ⓐ 热水洗：将工件上的铝屑、灰尘及重度油污洗掉。

ⓑ 预脱脂要求：清洁工件表面的油污及其他杂质。

ⓒ 脱脂要求：清除工件表面的残余油污及其他杂质。

ⓓ 第一、第二水洗要求：将工件上的脱脂剂、尘泥、铝屑洗去。

ⓔ 化成要求：清除工件表面的残余油污及其他杂质，在工件表面生成一层薄薄的彩色化成膜，以增强漆膜的附着力及耐蚀性。

ⓕ 第三、第四水洗要求：将工件上的化成剂、尘泥、铝屑洗去。

ⓖ 纯水洗要求：将工件上残余的化成剂、尘泥、铝屑洗去。

ⓗ 将脱脂剂、化成剂等药剂的添加情况记录在《涂装部前处理清洗槽药剂添加记录表》中。

ⓘ 检查热水洗、预脱脂、脱脂、化成、脱水、中烘及固化温度，并记录在《涂装部喷涂线温度控制记录表》中。

ⓙ 工艺参数：热水洗，55～65℃；预脱脂，40～65℃；脱脂，40～65℃；化成，40～65℃；中烘，100～140℃。

c. 吹水

ⓐ 提起工件，将气管对准工件，从内到外、从上到下循环几次将工件上的水吹干。

ⓑ 将吹掉的工件挂回挂具上。

ⓒ 检查工件上有无杂物、油污，对清洁度达不到要求的做好标识并上报班长，进行重新清洗或添加药剂。

d. 水洗烘干。工艺参数：脱水，110～170℃。

e. 坯件检验

ⓐ 检查挂件产品前面的空挂具上有无色号牌及打磨班组牌，并取下打磨班组牌。

ⓑ 检查工件是否清洗干净，工件颜色是否达到化成颜色，检查缸体、缸套、箱体曲轴孔是否锈蚀。

ⓒ 检查工件表面是否符合外观要求，一般小缺陷直接处理，形成批量的报告班长或巡检确认后通知前处理班组派人处理，不能处理的做好标识放入专用不合格品盛具中。

ⓓ 检查返漆件是否进行满砂，返漆件机加螺孔端面上的漆是否锉掉。

ⓔ 将合格品按要求摆放在挂具上并定位，箱体进行合箱。

ⓕ 检验中发现的工料废料及漏加工产品交质检班长或巡检确认。

f. 上堵具

ⓐ 检查所需的堵具是否分类盛装。

ⓑ 检查盖板、挂板、支座等堵具是否存在明显变形，是否有严重漆膜或其他脏物。

ⓒ 将变形或有严重漆膜的盖板、挂板、支座选出后单独放置并标识清楚，然后统一交机修人员处理、修复，保证堵具能够对漆雾进行有效的遮挡。

ⓓ 根据计划要求在各型箱体的废气嘴及打字区粘上纸胶带进行蔽护。

ⓔ 先机加后烤漆的箱体采用定位销合箱后定位，避免在流转过程中位置移动；先烤漆后机加的箱体采用左右体合箱配好后装上定位螺杆定位；对缸体等部分特殊产品需加上支座。

ⓕ 按先后顺序用专用堵具对所有机加面及型腔进行蔽护，确保封堵部位无飞漆进入机加面及型腔内。

g. 吹灰

ⓐ 检查各工件是否蔽护完全，对未蔽护部位立即蔽护。

ⓑ 用压缩气枪对准工件从上到下，将工件及挂具上的灰尘及粉末吹干净。

ⓒ 检查工件在吹灰过程中蔽护堵具是否被吹掉，并补盖好被吹掉的堵具。

ⓓ 检查工件摆放在挂具上的位置是否正确，不正确的立即纠正。

h. 涂底漆（关键过程）、涂面漆（关键过程）、涂清漆（关键过程）

ⓐ 按《涂装调漆作业指导书》要求调制油漆，并在《涂装部调漆记录》中进行记录。

ⓑ 将调制好的油漆置于指定位置，并将吸漆管和搅拌器置于漆桶中。

ⓒ 按《静电喷枪操作规程》要求进行操作，对侧喷机不能喷涂到的部位进行补漆。

ⓓ 按《PPH308 静电旋杯喷涂系统操作规程》开启 PPH308 静电旋杯喷涂系统，按喷涂工艺参数要求喷涂。

ⓔ 观察工件上的盖板、挂板等堵具是否存在移位或掉落现象，重新盖好移位及掉落的堵具。

ⓕ 检查喷涂后工件的表面外观质量，填写《涂装部首件三检单》《涂装部关键过程记录》。

ⓖ 在未用完的油漆桶上的《涂装油漆标签》上记录该桶油漆的使用情况，将用完的漆桶返回油漆库房。

ⓗ 喷涂工艺参数：漆压，$0.2 \sim 0.4$ MPa；成形气压，$3 \sim 5$ kg/cm^2；涡轮气压，$2 \sim 3.5$ kg/cm^2；静电压，$30 \sim 65$ kV。

i. 中烘、固化烘干

ⓐ 中烘：将底漆、面漆稍加烘烤，增加漆层附着力，严格控制工艺参数以免引起咬底。中烘温度为 $100 \sim 140$℃，时间为 $8 \sim 20$ min。

ⓑ 固化烘干：工艺参数，$130 \sim 150$℃。

j. 下堵具

ⓐ 将箱体打字区、废气嘴及粘贴纸胶带部位的胶带取下，并将打字区的黏胶处理干净。

ⓑ 按顺序将各类堵具取下并分类放置在各个相应盛具内。

ⓒ 在下盖板、挂板、支座等堵具时必须轻拿轻放，严禁野蛮操作、乱扔、乱摔，要求盖板、挂板、支座等堵具放入时盛具的距离不超过 10cm，严禁远距离（大于 10cm）将堵具丢入堵具盛具内。

ⓓ 检查工件各封堵孔的挂具是否取完。

k. 成品检验

ⓐ 检测烤漆成品表面外观、颜色、附着力、硬度等检验项目，并对不合格品做相应标识。

ⓑ 填写《涂装成品检验日报表》及《涂装部烤漆成品抽查记录表》。

ⓒ 出口产品的检验结果记录在《涂装部出口产品检测记录表》上，对出口缸头、缸体、缸盖进行耐 90# 汽油擦拭性检测，并通知当班巡检、质检班长签字确认。

ⓓ 核对下件工填写的标识卡与实物及涂装烤漆计划单要求是否相符，然后加盖检验印章。

ⓔ 对批量不合格品提出书面报告，交质检班长进行处理，监督喷涂线下件工位员工处理好后序补漆、除锈、打油、吹灰等工作。

ⓕ《涂装成品检验日报表》按班别、品种进行汇总后交统计员，同时白班检验员在夜班所喷底漆标识锁到达成品检验工位后，将已记录的部分进行统计后立即上交部门统计员，以便统计夜班产量。

l. 下件

ⓐ 将成品检验判为不合格的产品从挂具上取下，分层放在盛装不合格品的盛具上。

ⓑ 检查吹灰或不再清洗的产品密封面是否存在明显漆膜、漆渣，推磨漆膜、漆渣后用气管将工件表面及型腔内灰尘吹干净，并对缸体等需防锈的产品进行打油。

ⓒ 检查工件表面是否存在局部缺漆，对局部缺漆部位按《涂装补漆工艺规程》要求进行补漆处理。

ⓓ 将合格品取下，按色号、状态、品种分类摆放在对应生产线号所要求的盛具中，下件过程中要轻拿轻放，不允许工件的烤漆面相互接触，并按照《涂装工作程序》中规定的盛具及容量进行盛装、防护。

ⓔ 同一产品下线完成或盛满一个盛具时，需填写《产品标识卡》，其中生产单位栏前面第一部分填写下件班组代号，第二部分填喷涂班组代号和底、面、罩光工位点代号，并在《产品标识卡》的状态栏填写质量状态（如"合格""色差不合格让步使用"等），然后由成品检验加盖检验印章。

ⓕ 每个生产序号的成品下线完后在《涂装部生产计划及完成情况反馈表》上作相应记录。若挂件数与下件数不符合应立即上报当班班长，由当班班长上报课长，课长负责将差缺件组织补充到位。

（3）补漆工艺

① 补漆工艺流程为：调漆→表面处理→补漆→固化。

② 补漆前要对表面进行表面处理，将需补漆部位用 360# 水砂纸进行局部砂磨平整；用抹布（可浸 X-6 稀释剂或 90# 汽油）将砂磨部位及其周围的油污等杂质处理干净；用压缩空气对需补漆部位进行吹灰处理；将不需补漆的部位进行遮挡。

③ 对于主视面补漆面积小于 $2mm^2$、非主视面补漆面积小于 $6mm^2$ 的部位，可以用毛笔点漆进行补漆，但补漆后不得影响整体外观。

④ 对于主视面补漆面积超过 $2mm^2$、非主视面补漆面积超过 $6mm^2$ 的部位，必须用喷涂的方法进行补漆。首先调整喷枪的气压大于 0.4MPa，然后调整吐漆量适量，并在纸板上做试喷涂，对需补漆部位喷涂两遍以上，每遍漆膜厚度不得大于 $20\mu m$，补漆后不得影响整体外观。

⑤ 补漆后的工件自干后，对下工序无影响的部位可直接流入下工序，对下工序有影响的部位要求指压后无明显压痕，方可流入下工序。

⑥ 如果为打字框补漆或大面积补漆，需退回涂装部进行烘烤后方可流入下工序。

（4）推磨

① 要求　机加平面上无漆堆、明显漆膜、漆渣、磕碰伤、缺料；推磨后的磨痕均匀，无单向推磨痕迹或某方向的磨痕明显深于其余方向的磨痕；推磨、吹灰、打油后箱体的清洁度符合《各机型发动机零部件清洁度限值内控技术要求》。

② 平面度检测方法　工件放在平台上，用塞尺从不同部位塞入被检平面与平台间的间隙，若工件对塞尺有压力感，则其平面度为合格。普通右盖≤0.07mm，箱体及其他右盖≤0.05mm。

（5）套色

① 凹字着色称套色，凸字着色称烫色，凸字周围着色称托色。字样是否着色处理的唯一依据是计划单。

② 套色后的工件需进行烘干或自干。

三、塑料涂装工艺

1. 塑料种类、特点及涂装的目的

近几年我国塑料工业迅速发展，国内应用较广泛的工程塑料有 ABS、PC（聚碳酸酯）、POM（聚甲醛），通用塑料有 PS、PC、PP、PVC 等，所生产的塑料制品种类也在日益增多。塑料质量轻，耐腐蚀性优越，传热导电性差，易压制成形状复杂的器件，在产品结构上可代替部分有色金属和轻金属，在人们的生活、学习和工作中也处处可见，在很大范围内代替了木材和钢铁。表 4-3 列出了常用塑料及其性能。尽管塑料制品本身不会生锈，具有耐腐蚀性和一定的装饰性，但寿命较短，在塑料件上喷涂合适的涂料，可以延长其使用寿命，提高相关性能。总的来说，塑料表面涂装的目的主要有以下三个方面：

① 装饰作用：达到外观高光泽、与其他材料同色或异色等高装饰性效果；

② 保护作用：提高塑料的耐紫外线、耐溶剂、耐化学品、耐光老化等性能；

③ 特种功能：通过涂装耐划伤涂料，提高塑料表面的抗划伤性能等。

所以说塑料表面经过涂饰不仅大大提高塑料制品的附加值，同时也提高了其外观装饰效果，改善了塑料制品的理化性能。

表 4-3　常用塑料及其性能

品种名称及代号		热变形温度/℃，1.86MPa	连续使用温度/℃	线膨胀系数（×10^{-3}）/℃	伸张强度/(N/cm)	结晶度	极性	溶解度参数（×10^3)/(J/m^3)$^{1/2}$
丙烯腈-丁二烯-苯乙烯共聚物	耐热性	96～118	87～110	6.0～9.0	4500～5700	—	—	
	中抗冲性	87～107	71～93	5.0～8.5	4200～6200	—	—	
	高抗冲性	87～103	71～99	9.5～10.5	3500～4400	—	—	
聚乙烯	低压	30～55	121	12.6～18.0	700～2400	大	小	16.16
	超高分子量	40～50		7.2	3000～3400	大	小	16.16
	玻纤增强	126	—	3.1	8400	大	小	16.16
聚氯乙烯	硬质	55～57	55～80	5.0～18.5	3520～5000	中等	小	19.44～19.85
	软质	—	55～80	7.0～25.0	1050～2460	中等	小	19.44～19.85
聚丙烯	纯料	55～65	121	10.8～11.2	3500～4000	大	小	15.96～16.37
	玻纤增强	115～155	155～165	2.9～5.2	5500～7700	大	小	15.96～16.37
苯乙烯	纯料	65～96	60～75	6.0～8.0	3500～8400	小	稍大	17.60～19.85
	改性(204)	—	60～96	—	≥5000	小	稍大	17.60～19.85
	玻纤增强	90～105	82～93	3.0～4.5	6000～10500	小	稍大	17.60～19.85

续表

品种名称及代号		热变形温度/℃，1.86MPa	连续使用温度/℃	线膨胀系数(×10⁻³)/℃	伸张强度/(N/cm)	结晶度	极性	溶解度参数(×10³)/(J/m³)^{1/2}
聚甲基丙烯酸甲酯	浇筑料	95	68～90	7.0	5600～8120	小	稍大	18.41～19.44
	模塑料	95	65～90	5.0～9.0	4900～7700	小	稍大	18.41～19.44
聚碳酸酯	纯料	85	120～130	5.0～7.0	6600～7000	—	—	—
	玻纤增强	230～245	180	2.1～4.8	9800～14800	—	—	—
聚甲醛	均聚性	124	90	7.5～10.8	6700～7700	—	—	—
	共聚性	110～157	104	7.6～11.0	5400～7000	—	—	—
	玻纤增强	150～175	80～100	3.4～4.3	12600	—	—	—
聚甲醚	纯料	185～193	185～220	5.0～5.6	6650～7700	—	—	—
	改进	169～190	100～130	6.0～6.7	6700	—	—	—
尼龙66	未增强	66～86	80～120	9.0～10.0	10000～11000	大	较大	25.98～27.83
	玻纤增强	110	85～150	1.2～3.2	12600～28000	大	较大	25.98～27.83
尼龙1010	未增强	45	80～120	10.5～16.0	8200～8900	—	—	—
	玻纤增强	180	—	3.1	11000～31000	—	—	—
氟塑料	F-4	55	250	10.0～12.0	2100～2800	—	—	—
	F-46	54	205	8.3～10.5	1900～2000	—	—	—
酚醛		150～190	—	0.8～4.5	3200～6300	较小	中	19.64～20.66
脲醛		125～145	—	2.2～3.6	3800～9100	小		19.64～20.66
三聚氰胺		130	—	2.0～4.5	3800～4900	小		19.64～20.66
环氧		70～290	—	2.0～6.0	1500～7000	小		19.64～20.66

2. 塑料用涂料

塑料用涂料具有普通涂料的共同性能，但也有其特点。对于热固性塑料制品，例如环氧树脂、不饱和酯树脂、酚醛树脂层压品等，基本能采用普通涂料施工技术，涂装市售涂料。当然，这些塑料制品也有各自的专用涂料。聚乙烯（PE）、聚丙烯（PP）、聚四氟乙烯类塑料，由于分子极性小，分子空间排列有规律，结晶性高，自凝力大，故对涂料的附着力差，通常必须进行化学或物理处理，使塑料表面活化才能涂饰适当的涂料。其他热塑性塑料和各种特殊性能的塑料，因分子结构、耐溶剂性和耐热性不同，须根据塑料种类选用不同的溶剂和涂料。例如，硝基喷漆稀释剂溶解聚苯乙烯（PS），若用硝基漆涂饰PS制品，就会使其表面变形或泛白。又如，在软质聚氯乙烯（PVC）制品上涂装时，若溶剂选择不当，则漆料或溶剂可能萃取出塑料中所含的增塑剂，从而引起泛色，有损PVC的原有性能。此外，塑料的热变形温度比金属低得多，所以低温固化的烘漆和辐射固化涂料等最适宜作塑料用涂料。

欲正确开发和使用塑料用涂料，使其发挥有效的作用，必须充分了解塑料和涂料的理化性能及其相互关系，掌握塑料用涂料配方设计原则及专用溶剂的选择。

（1）塑料用涂料基料的选择

塑料一般分为热塑性和热固性两大类。某些塑料耐溶剂性差，涂装含强溶剂的涂料，会引起开裂或细裂。同一种塑料，因结晶度、分子量和成型条件差异，漆膜附着力也有差别；塑料制品表面有脱膜剂等，造成漆膜附着不良、缩孔等缺陷；塑料表面自由能低，不易为涂料润湿；塑料制品成型加工后有应力残留，往往涂装后立即或经过一段时间后出现细裂，所以塑料制品选用涂料，首先要考虑耐溶剂性。此外，由于热变形温度的限制，热塑性塑料不宜采用热固性涂料，一般选用溶剂挥发型涂料，但亦须考虑合适的强制干燥温度。热固性塑料虽无热变形温度的限制，但亦不宜采用过高固化温度的涂料，过高温度下塑料易老化。塑料制品多采用溶剂挥发型或反应型涂料。部分塑料制品适用的涂料如表4-4所列。

表 4-4　塑料类型和所对应的涂料类型

塑料类型	涂料类型
聚乙烯(PE)	环氧树脂涂料、丙烯酸树脂涂料
聚碳酸酯(PC)	丙烯酸酯聚氨酯涂料、有机硅涂料、氨基树脂涂料
聚丙烯(PP)	环氧树脂涂料、无规氯化聚丙烯涂料
聚氯乙烯(PVC)	聚氨酯涂料、丙烯酸树脂涂料
聚苯乙烯(PS)	丙烯酸树脂涂料、丙烯酸硝基涂料、环氧树脂涂料、丙烯酸过氯乙烯树脂涂料
乙酸纤维素	丙烯酸树脂涂料、聚氨酯涂料
丙烯腈-丁二烯-苯乙烯(ABS)	环氧树脂涂料、醇酸硝基涂料、酸固化氨基涂料、聚氨酯涂料
尼龙(PA)	丙烯酸树脂涂料、聚氨酯涂料
有机玻璃(PMMA)	丙烯酸树脂涂料、有机硅涂料
玻璃纤维增强聚酯	聚氨酯涂料、环氧树脂涂料
酚醛塑料	聚氨酯涂料、环氧树脂涂料

（2）塑料用涂料中溶剂的选择

目前塑料用涂料多半为溶剂型。如果塑料制品被涂料中的溶剂（或稀释剂）溶解或溶胀，则涂饰干燥后可能出现泛色、细裂、失光和表面粗糙等现象。若塑料制品成型时有内应力，一旦表面局部溶解或溶胀，更易引起开裂。有时龟裂缝很细，肉眼看不见，但将降低涂层的光泽和抗冲击性。所以，应根据塑料制品的形状、厚度及所用塑料的等级选择溶剂，使溶剂的溶解度参数位于该塑料溶解度参数范围的边缘，溶剂仅轻微浸入塑料制品表面。专用溶剂的配方往往是根据对塑料底材的影响、溶解力、附着性和流平性等设计的。尤其是像涂饰电视机壳的塑料底材（ABS、HIPS），有时溶剂的溶解力差，会造成高压高频性能消失。表 4-5 列举了塑料用涂料（丙烯酸系）专用溶剂配方组成。塑料用涂料各类溶剂的功能列于表 4-6。

表 4-5　塑料用涂料专用溶剂配方

溶剂类型	质量比/%	溶剂类型	质量比/%
醇类	25～40	酮类	5～30
酯类	40～55	醇醚类	0～25

表 4-6　塑料用涂料各类溶剂的功能

溶剂类型		性质
醇类	真溶剂	溶解涂料中的树脂
酯类		对塑料制品底材的浸蚀力强
酮类	助溶剂	对漆料溶解力小，缓和对底材的浸蚀
醇醚类	助溶剂	促进流平，缓和对底材的浸蚀

从溶剂的挥发速率看，对塑料底材的浸蚀力和流平性的关系为：溶剂挥发性慢，则浸蚀力强，流平性良好；溶剂挥发性快，则浸蚀力弱，流平性差。此外，必须根据不同季节的环境温度和湿度，选用相应的专用溶剂，其选择标准列于表 4-7 和表 4-8。

表 4-7　各季节适用的专用溶剂

季节	现象	专用溶剂类型
夏季	溶剂挥发快、流平性不良	选用挥发速率低的溶剂
冬季	溶剂挥发慢、浸蚀力强、容易流挂	选用挥发速率高的溶剂
高温季节	容易产生发白现象	选用慢干型溶剂或添加防潮剂

表 4-8　涂装环境和溶剂选择的标准

温度/℃	湿度/%	溶剂的选择标准	
15～25	60～75	此条件涂装最佳,涂料的配合也应以该条件为标准	使用中间型溶剂
15～25	45～60	湿度稍低的场合因溶剂挥发快,故选用慢干型溶剂	与夏季用溶剂配合
5～15	45～60	多在冬季涂装的环境,使用具有溶解力的快干型溶剂	使用冬季用溶剂
15～35	75～90	易产生发白现象,使用慢干型溶剂,注意流挂、积存及干燥条件	与夏季用溶剂混合,添加防潮剂 5%～10%
>35	—	采取降低涂装环境温度的方法	使用超慢干型溶剂
<5	—	采取降低涂装环境温度的方法	用涂料专用加热器加热涂料(+10℃左右)
—	90 以上	由于湿气、色调及表面完成后成为变色、凹凸的状态,特别是在高温时难以处理	设置防湿装置

3. 塑料制品的涂装

塑料制品的涂装方法有:空气喷涂、静电喷涂、浸涂、流涂、辊涂、模内或模内注射涂装。通常采用空气喷涂方法,喷涂后在空气中自然干燥,也可烘干,视涂料品种而定。通常丙烯酸涂料需要烘烤才能达到成膜要求,这就要求考虑塑料的变形温度。塑料制品的变形温度不但与塑料品种和等级(分子量、结晶度、改性与否)有关,也与塑料制品形状、厚度等有关。塑料制品涂装后烘干温度一定要低于其变形温度,烘干时间 15～30min。

(1)涂装预处理

依各塑料制品进行相应预处理,然后用去离子空气吹净,并用黏性抹布将塑料件表面细擦一遍,其作用是擦去表面残留颗粒,并对其表面起到改性作用,增强附着力。部分塑料制品涂装前表面处理如表 4-9 所示。

表 4-9　部分塑料制品涂装前表面处理

塑料种类	打磨	溶剂擦拭		洗涤剂处理	铬酸混液处理	火焰处理	加热溶剂处理	特殊处理
		乙醇	烃类溶剂					
ABS	●	●		●				
PS	●	●		●				
PMMA	●	●		●				
PC	●	●		●				
纤维素树脂	●	●		●				
PE			●		●	●	●	特殊底漆
PP			●		●	●	●	特殊底漆
PVC	●	●						
PA	●		●		●	●		磷酸浸渍
聚酯	●		●	●				5% NaOH
脲醛树脂	●		●					
三聚氰胺树脂	●		●					
酚醛树脂	●		●	●				

注:● 表示适合。

(2)涂装环境

喷漆室温度应在 20～32℃范围内;能将喷涂产生的飞漆和溶剂蒸气迅速排出,并能收集 99.0% 以上的漆雾,排风机和排风管不积漆;喷涂房内有定向、均匀的风速,无死角,能确保操作工处于新鲜的流动空气中,空气清洁无尘。喷涂区风速一般为 0.45～0.50m/s;涂料输调管路无堵塞;喷枪口径为 1.0mm,喷枪空气压力在 3～5kg/cm² 内调整,使喷出的漆雾雾化均匀,粗细适中。

（3）喷涂工序

自内而外，自上而下，先次要面，后主要面；保持喷枪与被涂物呈垂直、平行运行，喷枪距离被涂物面20~30cm，以不产生流挂为标准接近工件；喷枪移动速度一般在30~60cm/s内调整，并要求恒定，过慢会产生流挂，过快易使涂膜粗糙；喷雾图样搭接的宽度保持一致，一般为有效喷雾图样图幅的1/4~1/3。水平面"湿碰湿"2道，竖直面"湿碰湿"3道，以遮盖一致为要求，每道之间晾干3~5min。各种漆的黏度应根据室内温度及湿度进行调整。调漆比例应根据涂料产品要求调配。烘烤温度依涂料和塑料制品的具体情况而定。每班结束后应及时用稀释剂将喷枪、黏度杯清洗干净。

塑料制品喷涂应选择相应的配套底漆，底漆喷涂不宜过厚，15μm左右，晾干30min后，如发现工件表面有小凹坑、麻点、颗粒、污物等缺陷，应进行打磨、补刮腻子以消除表面缺陷，增强表面平整度。然后擦去表面打磨灰，再用去离子空气吹净，并用黏性抹尘布将塑料件表面再细擦一遍后，进行面漆喷涂。几种塑料的涂漆工艺参见表4-10。

表4-10 几种塑料的涂漆工艺

工序	ABS	热塑性聚烯烃（TPO）	片状模塑料（SMC）
1	脱脂:60℃中性清洗剂喷洗	脱脂:碱性清洗剂60℃喷30s	打磨:除脱模剂,300#~400#水砂纸
2	水洗（喷）	水喷洗30s	水洗
3	水洗（喷）	水喷洗30s	干燥
4	干燥:60℃热风	干燥:60℃热风,5min	除尘:依情况采用离子化空气
5	冷却	表调:专用表面活性剂溶液喷射,保留30s	喷涂:底漆和面漆
6	除尘:离子化压缩空气	马上擦干,离子化空气除尘	干燥:自干或强制干燥
7	喷漆:空气喷涂	喷附着力促进剂	检查
8	干燥:60~80℃,15~30min	闪干5~10min	—
9	冷却	喷底漆、中涂、面漆等	—
10	检查	强制干燥:60℃,30min	—
11	—	冷却,检查	—
备注	喷漆时,应防止涂料强溶剂对材质表层产生过度溶胀,可先薄喷一道打底	底、中、面漆都喷时,每一层都应强制干燥后再喷下一层	打磨是去除脱模剂的有效办法,并可加大漆膜附着力

（4）漆膜外观及后续处理

对表面的流挂、橘皮、颗粒等不明显的缺陷，应进行抛光处理，即用单面刀片轻轻刮去面漆表面的颗粒、流挂，然后用1200#砂纸轻轻打磨，对局部过重橘皮也应打磨。最后用抛光蜡抛去表面磨痕和砂纸纹等缺陷，使外观质量达到无污物、颗粒、流挂、气泡、麻点、缩孔、发花、遮盖不良等涂膜缺陷，涂装过程中可能出现的问题及解决方法如表4-11所列。

表4-11 涂装过程中可能出现的问题及解决方法

出现的问题	原因	解决方法
附着不牢	制品表面残留脱模剂;压缩空气含水、油等物;运输或操作者手上有油污	改进模具,不用脱模剂;定期放出压缩机中的油和水,安装气水分离装置;操作者戴吸汗手套
塑料表面被溶蚀	涂料中溶剂溶解力过强;塑料制品密度不均;塑料用树脂聚合得不好	调整稀释剂组成,如加些丁醇;改进模具、注塑工艺中的温度及熔融时间;选择合适树脂
涂膜表面平整度差	施工时涂料黏度大,干燥速率过快,稀释剂挥发过快	调整施工黏度,在干燥流水线上逐渐升高温度;在稀释剂中加些高沸点溶剂
涂膜发生泛白现象	湿度大,溶剂挥发过快,溶剂中高沸点溶剂的溶解力差	降低湿度或加热工件;加些挥发速率慢、溶解力强的溶剂,替换高沸点的溶剂

续表

出现的问题	原因	解决方法
涂膜颜色和光泽不匀,即发花现象	树脂拼配不适当,加热干燥速率过快,涂料润湿不好	重选涂料;由低温到高温逐渐加热,改善成型工艺
涂膜硬度不够	干燥不充分,涂膜过厚,塑料中增塑剂迁移,高沸点溶剂释放不出来	提高干燥效率,控制涂膜在 $15\sim25\mu m$,选择硬度高的树脂,调整溶剂组成

思考题

1. 喷枪口径大小的选择应从哪些方面来考虑？如何解决环境温度变化对喷枪漆膜质量的影响？

2. 电泳设备由哪几部分组成？电压、电导率、pH 对电泳各产生什么影响？

3. 常用汽车车身用涂料及涂装方法如何选择？

4. 如何改善塑料表面的涂漆性？

第四节　粉末涂料的性能测试

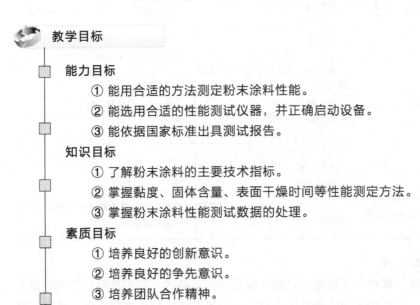

教学目标

能力目标
① 能用合适的方法测定粉末涂料性能。
② 能选用合适的性能测试仪器，并正确启动设备。
③ 能依据国家标准出具测试报告。

知识目标
① 了解粉末涂料的主要技术指标。
② 掌握黏度、固体含量、表面干燥时间等性能测定方法。
③ 掌握粉末涂料性能测试数据的处理。

素质目标
① 培养良好的创新意识。
② 培养良好的争先意识。
③ 培养团队合作精神。

对于粉末涂料来说，涂料和涂层的检验指标非常重要，直接关系到涂层外观性能和产品质量。由于粉末涂料产品的特殊状态，使得其检验方法与常规涂料也不同。粉末涂料的检验可以参照国家标准。

1. 表观密度

密度即在规定的温度下，物体的单位体积的质量。密度的测定按《色漆和清漆　密度的测定　比重瓶法》（GB/T 6750—2007）进行。测定密度可以控制产品包装容器中固定容积的质量。

2. 颗粒细度粒度和粒径分布

涂料中颜填料的分散程度，可以用测定细度的方法了解。

色漆的细度是一项重要指标，对成膜质量、漆膜的光泽、耐久性、涂料的贮存稳定性等均有很大的影响。但也不是越细越好，过细不但延长了研磨工时，占用了研磨设备，有时还会影响漆膜的附着力。测细度的仪器通称细度计。测不同的细度，需要不同规格的细度计，《色漆、清漆和印刷油墨　研磨细度的测定》（GB/T 1724—2019）中有 3 种规格：$100\mu m$、$50\mu m$ 和 $25\mu m$。美国 ASTM D1210（79）分级用海格曼级、mil（密耳）和油漆工艺联合会 FSPT 规格表示，它们与微米的换算关系如图 4-2 所示。

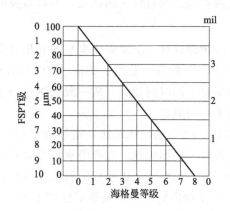

图 4-2　研磨细度换算图（1mil＝$25\mu m$）

3. 不挥发物含量

不挥发物含量是在指定的温度、时间条件下，样品经挥发得到剩余物的质量分数。对成膜质量、漆膜的光泽、耐久性、涂料的贮存稳定性等均有很大的影响。不挥发物含量的测定按《色漆、清漆和塑料　不挥发物含量的测定》（GB/T 1725—2007/ISO 3251：2003）进行。

4. 粉末流动性

粉末流动性指粉末在一定的压力、温度和速度的运载空气中，自由、均匀和连续流动的能力。粉末流动性直接影响混合均匀性，流动性太差，在混合时容易黏附、抱团，无法将其混合均匀；但是流动性太好，也不易混合均匀；流动性太好，容易与其他粉末分离，即使混合均匀，在出料、运输、装粉等过程中，均容易导致分层。粉末流动性的测定按《金属粉末　流动性的测定　标准漏斗法（霍尔流速计）》（GB/T 1482—2010）进行。

5. 胶化时间

胶化时间是指热固性树脂在一定温度下从融化到产生凝胶的时间。胶化时间的测定可以按《热固性粉末涂料　在给定温度下胶化时间的测定》（GB/T 16995—1997）进行。

6. 颗粒细度

粉末涂料和溶剂型涂料的显著区别是分散介质不同。

在溶剂型涂料中，使用有机溶剂作为分散介质；而在粉末涂料中，则使用净化的压缩空气作为分散介质。粉末涂料在喷涂时呈分散状态，不能调节涂料的颗粒度。因此，适合静电喷涂的粉末颗粒细度是重要的。

适合静电喷涂的粉末涂料，其颗粒度最好在 $10\sim90\mu m$（即＞170 目）。粒度小于 $10\mu m$ 的粉末称超细粉末，它很容易损耗在大气中，超细粉的含量不能太多。这里值得注意的是，粉末的颗粒度和涂膜的厚度有关，对粉末涂料的颗粒度要有一定的分布范围才能得到厚度均匀的涂膜。如要求涂膜的厚度是 $25\mu m$，则粉末涂料的最大颗粒不能超过 $65\mu m$（$200\sim240$ 目），而大部分粉末都应通过 $35\mu m$（$350\sim400$ 目）。为了控制和调整粉末颗粒的大小，在粉碎设备上应能加以调整，但对我国的粉末制造厂来讲，当前还做不到这一点。

粉末涂料的颗粒分布可用 KCY 型自动记录颗粒测定仪进行测试。粉末的颗粒度超过 $90\mu m$ 时，在静电喷涂时，颗粒所带的电荷与质量之比很小，大颗粒粉末的重力很快超过空气动力和静电力，因此，大颗粒粉末具有较大的动能，不容易吸附到工件上去。

7. 干燥时间

涂料的干燥过程根据涂膜物理性状（主要是黏度）的变化过程可分为不同阶段。习惯上分为表面干燥、实际干燥和完全干燥三个阶段。美国 ASTM D1640—69（74）把干燥过程分成八个阶段。由于涂料的完全干燥时间较长，故一般只测表面干燥和实际干燥两项。

（1）表面干燥时间（表干）的测定

常用的方法有 GB/T 1728—79 中的吹棉球法、指触法和 GB/T 6753.2—86 中的小玻璃球法。吹棉球法是在漆膜表面放一脱脂棉球，用嘴沿水平方向轻吹棉球，如能吹走而漆膜表面不留有棉丝，即认为表面干燥，指触法是以手指轻触漆膜表面，如感到有些发黏，但无漆粘在手指上，即认为表面干燥或称指触干。小玻璃球法是将约 0.5g 的直径为 $125\sim250\mu m$ 的小玻璃球，当能用刷子轻轻刷离，而不损伤漆膜表面时，即认为达到表干。

（2）实际干燥时间（实干）的测定

常用的有压滤纸法、压棉球法、刀片法和厚层干燥法。GB/T 1728—79 中有详细的规定。

由于漆膜干燥受温度、湿度、通风、光照等环境因素影响较大，测定时必须在恒温恒湿室进行。

8. 涂布率或使用量（耗漆量）

涂布率是指单位质量（或体积）的涂料在正常施工情况下达到规定涂膜厚度时的涂布面积，单位是 m^2/kg 或 m^2/L。

使用量（耗漆量）是指在规定的施工情况下，单位面积上制成一定厚度的涂膜所需的漆量，以 g/m^2 表示。

涂布率或使用量可作为设计和施工单位估算涂料用量的参考。在涂料使用量测定法中，测定的方法有刷涂法、喷涂法等，喷涂法所测得的数值，不包括喷涂时飞溅和损失的漆，同时由于测定者手法不同造成涂刷厚度的差异，故所测数值只是一个参考值，现场施工时受施工方法、环境、底材状况等许多因素影响，实际消耗量会与测定值有差别。

9. 流平性

流平性是指涂料在施工之后，涂膜流展成平坦而光滑表面的能力。涂膜的流平是重力、表面张力和剪切力的综合效果。

在涂料流平性测定法中规定了流平性测定法，有刷涂法和喷涂法两种，以刷纹消失和形成平滑漆膜所需时间来评定，以分钟表示。美国 ASTM D2801—69（81）的方法是用有几个不同深度间隙的流平性试验刮刀，将涂料刮成几对不同厚度的平行的条形涂层，观察完全和部分流到一起的条形涂层数。与标准图形对照，用 $0\sim10$ 级表示，10 级最好，完全流平；0 级则流平性最差，此法适用于白色及浅色漆。ASTM D4062—81 规定了检测水性和非水性浅色建筑涂料的流平性的方法。

10. 涂膜厚度

测定漆膜厚度有各种方法和仪器，应根据测定漆膜的场合（实验室或现场）、底材（金属、木材等）、表面状况（平整、粗糙、平面、曲面）和漆膜状态（湿、干）等因素选择合适的仪器。

测量干膜厚度有很多种方法和仪器，但每一种都有一定的局限性。依工作原理，大致可分为两大类：磁性法和机械法。

11. 遮盖力（对比率）

色漆均匀地涂刷在物体表面，通过涂膜对光的吸收、反射和散射，使底材颜色不再呈现出来的能力称为遮盖力，有湿膜遮盖力干膜遮盖力两种。干膜遮盖力常用对比率来表示，适用于测定在固定的涂布率（$20m^2/L$）条件下的遮盖力。

12. 电阻率和介电常数

对于粉末静电喷涂工艺，重点要考虑的是粉末涂料颗粒接受电荷、保持电荷和电荷分布情况，这直接影响到粉末对工件的吸附力和沉积效率，此外，重要的是，未经固化的粉末涂层必须经得起传送机构的机械振动而不掉粉。实际上，影响粉末颗粒接受电荷和保持电荷的主要因素是粉末涂料的介电常数，粉末的介电常数越低，颗粒带电越容易，但丧失电荷也越容易，这表现为粉末在工件上的吸附力不牢，略受振动就掉粉，对于静电喷涂的粉末涂料，应尽可能地用高介电常数，它将使粉末吸附力大大提高，涂膜更均匀。但是介电常数高的粉末涂料带电较困难，这就需要在静电喷粉枪的结构上加以改进，采用多电极的强制带电结构。

对于粉末涂料来讲，它均是高分子化合物组成的（如环氧粉末、聚酯粉末等），它们对工件的吸附力主要有两个：库仑力（静电力）和范德瓦尔斯（Van de Waals）力（分子力）。高分子化合物均有较高的电阻率，因此库仑力（静电力）是大而可靠的。粉末本身的电阻率，将决定粉末在一定的静电电场强度下的带电状态，如：当粉末的电阻率在 $10^{13}\Omega$ 时，静电电压只要 $30\sim50kV$，就能使粉末良好地带电；而粉末的电阻率在 $10^8\sim10^9\Omega$ 时，则要施加 $100\sim120kV$ 的静电电压才能得到上述的带电效果。粉末的电阻率与静电电压的关系能否自动限制粉末沉积层的厚度，这与粉末本身的电阻率关系很大，实验证实，只有高电阻率的粉末才能得到合适的涂膜。电阻率的测定按《色漆和清漆 电导率和电阻的测定》（GB/T 33328—2016）进行。

13. 含水量

粉末涂料本身的吸湿性（含水量）直接影响粉末的自身电阻与介电常数。如果粉末严重吸湿则会结团，这时无法进行静电喷涂。一般的吸湿，除了影响其带电性能外，还将降低粉末的流动性和成膜性，从而使涂膜不平滑甚至难以在工件上吸附，并且得到的涂膜会产生气泡和针孔。

粉末涂料的吸湿除保存贮存时不注意引起的外，还与喷涂时压缩空气的净化程度有关。因为压缩空气中易产生冷凝水，在空气净化系统中一定要有过滤吸湿装置，使通向供粉器的空气中的含水量降低到最小的程度。

另外，粉末喷涂现场的空气相对湿度也是要加以重视的。据资料报道，相对湿度每变化 30%，就相当于粉末的电阻率变化两个数量级。

14. 沉积效率

沉积效率是指沉积的粉末质量相对于喷出的粉末质量的比例，以质量分数（％）来表示。沉积效率可以评断粉末涂料在移动工件上施工性能的好坏。沉积效率的测定按《粉末涂料　第 10 部分：沉积效率的测定》（GB/T 21782.10—2008/ISO 8130—10：1998）进行。

15. 稳定性

粉末涂料的稳定性是指粉末在贮存或使用中是否会发生粉末结块、流平特性变差、带电效果变差、涂膜的橘纹明显、光泽减弱、针孔气泡等现象。

在试制粉末涂料时，一定要注意其存放的稳定性，只有具有一定稳定性的粉末涂料，才能让用户使用。国外在粉末涂料中常常加入一些助剂来增强粉末涂料的稳定性，因此这类粉末涂料在一般的潮湿空气中或温度高达 70～75℃也不会产生结块。

粉末涂料的稳定性是以粉末涂料在一定的温度下，处理一定时间后测定其流平性变化情况来确定的。因为粉末涂料的稳定性说明了粉末涂料在存放条件下分子发生交联反应的程度；粉末的交联反应发生越激烈，粉末的分子量就越大，表现为粉末在固化温度下的黏度增高，而流平特性变差。

试验证实，作为粉末静电喷涂工艺两大组成部分之一的粉末涂料的性质是不容忽视的；在研制、探讨静电喷涂设备的同时，也应对粉末涂料的技术要求加以重视。这样两方面的共同研究，才能达到取得高质量粉末涂膜的目的。

思 考 题

1. 粉末涂料性能检测主要测试哪些性能指标？
2. 粉末涂料的表面干燥时间如何测定？

第五章
光（UV）固化涂料的生产及检验

第一节 光固化涂料树脂的合成

 教学目标

能力目标

① 能根据光固化涂料树脂合成的原理，选择正确的原料。

② 能搭建正确的树脂合成装置。

③ 能在合成过程中控制好操作参数，合成产品。

知识目标

① 掌握光固化涂料树脂合成原理。

② 理解光固化涂料树脂分类、特点与应用。

③ 掌握合成过程中操作参数的控制方法。

素质目标

① 自觉遵守各项规章制度。

② 严格按操作规程操作，有良好的工作习惯。

③ 具备良好的团队协作意识。

④ 能自主学习，具有研究问题和独立解决问题的初步能力。

一、光固化涂料概述

在当代世界化学工业中，涂料工业的地位日益重要。据统计，在发达国家，涂料生产约占化学工业年产值的 10％。这不仅是因为涂料工业投资少、见效快、经济效益高，更重要的是涂料在发展现代工业方面起着非常重要的辅助作用，从日常生活用品到国防尖端产品，从传统产业到高新技术部门，均需要涂料产品起保护、装饰作用或赋予特殊功能。目前国外许多经济学家甚至以涂料工业的发展情况作为衡量一个国家工业发展水平的尺度和标志。目前市场中最常见的涂料品种主要有五种：溶剂型涂料、光固化涂料、粉末涂料、水性涂料、高固体分涂料。光固化液体涂料是 20 世纪 60 年代开发的一种环保节能型涂料。它具有无或低 VOCs 排放、节省能源（耗能仅为热固化粉末涂料的 1/10～1/5）、固化速率快（0.1～

10s)、生产效率高、适合流水线生产、固化温度低、适合涂覆热敏基材等优点。这种涂料以高能量的紫外线作为固化能源，由涂料中的光引发剂吸收紫外线产生自由基，引发光敏树脂（低聚物）和活性稀释剂分子发生连锁聚合反应，使涂膜交联固化。

光固化涂料与普通涂料的基本组成类似，均由四类物质构成。

普通涂料：树脂、溶剂、催化剂、各种添加剂；

光固化涂料：低聚物、活性稀释剂、光引发剂、各种添加剂。

光固化涂料的品种繁多，性能各异，其主要成分一般均包括光引发剂、活性稀释剂、低聚物及各类添加剂。光固化涂料中的光引发剂相当于普通涂料中的催化剂，光固化涂料通过光引发剂吸收紫外线而产生自由基或阳离子，引发低聚物和活性稀释剂发生聚合和交联反应，形成网状结构的涂膜。光固化涂料中的活性稀释剂相当于普通涂料中的溶剂，但它除了具有稀释作用、调节体系黏度外，还要参与光固化反应，影响涂料的光固化速率和涂膜的力学性能。在结构上它是具有光固化基团的有机化合物。光固化涂料中的低聚物相当于普通涂料中的树脂，都是成膜物，它们的性能对涂料的性能起主要作用，在结构上低聚物必须具有光固化基团。

1. 低聚物的结构特点

光固化涂料用的低聚物是一种分子量相对较低的感光性树脂，具有可以进行光固化反应的基团，如各类不饱和双键或环氧基等。在光固化涂料中的各组分中，低聚物是光固化涂料的主体，它的性能基本上决定了固化后材料的主要性能。因此，低聚物的合成和选择无疑是光固化涂料配方设计的重要环节。

自由基光固化涂料用的低聚物都是具有 $C=C$ 不饱和双键的树脂，如丙烯酰氧基（$CH_2=CH-COO-$）、甲基丙烯酰氧基 [$CH_2=C(CH_3)-COO-$]、乙烯基（$C=C$）、烯丙基（$CH_2=CH-CH_2-$）等。按照自由基聚合反应速率快慢排序：丙烯酰氧基＞甲基丙烯酰氧基＞乙烯基＞烯丙基。因此，自由基光固化用的低聚物主要是各类丙烯酸树脂，如环氧丙烯酸树脂、聚氨酯丙烯酸树脂、聚酯丙烯酸树脂、聚醚丙烯酸树脂、纯丙烯酸酯树脂或乙烯基树脂等。其中实际应用最多的是环氧丙烯酸树脂、聚氨酯丙烯酸树脂。表 5-1 列举了几种常用低聚物的性能。

表 5-1　几种常用低聚物的性能

低聚物	固化速率	拉伸强度	柔性	硬度	耐化学药品性	耐黄变性
环氧丙烯酸树脂(EA)	高	高	不好	高	极好	中
聚氨酯丙烯酸树脂(PUA)	可调	可调	好	可调	好	可调
聚酯丙烯酸树脂(PEA)	可调	中	可调	中	好	不好
聚醚丙烯酸树脂	可调	低	好	低	不好	好
纯丙烯酸酯树脂	慢	低	好	低	好	极好
乙烯基树脂(UPE)	慢	高	不好	高	不好	不好

2. 低聚物的选择

光固化涂料中低聚物的选择要综合考虑下列因素。

（1）黏度

选用低黏度树脂，可以减少活性稀释剂用量，但低黏度树脂往往分子量低，会影响成膜后的物理力学性能。

（2）光固化速率

选用光固化速率快的树脂是一个很重要的条件，不仅可以减少光引发剂用量，而且可以满足光固化涂装生产线快速固化的要求。一般说来，官能度越高，光固化速率越快，环氧丙烯酸酯树脂光固化速率快，胺改性的低聚物光固化速率也快。

（3）物理力学性能

光固化涂料漆膜的物理力学性能主要由低聚物固化膜的性能来决定，而不同品种的光固化涂料其物理力学性能要求也不同，所选用的低聚物也不同。漆膜的物理力学性能主要有下列几种。

① 硬度 环氧丙烯酸酯和不饱和聚酯一般硬度高；低聚物中含有苯环结构也有利于提高硬度；官能度高，交联密度高，T_g 高，硬度也高。

② 柔韧性 聚氨酯丙烯酸树脂、聚酯丙烯酸树脂、聚醚丙烯酸树脂和纯丙烯酸酯一般柔韧性都较好；低聚物含有脂肪族长碳链结构，柔韧性好；分子量越大，柔韧性也越好；交联密度低，柔韧性变好；T_g 低，柔韧性好。

③ 耐磨性 聚氨酯丙烯酸树脂有较好的耐磨性；低聚物分子间易形成氢键的，耐磨性好；交联密度高的，耐磨性好。

④ 拉伸强度 环氧丙烯酸酯和不饱和聚酯有较高的抗张强度，一般分子量较大、极性较大、柔韧性较小和交联度大的低聚物有较高的拉伸强度。

⑤ 抗冲击性 聚氨酯丙烯酸树脂、聚酯丙烯酸树脂、聚醚丙烯酸树脂和纯丙烯酸酯有较好的抗冲击性；低 T_g、柔韧性好的低聚物一般抗冲击性好。

⑥ 附着力 收缩率小的低聚物，对基材附着力好；含—OH、—COOH 等基团的低聚物对金属附着力好。低聚物表面张力低，对基材润湿铺展好，有利于提高附着力。

⑦ 耐化学性 环氧丙烯酸酯、聚氨酯丙烯酸树脂和聚酯丙烯酸树脂都有较好的耐化学性，但聚酯丙烯酸树脂耐碱性较差；提高交联密度，耐化学性增强。

⑧ 耐黄变性 脂肪族聚氨酯丙烯酸树脂、聚醚丙烯酸树脂和纯丙烯酸酯都有很好的耐黄变性。

⑨ 光泽 环氧丙烯酸酯和不饱和聚酯有较高的光泽，交联密度增大，光泽增加；T_g 高，折光率高的低聚物光泽好。

⑩ 颜料的润湿性 一般脂肪酸改性和胺改性的低聚物对颜料有较好的润湿性，含—OH 和—COOH 的低聚物也有较好的颜料润湿性。

（4）低聚物的玻璃化转变温度 T_g

一般低聚物 T_g 高，硬度高，光泽好；低聚物 T_g 低，柔韧性好，抗冲击性也好。表 5-2 为常用低聚物的折射率和玻璃化转变温度。

表 5-2 常用低聚物的折射率和玻璃化转变温度

产品代号	化学名称	折射率(25℃)	玻璃化转变温度 T_g/℃	拉伸强度 /Pa	伸长率/%
CN111	大豆油 EA	1.4824	35		
CN120	EA	1.5556	60		
CN117	改性 EA	1.5235	51	5400	6
CN118	酸改性 EA	1.5290	48		
CN2100	胺改性 EA		60	1900	6

续表

产品代号	化学名称	折射率(25℃)	玻璃化转变温度 $T_g/℃$	拉伸强度 /Pa	伸长率/%
CN112C60	酚醛 EA (含 40%TMPTA)	1.5345	40		
CN962	脂肪族 PUA	1.4808	−38	265	37
CN963A80	脂肪族 PUA (含 20%TPGDA)	1.4818	48	7217	6
CN929	三官能度 脂肪族 PUA	1.4908	13	1628	58
CN945A60	三官能度脂肪族 PUA (含 40%TPGDA)	1.4758	53	1623	6
CN983	脂肪族 PUA	1.4934	90	2950	2
CN972	芳香族 PUA	1.4811	−47	142	17
CN970E60	芳香族 PUA (含 40%EOTMPTA)	1.5095	70	6191	4
CN2200	PEA		−20	700	20
CN2201	PEA		93	5000	4
CN292	PEA	1.4681	1	1345	3
CN501	胺改性聚醚 丙烯酸酯	1.4679	24		
CN550	胺改性聚醚 丙烯酸酯	1.4704	−10		

（5）低聚物的固化收缩率

低的固化收缩率有利于提高固化膜对基材的附着力，低聚物官能度增加，交联密度提高，固化收缩率也增加。表 5-3 为常见低聚物固化收缩率。

表 5-3　常见低聚物固化收缩率

低聚物	分子量 M	官能度 1	收缩率/%
EA	500	2	11
酸改性 EA	600	2	9
大豆油 EA	1200	3	7
芳香族 PUA(1)	1000	6	10
芳香族 PUA(2)	1500	2	5
脂肪族 PUA(1)	1000	6	10
脂肪族 PUA(2)	1500	2	3
聚醚	1000	4	6
PEA(1)	1000	4	11
PEA(2)	1500	4	14
PEA(3)	1500	6	10

（6）毒性和刺激性

低聚物由于分子量都较大，大多为黏稠状树脂，不挥发，不是易燃易爆物品，其毒性也较低，皮肤刺激性也较低。表 5-4 为常用低聚物的皮肤刺激性。

表 5-4　常用低聚物的皮肤刺激性

产品代号	化学名称	官能度	pH 值
EB600	双酚 A 型 EA	2	0.2
EB860	大豆油 EA	3	0.4

续表

产品代号	化学名称	官能度	pH 值
EB3600	胺改性双酚 A 型 EA	2	0.1
EB3608	脂肪酸改性 EA	2	0.5
EB210	芳香族 PUA	2	2.2
EB230	高分子量脂肪族 PUA	2	2.3
EB270	脂肪族 PUA	2	1.7
EB264	三官能度脂肪族 PUA(含 15%HDDA)	3	3.0
EB220	六官能度脂肪族 PUA	6	0.7
EB1559	PEA(含 40%HEMA)	2	1.8
EB810	四官能度 PEA	4	1.3
EB870	六官能度 PEA	6	0.6
EB438	氯化 PEA(含 40%OTA480)		2.2
EB350	有机硅丙烯酸酯	2	0.9
EB1360	六官能度有机硅丙烯酸酯	6	1.2

二、常用低聚物的合成

基础树脂是光固化体系重要的组成部分，它决定着固化物的柔韧性、硬度、黏结强度等性能。另外，树脂的自身结构对光固化速率影响很大。根据所用光引发剂的不同，基础树脂一般分为阳离子型固化树脂和自由基型固化树脂。

通常，我们把通过阳离子来引发聚合，形成长链高分子聚合物的单体称为阳离子型基础树脂。在理论上，单体能进行阳离子引发方式聚合，其都可以在阳离子固化体系中得以应用。在 20 世纪 80 年代末广泛研究了利用此固化方式的一些树脂，其中以环氧类、乙烯基醚类居多。在阳离子固化用基础树脂研究中，环氧树脂和改性环氧较为常用，其中双酚 A 环氧树脂用量最大，但其聚合速率较慢，黏度较高，使用时通常配以脂肪族环氧树脂。自由基性固化树脂通常有如下几类：①不饱和聚酯（UPE）；②聚酯丙烯酸酯（PEA）；③环氧丙烯酸酯（EA）；④聚氨酯丙烯酸酯（PUA）。

1. 不饱和聚酯

不饱和聚酯（unsaturated polyester，UPE）是最早用于光固化材料的低聚物的，其分子结构中含有乙烯基不饱和官能团。

（1）合成机理

不饱和聚酯是由二元醇和二元酸加热缩聚而制得的。其中二元醇有乙二醇、多缩乙二醇、丙二醇、多缩丙二醇、1,4-丁二醇等。二元酸必须有不饱和二元酸或酸酐，如马来酸、马来酸酐、富马酸，并配以饱和二元酸，如邻苯二甲酸、邻苯二甲酸酐、丁二酸、丁二酸酐、己二酸、己二酸酐等。不饱和二元酸通常用马来酸酐，价廉易得，而且随马来酸酐用量增加，光固化速率也会增加，并达到一个最佳值，通常马来酸酐摩尔含量应不低于总羧酸量的一半。加入饱和二元酸可改善不饱和聚酯的弹性，起到增塑作用，还可减少体积收缩，但会影响树脂的光固化速率。一般使用酸酐和二元醇反应制备不饱和聚酯,可减少水的生成量,有利于缩聚反应进行。特别是马来酸酐不易发生均聚,可在较高反应温度下进行脱水缩聚。

(2) 实验合成

将二元酸、二元醇和适量阻聚剂(如对苯二酚)加入到反应器中,通入氮气搅拌升温到160℃回流,测酸值至 200mgKOH/g 左右,开始出水,升温至 175～200℃,当酸值达到设定温度值时,停止反应,降温至 80℃左右,加入 20％～30％活性稀释剂(苯乙烯或丙烯酸酯类)和适量阻聚剂出料。

反应中通氮气,可促进脱水,也能防止树脂在反应中因高温而颜色变深。反应程度控制通过测定反应体系的酸值来监控;反应结束可以通过测定产物的碘值了解产物的双键含量。

(3) 不饱和聚酯的性能和应用

不饱和聚酯由于原料来源方便、价廉,合成工艺简单,与苯乙烯配合使用,价格便宜,得到的固化涂层硬度好,耐溶剂和耐热,在木器涂装上涂成厚膜会产生光泽丰满的装饰效果,故至今仍在欧洲、美国、日本等地区和国家的木器涂装生产线中使用,用作光固化木器涂料的填充料、底漆和面漆。

不饱和聚酯光固化基团是乙烯基(C=C)双键,反应活性低,因此光固化速率慢,表干性能差,涂层不够柔软,聚酯主链上有大量酯基,耐酸碱性差。苯乙烯作为不饱和聚酯的活性稀释剂,价廉,黏度低,稀释效果好,反应活性也较高,但它是挥发性易燃易爆液体,有特殊臭味,具有较大毒性,因而其使用受到限制,可以用部分丙烯酸酯活性稀释剂来代替苯乙烯,克服上述弊病。常用不饱和聚酯低聚物的性能和应用见表5-5。

表 5-5   常用不饱和聚酯低聚物的性能和应用

公司	产品代号	化学名称	黏度	性能和应用
拜耳	300/1	UPE,含 30％St	650	坚硬,柔韧,抗划擦性优异,丰满度好,用于高光或亚光木器上
	500	UPE,含 32％St	1600	柔韧性优,抛光性优,丰满度好,用于亮光木器上
	UAVPLS 2380	UPE,含 30％TPGDA	29000	漆膜坚便,光泽高,良好的附着力及打磨性,用于木器及家具底漆和面漆
	UAVPLS 2110	UPE,含 30％TPGDA	17000	耐黄变,更佳的抗刮擦性,用于木器及家具底漆和面漆
盖斯塔夫	UV78	UPE,含 30％St		抛光性、丰满度好,用于淋涂木器着色底漆和面漆
	UV82	UPE,含 30％St		抛光性,用于滚涂木器底漆
	UV92	UPE,含 25％St		高反应活性,用于木器打磨底漆
	G650	UPE,含 30％St		高反应活性,高光泽,高硬度,极好的抛光性,用于木器清漆和色漆
巴斯夫	UP35D	UPE,含 45％DPGDA	3000～6000	高硬度,高耐抗性,良好的砂磨性能,用于木器漆

2. 聚酯丙烯酸酯

聚酯丙烯酸酯(polyester acrylate,PEA)是一种重要的光固化低聚物,该类预聚物通常是聚酯主体上的羟基与丙烯酸缩合反应，或羟基丙烯酸酯与聚酯链上存留的羧基反应而制得。制备反应方程式如下：

$$HO—聚酯—OH + 2CH_2=CHCOOH \longrightarrow CH_2=CH\underset{O}{\overset{\|}{C}}—O—聚酯—O—\underset{O}{\overset{\|}{C}}—CH=CH_2$$

（1）合成机理

聚酯丙烯酸酯一般是由低分子量聚酯二醇经丙烯酸酯化而制得，合成方法可有下列几种。

① 二元酸、二元醇、丙烯酸一步酯化。

$$2HOOC—R'—COOH + 2HO—R—OH + 2CH_2=CH—COOH \xrightarrow{Cat}$$
$$CH_2=CH—COO—R—OOC—R'—COO—ROOC—CH=CH_2$$

② 先将二元酸与二元醇反应得到聚酯二醇，再与丙烯酸酯化。

$$2HOOC—R'—COOH + 2HO—R—OH \xrightarrow{Cat} HO—R—OOC—R'—COO—R—OH$$
$$HO—R—OOC—R'—COO—R—OH + 2CH_2=CH—COOH \xrightarrow{Cat}$$
$$CH_2=CH—COO—R—OOC—R'—COO—ROOC—CH=CH_2$$

③ 二元酸与环氧乙烷加成后，再与丙烯酸酯化。

$$2HOOC—R—COOH + 2n\ CH_2\overset{O}{\diagdown\!\!\diagup}CH_2 \longrightarrow H(OCH_2CH_2)_n OCO—R—COO(CH_2CH_2)_n OH$$

$$H(OCH_2CH_2)_n OCO—R—COO(CH_2CH_2)_n OH + 2CH_2=CH—COOH \xrightarrow{Cat}$$
$$CH_2=CH—COO(OCH_2CH_2)_n OCO—R—COO(CH_2CH_2)_n OCO—CH=CH_2$$

④ 丙烯酸羟基酯与酸酐反应，制得酸酐半加成物，再与聚酯二醇酯化。

⑤ 聚酯二元酸与（甲基）丙烯酸缩水甘油酯反应。

⑥ 用少量三元醇或三元酸代替部分二元醇或二元酸，制得支化的多官能度聚酯。

$$\xrightarrow{\quad} CH_2=CH-\overset{O}{\overset{\|}{C}}-OCH_2CH_2OH \quad\xrightarrow{\quad}\quad CH_2=CH-\overset{O}{\overset{\|}{C}}-OCH_2-CH_2OH-\overset{O}{\overset{\|}{C}}-R^1-$$

$$-\overset{O}{\overset{\|}{C}}-O-R^2 \Big\langle \begin{array}{l} \overset{O}{\overset{\|}{C}}-R^1-\overset{O}{\overset{\|}{C}}-OCH_2\,CH_2O-\overset{O}{\overset{\|}{C}}-CH=CH_2 \\ \overset{O}{\overset{\|}{C}}-R^1-\overset{O}{\overset{\|}{C}}-OCH_2\,CH_2O-\overset{O}{\overset{\|}{C}}-CH=CH_2 \end{array}$$

（2）聚酯丙烯酸酯的性能与应用

价格低和黏度低是聚酯丙烯酸酯最大的特点，由于黏度低，聚酯丙烯酸酯既可作为低聚物，也可作为活性稀释剂使用。此外，聚酯丙烯酸酯大多具有低气味，低刺激性，较好的柔韧性和颜料润湿性，适用于色漆和油墨。为了提高光固化速率，可以制备四官能度的聚酯丙烯酸酯；采用胺改性的聚酯丙烯酸酯，不仅可以减少氧阻聚的影响，提高固化速率，还可以改善附着力、光泽和耐磨性，见表5-6。

表 5-6　聚酯丙烯酸酯低聚物的性能和应用

公司	产品代号	化学名称	官能度	黏度(25℃)/mPa·s	性能和应用
优比西	EB84	PEA	2	5000	高反应活性，塑料附着力好，用于各种罩光清漆
	EB81	低黏度 PEA	2.5	100	极低黏度，高反应活性，用于各种罩光清漆
	EB810	四官能度 PEA	4	500	低黏度，低刺激性，用于各种罩光清漆，有色涂料
	EB657	四官能度 PEA	4	3500(60℃)	低气味，低刺激性，突出的颜料润湿性和胶印刷性，用于胶印油墨，胶黏剂
	EB830	六官能度 PEA	6	50000	快速固化，高硬度，抗磨损性好，用于耐磨涂料
科宁	5429	四官能度 PEA	4	300	极低黏度，低刺激性，高反应活性，柔韧性好，用于木器、塑料、金属涂料、柔印油墨
	5430	四官能度 PEA	4	3000	高反应活性，柔韧性、附着力和颜料润湿性好，用于木器、塑料、金属涂料，胶印、柔印、丝印油墨
	5010	PEA	2	3000	低光泽，柔韧性好，用于木器、工业涂料，丝印油墨
拜耳	UA VP LS2380	PEA(含30% TPGDA)	2	29000	反应活性高，抗划伤性和附着力好，用于家具、地板涂料，层压胶黏剂
巴斯夫	PE56F (LR8793)	PEA	2.5	20000～40000 (23℃)	高反应活性，柔韧性和弹性好
	PE44F (1,R8799)	PEA	3.5	2000～5000 (23℃)	低气味，柔韧性好
	LR8800	PEA	3.5	4000～8000 (23℃)	高硬度，低气味，耐化学性优异
	LR8992	四官能度改性 PEA(含15% TPGDA)	4	4000～8000 (23℃)	优良的耐化学性和耐磨性，用于地板涂料
盖斯塔夫	201	芳香族 PEA	3		高活性，高黏度，高硬度，易打磨，适用于木器涂料
	203	芳香族 PEA	4		高活性，极好的颜料润湿性，适用于色漆和油墨
	206	芳香族、脂肪族混合 PEA	2		高活性，低黏度，用于木器清漆和色漆

续表

公司	产品代号	化学名称	官能度	黏度(25℃)/mPa·s	性能和应用
石梅	M2100	PEA	2	1500(60℃)	固化速率快,附着力佳,用于木器、金属、塑料涂料,油墨
长兴	6331	PEA	2	18000	高光泽和表面硬度、耐溶剂性佳,用于纸张、木材、金属、塑料涂料、油墨
	6331-100	四官能度PEA	4	3000~4000(60℃)	低气昧和刺激性,颜料润湿性佳,利于胶印,用于纸张、木材、金属、塑料涂料,胶印、丝印油墨

氯化聚酯丙烯酸酯是聚酯丙烯酸酯经氯化反应制得,这是一种对金属和塑料基材具有优异附着力的低聚物,并有良好的耐磨性、柔韧性和耐化学性,应用于金属和塑料色漆和油墨中,见表5-7。

表 5-7 氯化聚酯丙烯酸酯低聚物的性能和应用

公司	产品代号	化学名称	黏度(25℃)/mPa·s	性能和应用
优比西	EB408	氯化PEA(含27%甘油衍生物三丙烯酸酯)	1750(60℃)	固化速率快,良好的胶印性能,对金属、塑料、纸张附着力强,用于上光清漆,胶印、丝印油墨
	EB436	氯化PEA(含40%TMPTA)	1500(60℃)	高反应活性,对金属、塑料附着力强,用于金属、塑料涂料,上光清漆,胶印、丝印油墨
	EB584	氯化PEA(含40%HDDA)	2000	快速固化,对金属、塑料附着力强,用于金属、塑料涂料,上光清漆,玻璃粘接
	EB3438	高纯度氯化PEA	1350(60℃)	固化速率快,良好的胶印性能,对金属、塑料附着力强,用于金属涂料,胶印、丝印油墨

3. 环氧丙烯酸酯

环氧丙烯酸酯（epoxy acrylate，EA）由环氧树脂和丙烯酸或者甲基丙烯酸通过酯化反应制得,是目前应用最广泛、用量最大的光固化低聚物。依据其结构类型,环氧丙烯酸酯一般可分为四类:

① 双酚A型环氧丙烯酸酯;

② 酚醛环氧丙烯酸酯;

③ 环氧化油丙烯酸酯;

④ 酸及酸酐改性环氧丙烯酸酯。

目前应用量最广、最大的环氧丙烯酸酯类是双酚A型环氧丙烯酸酯。环氧丙烯酸酯的制备方法可概括如下:

$$CH_2-CH-R-CH-CH_2+2CH_2=CH-COOH \xrightarrow{Cat} CH_2=CH-C-O-CH_2-CH-R-CH-CH_2-O-C-CH=CH_2$$

环氧丙烯酸酯在硬度、附着力和耐化学药品等性能上表现优异,其固化产物也具有优异的性能表现。环氧丙烯酸酯的光活性较好,体系具有较高的固化速率,但环氧丙烯酸酯的黏度相当大,在使用中需要添加大量的活性稀释剂才能达到理想的施工条件。

（1）合成机理

合成环氧丙烯酸酯一般是用环氧树脂和丙烯酸在催化剂和阻聚剂的作用下,通过环氧树脂中的环氧基团与丙烯酸中的羧基发生酯化反应而得。为了得到高光固化速率的环氧丙烯酸酯，要选择高环氧基含量和低黏度的环氧树脂，这样可引入更多的丙烯酸基团。大多情况下，我们控制丙烯酸稍过量，即环氧基：丙烯酸摩尔比为 (1:1) ～ (1:1.05)，目的是为了引入更多的 $C{=}C$，提高体系感光活性。其主反应方程式为：

$$H_2C{-}CH{-}R{-}CH{-}CH_2 + 2CH_2{=}CH{-}COOH \xrightarrow[\text{阻聚剂}]{\text{催化剂}}$$

$$CH_2{=}CH{-}C{-}O{-}CH_2{-}R{-}CH_2{-}O{-}C{-}CH{=}CH_2$$

其中 R：

（n＝0～4）

（2）实验合成

在装有磁力搅拌器、滴液漏斗、温度计和冷凝管的三口瓶中，加入一定量的双酚 F 环氧树脂（830s），油浴加热升温，当温度达到 60℃ 时开动搅拌，继续升温至 90℃ 左右，滴加含有适量催化剂、阻聚剂的丙烯酸混合液，在该温度范围内 10min 滴完，滴完升温至 95℃，此后每间隔 30min 取样一次，进行酸值的测定。在酯化反应进行到一定程度时，升温至 100℃；当测定的酸值小于 5mgKOH/g 时，即可认为酯化反应已完成。降温至 60℃，倒入棕色瓶中贮存待用。

环氧树脂与丙烯酸的合成反应为放热反应，且副反应都可以引起树脂发生凝胶。因此在反应过程中，分阶段对温度进行控制显得十分必要（反应初期和中期不宜过高）。如体系温度过高，丙烯酸发生自聚而使反应体系黏度升高，光活性下降，同时环氧树脂中的羟基会与羧基发生反应而凝胶。反应程度通过测定反应体系的酸值来了解，反应结束可以通过产物的碘值测量，了解合成过程中双键的损失，还可以通过产物的环氧值了解残存的环氧基含量。

（3）环氧丙烯酸酯的性能和应用

① 双酚 A 环氧丙烯酸酯　双酚 A 环氧丙烯酸酯分子中含有苯环，使树脂有较高的刚性、强度和热稳定性，同时侧链的羟基有利于极性基材的附着，也有利于颜料的润湿。

双酚 A 环氧丙烯酸酯在低聚物中是光固化速率最快的一种，固化膜具有硬度大、高光泽、耐化学药品性能优异、较好的耐热性和电性能等特征，加之双酚 A 环氧丙烯酸酯原料来源方便，价格便宜，合成工艺简单，因此广泛地用作光固化纸张、木器、塑料、金属涂料的主体树脂，也用作光固化油墨、光固化胶黏剂的主体树脂。双酚 A 环氧丙烯酸酯的缺点主要是固化膜柔性差，脆性高，同时耐光老化和耐黄变性差，不适合户外使用，这是由于双酚 A 环氧丙烯酸酯含有芳香醚键，涂膜经阳光（紫外线）照射后易降解断链而粉化。

② 酚醛环氧丙烯酸酯　酚醛环氧丙烯酸酯为多官能团丙烯酸酯，因此比双酚 A 环氧丙烯酸酯反应活性更高，交联密度更大；苯环密度大，刚性大，耐热性更佳。其固化膜也具有硬度大、高光泽、耐化学药品性优异、电性能好等优点。只是原料价格稍贵，树脂的黏度较高，因此目前主要用作光固化阻焊油墨，一般很少用于光固化涂料。

③ 环氧化油丙烯酸酯　环氧化油丙烯酸酯价格便宜，柔韧性好，附着力强，对皮肤刺

激性小，特别是对颜料有优良的润湿分散性；但光固化速率慢，固化膜软，力学性能差，因此在光固化涂料中不单独使用，只是与其他活性高的低聚物配合使用，以改善柔韧性和对颜料的润湿分散性。

④ 改性环氧丙烯酸酯

a. 胺改性环氧丙烯酸酯。利用少量的伯胺或仲胺与环氧树脂中部分环氧基缩合，余下的环氧基再丙烯酸酯化，得到胺改性环氧丙烯酸酯。

b. 脂肪酸改性环氧丙烯酸酯。先用少量脂肪酸与环氧树脂中部分环氧基酯化，余下环氧基再丙烯酸酯化，得到脂肪酸改性环氧丙烯酸酯。

c. 磷酸改性环氧丙烯酸酯。先用不足量丙烯酸酯化环氧树脂，余下的环氧基用磷酸酯化，得到磷酸改性环氧丙烯酸酯。

d. 聚氨酯改性环氧丙烯酸酯。利用环氧丙烯酸酯侧链上羟基与二异氰酸和丙烯酸羟乙酯（摩尔比1:1）的半加成物中异氰酸根的反应，得到聚氨酯改性环氧丙烯酸酯。

e. 酸酐改性环氧丙烯酸酯。酸酐与环氧丙烯酸酯侧链上的羟基反应，得到带有羧基的酸酐改性环氧丙烯酸酯。

f. 有机硅改性环氧丙烯酸酯。环氧树脂的环氧基与少量带胺基或羟基的有机硅氧烷缩合，再与丙烯酸酯化得到有机硅改性的环氧丙烯酸酯。

改性环氧丙烯酸酯的性能特点见表5-8。

表 5-8　改性环氧丙烯酸酯的性能特点

改性环氧丙烯酸酯	性能特点
胺改性	提高光固化速率，改善脆性、附着力和对颜料的润湿性
脂肪酸改性	改善柔韧和对颜料的润湿性
磷酸改性	提高阻燃性和对金属的附着力
聚氨酯改性	提高耐磨性、耐热性、弹性
酸酐改性	变成碱溶性光固化树脂，作光成像材料的低聚物；经胺或碱中和后，作水性UV固化材料的低聚物
有机硅改性	提高耐候性、耐热性、耐磨性和防污性

4. 聚氨酯丙烯酸酯

聚氨酯丙烯酸酯（polyurethane acrylate，PUA）是UV固化涂料中重要的一种低聚物，它是由二异氰酸酯、二元醇或多元醇、丙烯酸羟乙酯合成的低聚物。分子结构中具有醚键、氨酯键，分子链间能形成多种氢键，同时分子中具有柔性链段，所以聚氨酯丙烯酸酯对基材能形成好的附着力，具有很好的耐低温性和耐磨性，从而被广泛应用于UV固化涂料、油墨、黏合剂体系中，用量仅次于环氧丙烯酸酯。

（1）合成机理

合成聚氨酯丙烯酸酯的路线主要有以下两种：

第一条合成路线为先将多元醇与过量异氰酸酯反应，合成出由—NCO封端的聚氨酯预聚物，再继续与丙烯酸羟乙酯反应引入双键。这种合成方法的特点是：

① 双键含量损失较小。由于丙烯酸酯在反应体系内停留时间比较短，使双键减少了在高温中的停留时间，当向生成的聚氨酯预聚体中加入丙烯酸羟乙酯时，整个反应体系大部分的反应热已经释放，从而有效地避免了双键的损失。

② 反应时间比较短。由于位阻效应的存在，多元醇与TDI反应时，优先与4位的

—NCO 反应，最后才与邻位的—NCO 反应，而 TDI 邻位—NCO 基团与丙烯酸羟乙酯的反应比和多元醇的反应更容易，进而缩短了整个过程的反应时间。采用这种合成工艺的缺点是反应过程不易控制，因为多元醇与异氰酸酯反应为放热过程，甲苯二异氰酸酯、二苯基甲烷二异氰酸酯等反应活性高，反应更加剧烈，体系中温度不易控制，易产生凝胶现象。同时，如果反应不完全，产物中会存在一些游离的异氰酸根，异氰酸根易与空气中的水分子发生反应，降低预聚物的稳定性。但这种合成工艺的产物中聚醚软段受到的位阻效应相对比较小，能够较为自由地旋转，使聚氨酯丙烯酸酯具有很好的柔韧性。

$$2\,OCN-R-NCO+HO-R'-OH \longrightarrow OCN-R-NH-\overset{O}{\underset{||}{C}}-O-R'-O-\overset{O}{\underset{||}{C}}-NH-R-NCO$$

$$OCN-R-NH-\overset{O}{\underset{||}{C}}-O-R'-O-\overset{O}{\underset{||}{C}}-NH-R-NCO+2CH_2=CHC-O-CH_2CH_2OH \longrightarrow$$

$$CH_2=CHC-O-CH_2CH_2O-\overset{O}{\underset{||}{C}}-NH-R-NH-\overset{O}{\underset{||}{C}}-O-R'-O-\overset{O}{\underset{||}{C}}-NH-R-NH-\overset{O}{\underset{||}{C}}-OCH_2CH_2O-\overset{O}{\underset{||}{C}}-CH_2$$

第二条路线是先将丙烯酸羟乙酯与过量异氰酸酯进行反应，生成半加成物，等羟基转化完全后，再与多元醇反应生成聚氨酯丙烯酸酯。这种合成路线的优点是分子质量分布均匀。当加入多元醇后，反应体系中基本上只有单异氰酸酯官能基的分子与异氰酸根反应，有利于生成分子量分布窄的聚氨酯丙烯酸酯，使分子结构按设计进行排布。同时，反应产生的热量能及时释放，这种工艺反应中的温度易控制，不足之处是双键易发生聚合，在反应中需加入更多阻聚剂，这会影响产品色度和光聚合反应活性，由于丙烯酸酯先与异氰酸根反应，使位阻更大的 TDI 的 2 位—NCO 与多元醇继续反应，降低了反应速率，使反应时间变长。

$$OCN-R-NCO+CH_2=CHC-O-CH_2CH_2OH \longrightarrow CH_2=CHC-O-CH_2CH_2O-\overset{O}{\underset{||}{C}}-NH-R-NCO$$

$$2H_2C=\overset{}{\underset{H}{C}}-\overset{O}{\underset{||}{C}}-O-CH_2CH_2O-\overset{O}{\underset{||}{C}}NH-R-NCO+OH-R'-OH \longrightarrow$$

$$H_2C=\overset{}{\underset{H}{C}}-\overset{O}{\underset{||}{C}}-O-CH_2CH_2O-\overset{O}{\underset{||}{C}}NH-R-NH-\overset{O}{\underset{||}{C}}-O-R'-O-\overset{O}{\underset{||}{C}}-NH-R-NH-\overset{O}{\underset{||}{C}}-O-CH_2CH_2O-\overset{O}{\underset{||}{C}}-CH_2$$

在实际生产中，需要按照预聚物的具体用途来选择合适的合成路线。

（2）实验合成

聚氨酯丙烯酸酯的合成是将 2mol 二异氰酸酯和月桂酸二丁基锡加入反应器中，升温到 40～50℃，慢慢滴加 1mol 二醇，反应 1h 后，可升温到 60℃，测定 NCO 值到计算值，加入 2mol 丙烯酸羟基酯和阻聚剂对苯二酚，升温至 70～80℃，直至 NCO 值为零。鉴于 NCO 有较大毒性，反应时可以适当使丙烯酸羟乙酯稍微过量一点，以使 NCO 基团完全反应。反应完毕，考虑到聚氨酯丙烯酸酯黏度较大，可加入适量的丙烯酸酯活性稀释剂，如三丙二醇二丙烯酸酯进行稀释，搅拌均匀出料。

（3）聚氨酯丙烯酸酯的性能与应用

聚氨酯丙烯酸酯（PUA）分子中有氨酯键，能在高分子链间形成多种氢键，使固化膜具有优异的耐磨性和柔韧性，断裂伸长率高，同时有良好的耐化学药品性和耐高、低温性能，较好的耐冲击性，对塑料等基材有较好的附着力，总之，PUA 具有较佳的综合性能。

　　由芳香族异氰酸酯合成的 PUA 称为芳香族 PUA，由于含有苯环，因此链呈刚性，其固化膜有较高的机械强度和较好的硬度和耐热性。芳香族 PUA 相对价格较低，最大缺点是固化膜耐候性较差，易黄变。

　　由脂肪族和脂环族异氰酸酯制得的 PUA 称为脂肪族 PUA，主链是饱和烷烃和环烷烃，耐光、耐候性优良，不易黄变，同时黏度较低，固化膜柔韧性好，综合性能较好，但价格较贵，涂层硬度较差。

　　由聚酯多元醇与异氰酸酯反应合成的 PUA，主链为聚酯，一般机械强度高。固化膜有优异的拉伸强度、模量和耐热性，但耐碱性差。由聚醚多元醇与异氰酸酯合成的 PUA，有较好的柔韧性，较低的黏度，耐碱性提高，但硬度、耐热性稍差。

　　PUA 虽然有较佳的综合性能，但其光固化速率较慢，黏度也较高，价格相对较高，只在一些高档的性能要求高的光固化涂料中作主体树脂用。在一般的光固化涂料中较少用 PUA 作为主体树脂，常常为了改善涂料的某些性能，如增加涂层的柔韧性、改善附着力、降低应力收缩、提高抗冲击性而作为辅助性功能树脂使用。芳香族 PUA 在光固化纸张、木器、塑料涂料上应用，脂肪族 PUA 在光固化摩托车涂料、汽车车灯涂料和手机涂料上应用。

　　① 芳香族聚氨酯丙烯酸酯低聚物。表 5-9 为芳香族聚氨酯丙烯酸酯低聚物的性能与应用。

表 5-9　芳香族聚氨酯丙烯酸酯低聚物的性能与应用

公司	产品代号	化学名称	官能度	黏度(25℃)/mPa·s	性能与应用
沙多玛	CN972	芳香族 PUA	2	4155	低 T_g，柔韧性好，用于纸张、木器、金属涂料，油墨，胶黏剂
	CN997	六官能度芳香族 PUA	6	25000	快速固化，耐化学药品性好，用于金属、塑料涂料，油墨
	CN999	经济型芳香族 PUA	2	1200	低黏度，杰出的耐摩擦性，比 EA 有更好的耐磨性和耐候性，用于高耐磨涂料
优比西	EB210	芳香族 PUA	2	3900(60℃)	具有广泛的通用性，用于各种罩光清漆
	EB205	三官能度芳香族 PUA（含 25％HDDA）	3	17000	非常好的反应活性和耐磨性，用于各种罩光清漆
科宁	6363	芳香族 PUA	2	5200(60℃)	快速固化，优异的柔性，用于纸张、木器涂料，柔印、胶印、丝印油墨
	6572	芳香族 PUA	2	10000(23℃)	高柔韧性和弹性，用于纸张、塑料、金属涂料，柔印、丝印油墨，胶黏剂
拜耳	UAVP LS2298/1	芳香族 PUA	2		耐磨性优异，适合各种应用，尤为地板漆
盖斯塔夫	303	芳香族 PUA（含 15％TPGDA）	2	5000～10000(23℃)	高反应活性，高柔韧性，适用于扰伤木器漆
巴斯夫	UA9031V	芳香族 PUA	2.1	43000(65℃)	高反应活性，坚韧，良好的耐磨性能

　　② 脂肪族聚氨酯丙烯酸酯低聚物。表 5-10 为脂肪族聚氨酯丙烯酸酯低聚物的性能与

应用。

表 5-10　脂肪族聚氨酯丙烯酸酯低聚物的性能与应用

公司	产品代号	化学名称	官能度	黏度(25℃)/mPa·s	性能与应用
沙多玛	CN965	脂肪族 PUA	2	9975(60℃)	柔韧性好、耐黄变,用于金属涂料、丝印油墨、胶黏剂
	CN968	低黏度脂肪族 PUA	2	350(60℃)	低黏度,耐黄变,固化速率快,用于地板、塑料、木器涂料、油墨
	CN981	脂肪族 PUA	2	6190(60℃)	高柔韧性,耐黄变,颜料润湿性好,用于金属、纸张、PVC 涂料、油墨
	CN929	三官能度脂肪族 PUA	3	15600	低黏度,耐黄变,固化速率快,用于各种涂料,移印、胶印油墨
优比西	EB245	脂肪族 PUA(含 25%TPCDA)	2	2500(60℃)	良好的柔韧性,耐黄变,低刺激性,用于塑料等各种涂料、胶黏剂
	EB4858	低黏度脂肪族 PUA	2	7000	低黏度,快速固化,良好的耐候性和耐化学药品性,用于各种涂料、丝印油墨
	EB264	三官能度脂肪族 PUA(含 15%HDDA)	3	4500	良好的反应活性,耐候性,抗磨损性,用于地板、PVC 涂料,丝印油墨
	EB5129	六官能度脂肪族 PUA	6	700(60℃)	良好的抗划伤性,抗磨损性和柔韧性,用于各种涂料、油墨、胶黏剂
科宁	6008	三官能度脂肪族 PUA	3	15000(60℃)	高反应活性,低气味,低刺激性,耐黄变,耐候性,抗磨损性,用于金属、塑料涂料,丝印油墨,胶黏剂
	6010	脂肪族 PUA	2	5900(60℃)	不黄变,耐候性,耐磨性,柔韧性好,用于塑料涂料,上光油,柔印、丝印油墨
	6891	低黏度脂肪族 PUA	2	8500	低黏度,耐黄变,优良的表面硬度和耐老化性,用于木器和塑料涂料
拜耳	UAVPLS2258	脂肪族 PUA	2	7300(23℃)	低黏度,耐磨性优异,适合各种应用,尤其地板涂料
	UAVP LS2.265	脂肪族 PUA	2	800(23℃)	低黏度,硬度好,高耐磨,用于木器、塑料涂料,层压胶黏剂
	UAVP LS2959	脂肪族 PUA	2	60000(23℃)	耐磨性、柔韧性好,适合各种应用,尤其地板涂料
	UA VP LS2337	双重固化脂肪族 PUA(含 12.5% NC0 根)		12500(23℃)	硬度好,增进附着力,双重固化,适合各种应用

思考题

1. 光固化涂料主要组分有哪些?
2. 光固化涂料树脂常用种类有哪些,各有什么特点?
3. 简述光固化涂料用聚氨酯丙烯酸酯低聚物的合成机理。

第二节　光固化涂料的应用与配方

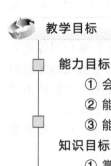 教学目标

能力目标

① 会搭装复配装置。

② 能根据复配原理，进行涂料的复配。

③ 能在复配过程中依据实验现象调整操作方法。

知识目标

① 掌握复配过程中操作参数的控制方法。

② 掌握复配过程中的加料顺序。

③ 掌握复配过程中各物料之间的相互影响关系。

素质目标

① 培养节约意识。

② 培养良好的实验素养。

③ 培养团队合作精神。

光固化涂料因其干燥固化快、环保节能等优势在诸多领域得到应用。早期的光固化涂料主要应用于木器涂装，近二十多年来，随着高效光引发剂、活性稀释剂和低聚物的不断研发成功，并见之市场，光固化的应用范围得以逐步扩大。其中供需量最大的是光固化涂料，而光固化涂料的应用领域又可分为光固化竹木涂料，光固化纸张涂料，光固化塑料涂料，光固化真空镀膜涂料，光固化金属涂料，光固化光纤涂料，光固化保形涂料，光固化玻璃、陶瓷、石材涂料，光盘保护涂料，光固化皮革涂料，光固化汽车涂料，光固化水性涂料，光固化粉末涂料，光固化抗静电涂料，光固化阻燃涂料，阳离子光固化涂料，光固化氟碳涂料以及电子束光固化涂料等。目前光固化竹木涂料和光固化塑料涂料是最大的应用面。随着光固化技术的不断发展和进步，光固化涂料得到迅速发展，所适用的基材已由竹木、纸张、塑料扩展至金属、石材、水泥制品、织物、皮革、玻璃等。光固化涂料也可适用于多种工业领域，其中包括竹木地板、装饰板、家具、塑料板、塑料、金属部件、电子部件、纸张等工业涂料，部件、车体、安全玻璃等汽车涂料，以及织物、印染等装饰涂料。光固化涂料的外观也由最初的高光型发展出亚光型、磨砂型（仿金属蚀刻）、金属闪光型、珠光型、烫金型、纹理型等。涂装方式也出现多样化，包括辊涂、刮涂、淋涂、喷涂、浸涂、静电喷涂等。

一、光固化竹木涂料

光固化竹木涂料是光固化涂料产品中产量较大的一类，也是最早产业化的光固化涂料。其在竹木制品上的应用主要包括三个方面，即浸涂（塑木合金）、填充（密封和腻子）和罩光。按使用场合与质量要求，光固化竹木涂料可分为拼木地板涂料和装饰板材涂料，还可分为清漆与色漆。涂装方式绝大多数以辊涂为主，也有部分喷涂、淋涂、刮涂等。就施工功能方面分类，光固化竹木涂料包括 UV 竹木腻子漆、UV 竹木底漆和 UV 竹木面漆。

1. UV 竹木腻子漆

UV 竹木腻子漆通常用于表面平滑度较差的木材，其作用是填充底材小孔及微细缺陷，密封底材表面，使随后涂装的装饰性涂料不会被吸入而引起表观不平整，从而为粗材质材料提供光滑的表面。

UV 竹木腻子漆通常为膏状物，组分中除了含有光引发剂、低聚物、活性稀释剂等光固化涂料所具有的基本组分外，还含有较高比例的无机填料。UV 竹木腻子漆中所用的无机填料包括滑石粉、重质和轻质碳酸钙、重晶石粉、白云石粉等。不饱和聚酯体系 UV 竹木腻子漆价格便宜，丙烯酸体系树脂和单体的应用使固化速率加快且涂层薄而外观丰满。

使用 UV 竹木腻子漆时需先对基材表面进行打磨清洁，刮涂一层腻子漆，UV 辐照固化，再以砂纸打磨，然后涂敷 UV 竹木底漆及 UV 竹木面漆。

表 5-11～表 5-13 分别为 UV 竹木固化腻子参考配方。

表 5-11　UV 竹木固化腻子参考配方 1

原料名称	质量分数/%	原料名称	质量分数/%
Irgacure-651	2	氧化钡	20
不饱和聚酯/苯乙烯(65/35)	36	钛白粉	7
超细滑石粉	35		

表 5-12　UV 竹木固化腻子参考配方 2

原料名称	质量分数/%	原料名称	质量分数/%
ITX	1.00	表面活性剂	0.13
苯甲酸 2-二甲基氨基乙酯	4.80	钛白粉	14.11
双酚 A 环氧丙烯酸酯	28.22	滑石粉	14.11
TMPTA	7.53	氧化钡	28.22
N-乙烯基吡咯烷酮(NVP)	1.88		

表 5-13　UV 竹木固化腻子参考配方 3

原料名称	质量分数/%	原料名称	质量分数/%
Irgacure-651	1	滑石粉	8
双酚 A 环氧丙烯酸酯	25	重晶石粉	42
TPGDA	8	白云石粉	16

表 5-11 是较早的以不饱和聚酯体系为低聚物的配方，苯乙烯作为活性稀释剂，其价格低廉，光固化速率较慢，目前，在光固化领域不饱和聚酯体系所占比重较少。表 5-12、表5-13 采用环氧丙烯酸酯低聚物，可很好地黏结和固定填料。使用的 TPGDA 等为丙烯酸系活性稀释剂，可降低黏度。TMPTA 为高官能度单体，可提高交联密度，增加固化膜硬度，增强对填料的黏结。少量 N-乙烯基吡咯烷酮可增强树脂对粉体的黏结，也能改善对面漆的附着力。木器涂料除需满足基本的涂层性能外，对硬度、耐磨性、抗冲击强度、抗侵蚀等性能的要求尤为突出，合理添加无机填料，可以提高上述性能。但过多的无机材料将不同程度地产生折射及反射，会降低 UV 光的有效吸收效度，影响光固化速率。配制 UV 竹木腻子漆应选择合适的光引发体系以回避填料对紫外线的屏蔽，固化时应固化交联完全，否则打磨时膜层易掉粉、擦除、剥落等。

2. UV 竹木底漆

UV 竹木底漆不同于 UV 竹木腻子漆，UV 竹木底漆主要应用于表面较为光滑平整的木材。底漆与腻子漆相比所含无机填料较少，黏度较低，接近于 UV 竹木面漆。涂覆一层底漆后，低黏度的涂料可向木材细小开孔渗透，通过膜层的折射效果保留并强化木纹和孔粒结构的自然美感，UV 光照固化后，经砂纸机械打磨，再用 UV 竹木面漆罩光固化。UV 竹木底漆中所添加的无机填料与 UV 竹木腻子漆中加入填料的品种和作用相同。此外底漆和腻子漆的表面都需要打磨，以增强面漆和底漆或腻子漆之间的层间黏合作用，以防止面漆脱落。另外，UV 竹木底漆中有时加入少量硬脂酸锌，它可起到润滑作用，在打磨涂层表面时还可防止过多"白雾"的产生。

表 5-14 为 UV 固化木器底漆参考配方。

表 5-14　UV 固化木器底漆参考配方

原料名称	质量分数/%	原料名称	质量分数/%
Darocur1173 或 Irgacure-184	1.5	聚酯丙烯酸酯	15.0
二苯甲酮	5.0	TPGDA	40.0
叔胺	4.0	硬脂酸锌	0.5
双酚 A 环氧丙烯酸酯（含 20%TPGDA）	33.5	流平助剂	0.5

3. UV 竹木面漆

UV 竹木面漆与 UV 竹木腻子漆和 UV 竹木底漆在成分上的主要区别在于前者不含无机填料，如果要获得亚光或磨砂效果，也可以适当添加硅粉类消光剂。UV 竹木面漆广泛用于天然木材或木饰面，产生高光泽闭纹的涂饰效果。根据不同的用途可配制各种不同的丙烯酸型涂料，包括高光泽与消光型涂料，有色和无色涂料，滚涂、淋涂、喷涂涂料，家具、硬木地板或软木板涂料等。一般 UV 竹木面漆较难配制完全无光的漆面，常选粒径 $25\mu m$ SiO_2 用作消光剂较为适宜。也可以利用组合加工技术调节光泽度，一种方法是将电子束固化和 UV 光固化组合使用使涂层表面产生极细微皱褶而达到低光泽的效果；另一种方法是采用不同类型 UV 光源进行双重固化。先用低压 UV 灯照射，再用高压汞灯二次固化，由此达到低光泽的表面效果。

表 5-15～表 5-21 共 7 个配方分别为不同涂装方法及不同涂饰效果的 UV 竹木固化面漆参考配方。

表 5-15　UV 竹木固化面漆参考配方 1（展纹面漆，辊涂）

原料名称	质量分数/%	原料名称	质量分数/%
二苯甲酮	3	聚酯丙烯酸酯	30
N-甲基二乙醇胺	3	TPGDA	24
环氧丙烯酸酯	30	NVP	10

表 5-16　UV 竹木固化面漆参考配方 2（抗磨镶木地板）

原料名称	质量分数/%	原料名称	质量分数/%
非迁移性光敏剂	10.00	TMP(EO)TA	22.00
低黏度环氧丙烯酸酯	27.00	DPPA	19.00
NPG(PO)$_2$DA	22.00		

表 5-17　UV 竹木固化面漆参考配方 3（50%光泽木材涂层）

原料名称	质量分数/%	原料名称	质量分数/%
Darocur1173	2.00	TMP(EO)TA	7.00
低黏度环氧丙烯酸酯	12.00	SiO_2 消光剂	12.00
TPGDA	33.00	润湿剂	1.00
TMPTA	32.50	流平剂	0.50

表 5-18   UV 竹木固化面漆参考配方 4（40%光泽木材涂层）

原料名称	质量分数/%	原料名称	质量分数/%
Darocur1173	3.00	TMP(EO)TA	7.00
低黏度环氧丙烯酸酯	12.00	SiO$_2$ 消光剂	12.00
TPGDA	33.00	润湿剂	1.00
TMPTA	31.50	流平剂	0.50

表 5-19   UV 竹木固化面漆参考配方 5（27%光泽木材涂层）

原料名称	质量分数/%	原料名称	质量分数/%
Darocur1173	3.00	EO(EO)EA	7.00
低黏度环氧丙烯酸酯	10.00	SiO$_2$ 消光剂	12.00
烷氧化脂肪族二丙烯酸酯	35.00	润湿剂	1.00
TMPTA	31.50	流平剂	0.50

表 5-20   UV 竹木固化面漆参考配方 6（10%光泽木材涂层）

原料名称	质量分数/%	原料名称	质量分数/%
Darocur1173	2.00	EO(EO)EA	7.00
低黏度环氧丙烯酸酯	12.00	SiO$_2$ 消光剂	12.00
烷氧化脂肪族二丙烯酸酯	37.00	润湿剂	1.00
TMP(EO)$_6$TA	28.50	流平剂	0.50

表 5-21   UV 竹木固化面漆参考配方 7（白颜料型木材涂层）

原料名称	质量分数/%	原料名称	质量分数/%
光引发剂	3.00	EO(EO)EA	7.00
脂肪族聚氨酯丙烯酸酯	12.00	TiO$_2$	35.00
NPG(PO)$_2$DA	20.15	润湿剂	0.35
TMP(EO)TA	22.00	流平剂	0.50

二、光固化汽车涂料

汽车涂料作为重要工业涂料，代表着涂料工业发展的最高水平和发展方向，也是最具高产值和高附加值的涂料产品。用于汽车装饰的汽车涂料不仅要求具有良好的防腐、耐磨、耐候和抗冲击性能，还要求漆膜丰满、鲜艳度高、不泛黄，并具有优异的涂饰效果。除了汽车壳体大部分为金属材料，塑料在汽车工业上也广泛应用，因此，光固化汽车涂料要满足不同基材的使用要求，即汽车壳体用光固化面漆、汽车塑料部件涂装用光固化涂料。此外，汽车修补漆也是汽车涂料的重要组成部分。目前，汽车涂料中除了底漆是水溶性电泳漆外，中涂和面漆大部分是溶剂型的，因此，涂装过程中有大量有机溶剂挥发排放。随着世界范围内工业环保要求越来越高，各国环保法规越来越严。光固化涂料以其高固化效率、环保节能等优势解决了溶剂型汽车涂装的当务之急。

当前，在汽车涂装领域将逐步得到应用的有以下三种涂料。

1. 汽车整车光固化涂料

汽车车体光固化面漆作为车身外衣赋予了汽车华丽的外观。汽车用光固化面漆必须具有抗光氧化、抗水解、抗酸雨、抗划伤、抗冲击、抗曝晒等性能。车用光固化面漆都采用两层涂装工艺，底色涂料加罩光涂料，下层涂料加有各种颜料，包括彩色颜料和闪光颜料等以呈现不同的色彩，上层罩光涂料赋予涂层高光泽。光固化涂料具有快速固化、耐划伤、高光泽、高硬度且无溶剂等优点，非常适合作为汽车面漆使用。

近年来，为了推广汽车用光固化面漆的使用，重点解决了三个技术问题。

（1）光固化技术的可行性问题

光固化技术能否用于汽车面漆面临的首要问题是：通常汽车的罩光涂层较厚，漆膜在 $35\sim40\mu m$ 甚至 $50\mu m$；汽车壳体形状复杂，对光固化技术来说属异型材固化，存在光较难照射到的阴影部分，产生固化不完全的现象。

目前采用的技术方案有以下几点：选用高引发活性且在长波紫外波长有强吸收的酰基膦化氧类光引发剂；采用光/热双固化体系，解决深层及阴影部分涂层难以固化的问题；选用高强度的 UV 光源，保证光固化涂料固化完全，同时设计开发光固化车身 3D 软件系统，通过计算机软件自动计算汽车车身各部位辐照能量与固化效果关系。

（2）光固化面漆附着力问题

光固化涂料应用于刚性基材上会存在一些问题：因为光固化速率很快，涂料由液体快速变成固体有较大的体积收缩，在涂层与基材的界面上会产生应力，对于金属刚性基材，因为基材温度较低，固化涂层较硬时，在界面上涂层组分的分子键的热运动被冻结，应力不能有效释放，也影响到涂层与界面的附着力。

目前的解决方案是：采取光固化后再加热烘干的工艺，使界面的涂层分子通过热运动消除内应力；在光固化涂料中采用较高分子量的低聚物，或者加入非反应性树脂作为填料，可有效提高附着力；在底漆中加入"抛锚剂"，使罩光面漆和底漆间产生化学键连接，可极大地提高附着力；选用合适的 UV 光源和反射罩，提高光源的强度，以保证涂层的深层固化完全，也可提高附着力。

（3）光固化面漆耐候性问题

光固化面漆耐候性是光固化涂料能否应用于车身涂料的很关键的问题。光固化涂层中残留未反应完全的成分和光引发剂的残余，这些都会影响到耐候性。为了改善光固化涂料的耐候性，往往要加入紫外线吸收剂和光稳定剂，这些助剂在紫外区有很大的吸收，会与光引发剂发生竞争，导致光固化反应不能充分、彻底进行。

现在采用的技术方法：选用酰基膦化氧类光引发剂，使其吸收光谱范围扩大至 400nm，在紫外吸收剂和位阻胺等光稳定剂存在下，仍能很好地引发光固化反应，既能达到满意的固化速率，又有良好的耐候性。

目前，光固化汽车面漆尚未产业化，但是光固化技术独有的表面涂饰效果，生产工艺的先进性，加上光固化技术的环保性，都将会使汽车涂装产生一次技术革命。

表 5-22 与表 5-23 为光固化汽车罩光涂料参考配方和耐候、耐刮伤光固化汽车罩光涂料参考配方（喷涂）。

表 5-22　光固化汽车罩光涂料参考配方

原料名称	用料/质量份	原料名称	用料/质量份
TPO	1.8	受阻胺（TINUVIN 292）	3
六官能团脂肪族 PUA（EB 5129）	80	有机硅助剂（BYK-306）	1
乙氧基季戊四醇四丙烯酸酯（SR 494）	120	乙酸乙酯	20
紫外线吸收剂（TINUVIN 400）	2		

表 5-23　耐候、耐刮伤光固化汽车罩光涂料参考配方（喷涂）

原料名称	用料/质量份	原料名称	用料/质量份
184∶TPO(7∶1)	2.85	紫外线吸收剂(TINUVIN 400)	1.00
脂肪族 PUA(VPLS2308)	44.30	受阻胺(TINUVIN 292)	0.60
脂肪族 PUA(XP2513)	2.20	有机硅助剂(BYK-306)	0.60
HDDA	48.45		

2. 汽车塑料部件涂装光固化涂料

汽车的很多部件均由工程塑料或者聚合物基复合材料构成，它们需要用涂料改善其表面性能。光固化涂料在此方面具有十分突出的优势，可赋予塑料表面高硬度、高光泽、耐磨、抗划伤等优异的性能。目前，光固化涂料在汽车工业多是在汽车零部件上的应用，如塑料、金属、皮革等底材装饰与保护。

（1）汽车车灯灯罩

汽车车灯灯罩现多以聚碳酸酯（PC）材料为原材料，它具有加工容易、折射率和透光性高、质量易控制、抗震性能好等优点。但其缺点就是不耐磨，易刮花起雾。采用光固化保护涂料处理的汽车车灯灯罩具有较高硬度、耐磨性、抗刮伤性、附着力、耐雾度、光泽度、冲击强度较好。如加入聚硅氧烷增滑剂可以提高抗刮伤效果，并可减少吸附灰尘的可能；添加受阻光稳定剂和短波紫外线吸收剂，保证涂层耐光老化性，并保护塑料透镜。

（2）汽车前灯反光镜

汽车前灯反光镜大多用 ABS 塑料注塑成型，内表面有很多孔粒结构，不够光滑，缺乏光泽，如果直接气相沉积一层铝膜，仍然得不到光滑表面，难以形成有效的反射镜面。光固化涂料可解决这一问题。先在灯罩内表面喷涂一层光固化涂料作底漆，固化后非常光滑的表面再浇铝膜，形成高度平滑的反射镜面，再在铝膜上喷涂一层保护性光固化面漆，阻隔氧气和潮气向铝膜渗透，光固化涂料只需在数十秒内就可完成固化。

（3）铝合金轮毂

铝合金轮毂涂覆的保护涂料属光固化金属涂料，该涂料主要具有耐磨、抗刮、抗冲击、防污等特性。

（4）保险杠

汽车前后保险杠由工程塑料制成，可以用色母粒获得各种颜色的产品，但其表面美观程度、抗刮性能和防光老化等方面存在不足，涂覆光固化防光老化涂料进行保护装饰。

（5）尾灯灯箱

尾灯灯箱的光固化涂料涂覆保护应具有抗刮、防光老化等性能。

（6）汽车内衬塑料

汽车内衬塑料的涂覆保护，因长期与人接触，宜采用更加环保的水性光固化涂料。

表 5-24～表 5-26 为汽车塑料部件涂装光固化涂料的参考配方，仅供参考。

表 5-24　聚氨酯底基光固化涂料参考配方

原料名称	用量/质量份	原料名称	用量/质量份
TPO	0.1	六官能团 TEA	20.0
CPK	2.0	HDMAP	3.0
双官能团脂肪族 PUA(50%乙酸乙酯)	30.0	Modaflow 9200	1.0
丙烯酸化丙烯酸酯(60%HDDA)	10.0		

表 5-25　抗老化、耐化学品、耐划伤光固化塑料涂料参考配方（PC/ABS/PP 用）

原料名称	用量/质量份	原料名称	用量/质量份
184	3.0	含—NCO 基脂肪族 PUA（VPLS2396）	8.8
脂肪族 PUA（LPWOJ4060）	79.4	三环癸烷二甲基二丙烯酸酯	3.0

表 5-26　耐黄变光固化金属涂料参考配方

原料名称	用量/质量份	原料名称	用量/质量份
TZT	4	PO-TMPTA	12
KIPIOOF	4	EO-TMPTA	16
低黏度脂肪族 PUA（CN965）	40	POEA	30

3. 汽车修补光固化涂料

目前，光固化汽车修补采用两条途径：一种是面漆用 UV 面漆，腻子和底漆还是采用传统的热固化漆；另一种是腻子、底漆、面漆均使用 UV 固化漆。

采用光固化汽车修补漆有以下优点：修补效率高，减少了客户等待时间；与热烘烤相比，用电量降低，节约了能源；移动式 UV 光源节省空间，使用便捷；无 VOCs 排放，有利于环境和操作工人的健康。

表 5-27～表 5-29 为光固化汽车修补底漆和面漆参考配方。

表 5-27　光固化汽车修补底漆参考配方

原料名称	用量/质量份	原料名称	用量/质量份
184：819（3：1）	3.29	滑石粉（AT1）	10.98
脂肪族 PUA（VPLS2396）	55.17	中国黏土（级别 B）	10.98
增强附着力树脂（EB168）	1.65	腐蚀抑制剂（Heu-phosZPA）	5.49
POE_A	10.98	助剂（Bayferrox303T）	0.08

表 5-28　光固化汽车修补面漆参考配方 1（清漆）

原料名称	用量/质量份	原料名称	用量/质量份
184：TPO（3：1）	10.70	紫外线吸收剂（Sanduvor3206）	2.14
脂肪族 PUA（LPWDJ4060）	58.40	受阻胺（Sanduvor3058）	1.07
脂肪族 PUA（XP2513）	58.40	助剂（BYK-331）	0.1
PETA	14.00	乙酸乙酯	20.00

表 5-29　光固化汽车修补面漆参考配方 2（有色体系）

原料名称	用量/质量份	原料名称	用量/质量份
819	3.2	滑石粉	24.5
脂肪族 PUA（R5Bayer）	20.6	填料（Vicron15-15）	17.0
EA（R2Bayer）	20.6	颜料（TRONOXR-KR-2）	1.4
附着力促进剂（CD9052）	12.4	助剂（Bayferrox303T）	0.3

三、光固化纸张涂料

光固化纸张涂料是一种罩光清漆，适用于书刊封面、明信片、广告宣传画、商品外包装纸盒、装饰纸袋、标签、卡片、金属化涂层等纸制基材的涂装，其目的是提高基材表面的光泽度，保护罩印面油墨图案和字样以增强涂饰美感，并且防水防污。光固化纸张涂料也是光固化涂料中产量最大的品种之一，而高光型光固化纸张清漆为纸张上光涂料产量最大的品种。

光固化罩光工艺一般都是通过胶印机上经过改进的阻尼辊和辊涂机实现的，也有采用丝网印刷、凹版印刷和柔版印刷机械的，甚至采用淋涂机。光固化纸张涂料以辊涂涂装使用最广，涂料用量也最大，丝印、凹印及柔印往往采用局部上光工艺，用于承印面的局部装饰。通常普通辊涂光固化纸张涂料黏度较低，黏度在 $45\sim50s$（$25\,^{\circ}\!C$，涂-4 杯），而局部上光的光固化纸张涂料黏度较高，黏度在 $800\sim1000\mathrm{mPa\cdot s}$（$20\,^{\circ}\!C$），且需要具有触变性，以满足印刷适性。光固化纸张涂料的应用基材多为软质易折的纸质材料，要求固化后涂层必须具有较高柔顺性，聚氨酯丙烯酸酯虽可提供优良的柔韧性，但成本偏高，乙氧基化和丙氧基化改性的丙烯酸酯单体可基本满足固化膜的柔顺性要求，同时保证光固化速率，同时环氧丙烯酸酯树脂可赋予固化涂层足够的附着力及硬度等性能。

表 5-30～表 5-36 为光固化纸张涂料的参考配方。

表 5-30　光固化纸张涂料参考配方 1（纸张上光、辊涂）

原料名称	质量分数/%	原料名称	质量分数/%
Darocur1173	3.0	二苯甲酮	3.0
环氧丙烯酸酯	22.8	N-甲基二乙醇胺	3.0
TPGDA	45.0	流平剂	0.2
TMPTA	23.0		

表 5-31　光固化纸张涂料参考配方 2（纸张局部上光、丝印）

原料名称	质量分数/%	原料名称	质量分数/%
二苯甲酮	5.0	TPGDA	16.5
胺改性丙烯酸酯	21.0	TMP(EO)$_3$TA	10.0
Darocur-1173 或 Irgacure-184	1.0	流平剂	0.5
环氧丙烯酸酯	46.0		

表 5-32　光固化纸张涂料参考配方 3（最佳质量的纸张涂层）

原料名称	质量分数/%	原料名称	质量分数/%
二苯甲酮	4.00	TPGDA	23.00
Darocur1173	2.00	丙氧基甘油三丙烯酸酯	34.00
N-甲基二乙醇胺	4.00	DPPA	2.00
低黏度环氧丙烯酸酯	30.00	流平剂	1.00

表 5-33　光固化纸张涂料参考配方 4（无异味纸张涂层）

原料名称	质量分数/%	原料名称	质量分数/%
非迁移光敏剂	30.00	TMP(EO)TA	41.00
低黏度环氧丙烯酸酯	13.50	流平剂	0.50
PEG(400)DA	15.00		

表 5-34　光固化纸张法料参考配方 5（低光泽纸张涂层）

原料名称	质量分数/%	原料名称	质量分数/%
Darocur1173	7.00	EO(EO)EA	9.00
低黏度环氧丙烯酸酯	13.50	润湿剂	1.00
PEG(400)DA	17.00	SiO$_2$ 消光剂	9.00
TMP(EO)TA	43.00	流平剂	0.50

表 5-35　光固化纸张涂料参考配方 6（柔性凹版纸张涂层）

原料名称	质量分数/%	原料名称	质量分数/%
二苯甲酮	8.00	TPGDA	23.00
反应性助引发剂	15.00	流平剂	1.00
低黏度低色度环氧丙烯酸酯	53.00		

表 5-36　光固化纸张涂料参考配方 7（卡片纸板纸张涂层）

原料名称	质量分数/%	原料名称	质量分数/%
Darocur1173	2.00	TPGDA	12.00
二苯甲酮	6.00	PEG(400)DA	12.00
反应性助引发剂	15.00	流平剂	1.00
低黏度低色度环氧丙烯酸酯	52.00		

思考题

1. 参考表 5-31 配方，以 UV 固化腻子为例，简述涂料复配工艺。

2. 参考表 5-31 配方，以 UV 固化腻子为例，阐述各组分在涂料中所起作用。

3. 底漆和面漆有什么区别？

第三节　光固化涂料的涂装

教学目标

能力目标

① 能依据施工对象正确选择施工工具，确定施工方案。

② 能正确使用施工工具，做到安全施工。

③ 能处理施工过程中的各类瑕疵。

知识目标

① 了解光固化涂料施工设备类型及其特点。

② 掌握光固化涂料施工的常用工具使用方法。

③ 了解光固化涂料安全施工的相关国家标准。

素质目标

① 培养良好的创新意识。

② 培养良好的争先意识。

③ 培养团队合作精神。

选择施工涂装方式也是光固化涂料固化过程的重要环节。涂装方式一般包括刷涂、刮涂、辊涂、浸涂、淋涂、喷涂和静电粉末喷涂。液态光固化涂料通常采用辊涂、淋涂、喷涂的涂装工艺，辊涂是光固化涂料应用最为广泛的技术，它适合于黏度较大的涂料，并特别适用于柔性卷材或在大的硬质平板上高速涂布。淋涂是一种非接触式的涂布方法，容易达到涂布均匀的效果，它适合于黏度较小的光固化涂料，涂层厚度可任意调节，其涂布对象为木材、金属和塑料等平板基材。喷涂也是一种非接触式的方法，它虽比淋涂复杂且昂贵，但适合涂装立面部件，使用喷涂必须考虑通风和卫生等问题的解决措施，通常喷涂费用较高，涂料利用率较低。对于光固化粉末涂料则多采用静电粉末喷涂工艺，静电粉末喷涂能大幅度提高涂料利用率，减少涂料飞散和涂料雾化以及溶剂污染，与手工喷漆相比能成倍提高生产率，使外形复杂的工件也能得到良好的涂膜。下面就光固化涂料通常采用的涂装方法——刮涂、辊涂、浸涂、淋涂、喷涂、静电粉末喷涂方法等逐一介绍。

一、刮涂

　　刮涂是用刮刀进行手工涂装以得到厚涂膜的一种方法。刮涂法所用的刮刀可以是金属的、木制的或橡胶的，根据其材质和形状不同，分别可用于填孔、补平、塞缝、抹平等作业。

　　刮涂操作过程如下：将涂料在工件上以适当的宽度刮涂几次，把涂料在一定方向上强力挤压使其厚度均匀一致，以消除涂刮的不均匀处；将刮刀放平，稍用力挤压，将涂料表面抹平，以消除接缝。

　　刮涂法最适用于光固化腻子，也可用于黏度较大的光固化涂料。

二、辊涂

　　辊涂可分为手工辊涂和机械辊涂两大类。光固化涂料通常采用辊涂法（又称滚涂法），可分为同向和逆向两大类。同向辊涂机（见图 5-1）涂漆辊的转动方向与被涂物的前进方向一致，其被涂物面施加有辊的压力，涂料呈挤压状态涂布，涂布量少，涂层也薄。因而采用同向辊涂机涂装时，采用两台机器串联使用。

　　逆向辊涂机（见图 5-2）的涂漆辊转动方向与被涂物的前进方向相反，被涂物面没有辊的压力，涂料呈自由状态涂布，涂布量大，所得涂层厚。

　　根据被涂物材质、形状和辊涂机进料方式等的不同需要，可选择不同形式的辊涂机，如卷材涂装辊涂机、薄板涂装辊涂机、软质带材涂装辊涂机、顶进料逆向辊涂机、底刮刀辊涂机等。

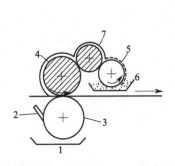

图 5-1　同向辊涂机工作示意图
1—收集涂料盘；2—刮板；3—背撑辊；4—涂漆辊；
5—供料辊；6—涂料盘；7—修整辊

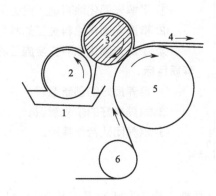

图 5-2　逆向辊涂机工作示意图
1—涂料盘；2—供料辊；3—涂漆辊；
4—金属带；5—背撑辊；6—导向辊

　　辊涂法涂装工艺要点如下：

　　① 涂料黏度调整　所用涂料的黏度对涂膜的均匀性和涂膜厚度影响极大。涂料黏度较

小时，对辊的浸润性大，被涂物表面涂料分布比较均匀，但可能产生供漆量不足、涂层偏薄的毛病；涂料黏度大时与上述情况相反，可能产生涂层偏厚和均匀性不好的毛病。经验证明，辊涂法适宜黏度在 40～150s（涂-4 杯）之间的涂料。

② 涂膜厚度控制　涂膜厚度易于控制是辊涂的一大优点。除前述调整涂料黏度可以控制厚度外，还可通过调节漆辊转速或漆辊与被涂物间距来实现。对同向辊涂法，漆辊转速快，涂膜薄；转速慢，涂膜厚。漆辊与被涂物的间距大则涂膜厚，反之则薄。对逆向辊涂法，其调节要稍复杂一些，供料辊与涂漆辊之间的压力和转速比都会影响涂膜厚度。

辊涂法基本上只适用于大面积板材和带材的涂装。如对金属板预涂，对卷材、胶合板、纸、布、塑料薄膜进行光固化涂料的涂装。

辊涂法具有涂装效率高、易实现连续化生产、涂膜外观质量较好、膜厚控制容易、污染小并可与印刷并用等优点。其缺点是对被涂物的形状要求过窄，不能涂装立体工件，设备投资较大。

三、浸涂

浸涂就是将被涂物全部浸没在涂料中，待各部位都沾上涂料后即提起，自然地或强制地使多余的涂料滴落，经过 UV 光固化达到涂覆的目的。手工浸涂适用于间歇式的小批量生产，机械浸涂适用于连续的批量生产。机械浸涂又有多种形式，如传动浸涂式、离心浸涂式、真空浸涂式等。

除对涂膜要求不高时采用自然滴落去除多余的涂料外，凡要求比较高的情况都要用强制除余料方式，如传动浸涂式用静电除滴法去除余料，离心浸涂式用离心力甩去余料。

浸涂法涂装工艺要点如下：

① 涂料的黏度控制　涂料的黏度直接影响到涂膜的外观和厚度。黏度小，涂膜薄；黏度大，涂料的流动性差，易引起严重流痕、余料滴不尽等状况，因而涂膜外观差。

② 被涂物从浸料槽中提升的速度　提升速度快则涂膜厚，提升速度慢则涂膜薄，但速度过慢则会产生涂膜不匀现象。所以为保证涂膜厚度均匀，必须使被涂物的提升速度适度且平稳。

浸涂法一般用于形状复杂的、骨架状的被涂物，有离心除料和静电除料装置的浸涂法对小型的零件、无线电元件、电阻、绝缘线圈等特别适用。

浸涂法几乎是涂装效率最高的一种涂装方法，特别适合于大批量流水线作业，易于实现自动化，所用设备也较简单。其缺点是被涂物上下部有一定涂膜厚度差，对于光固化装置设备及 UV 灯管布局有较高要求。

四、淋涂

淋涂法是对浸涂法的改进，其工作原理也是使涂料在被涂物表面自然浸润涂装。涂料通过喷嘴或窄缝从上方淋下，被涂物通过传动装置从下方通过实现涂装，多余的涂料进入回收容器，再通过泵提送到高位槽循环使用。

淋涂法的涂装质量与涂料的黏度、输送速度、窄缝宽度或喷嘴大小及涂料所受压力等有关。

淋涂法适用于大批量生产的钢铁板材、胶合板、塑料板等板状、带状材料的涂装，用压力淋头在改变淋头位置的情况下也可涂装一些形状不复杂的立体零件。

淋涂法具有效率高，作业性好，涂料损失极小，在工艺参数稳定可靠的情况下涂膜外观优良，卫生安全等优点。其缺点是不能涂装结构复杂的零件，不适用于多品种、小批量的涂装。

五、喷涂

1. 空气喷涂

喷涂是用压缩空气的气流使涂料雾化成雾状并在气流带动下涂到被涂物表面的一种涂装方式。一套比较完整的空气喷涂装置应包括：空气压缩机、输气管、空气油水分离器、贮气罐、喷枪、涂料槽、喷漆室等。空气压缩机用来产生压缩空气，可根据需要的压缩空气量大小来选择不同型号的空气压缩机。输气管是用来连接空气压缩机到喷枪各个设备之间的管道。空气油水分离器用于分离压缩空气中的水分、油分及其他杂质，以保证涂膜质量。贮气罐用于贮存压缩空气，可通过压力控制阀调节贮气罐的压力并消除压力波动。

空气喷涂施工要点如下。

（1）雾化条件

雾化是涂料空气喷涂涂装的必要条件，雾化程度的好坏直接影响涂装质量。而雾化程度取决于喷枪的空气帽上气孔喷射出来的空气流速和空气量，在涂料喷出量恒定时，空气量越大，涂料雾化就越细。用同一喷枪喷涂不同品种和不同黏度的涂料，其雾化程度也不相同，黏度越大，喷雾越粗。只有两种办法能够进行调节且雾化程度好，一是加大空气量，二是稀释涂料，使涂料喷出量减小。

（2）喷涂距离

喷涂距离是指喷嘴到被涂物面的距离。这个距离过近，单位时间内在被涂物上覆盖的涂料就会过多，就会产生膜厚、流挂现象；过远，空中涂料损失就多，涂装效率差，涂膜薄，严重时还会失光。一般来说，对大型喷枪，喷涂距离以 20～30cm 为宜，而对小型手提式喷枪，则以 15～20cm 为宜。

（3）喷枪的移动速度

喷枪的移动速度是指在喷涂过程中，喷枪相对于被涂物面的运行速度，这个速度一般可在 30～60cm/s 内调整。过慢会造成膜过厚而流挂，过快则会造成喷雾图形交接不多，不易得到均一平滑的涂膜。一般在涂装过程中，喷枪移动速度要求恒定。另外，喷枪与喷涂面所呈角度也很重要，应保持喷枪与喷涂面垂直，若倾斜，会造成涂膜不均。

（4）喷雾图样的搭接

搭接的宽度在涂装过程中应保持一致，一般为有效喷幅的 1/4～1/3。若不能恒定，则会出现膜厚不匀、条纹、斑痕等现象。在进行多道喷涂时，后一道喷涂的喷枪运行方向应与上一道相反，这样能获得更加均匀一致的涂膜。

（5）涂料的黏度

与其他涂装方法一样，黏度也是空气喷涂重要的施工参数。黏度过大涂料雾化困难，黏度过小则易流挂。一般空气喷涂适宜的黏度为 16～30s（涂-4 杯）之间的涂料。

空气喷涂法的优点是几乎可适用于任一种涂料和任一种被涂物，并能涂装出质量优良的涂膜。不足之处是喷涂过程中涂料飞散损失大。

2. 无空气喷涂

无空气喷涂是靠密闭容器内的高压泵压送涂料，获得高压的涂料从小孔中喷出时速度非常快，随着冲击空气和压力的急剧下降，使涂料体积突然膨胀，溶剂迅速挥发而分散雾化，高速地飞向被涂物。由于它是利用高液压而不是空气流速涂料雾化喷出，所以又叫高压无气喷涂。无空气喷涂是涂料涂装的一项新工艺，它是为了解决高黏度涂料涂装难、空气喷涂涂料损失大、飞散漆雾污染严重等问题而发展起来的。

（1）高压无气喷涂工作原理

高压无气喷涂机的工作原理是在泵的上部有气动推进器或油压推进器的加压用活塞、推动泵下部的涂料活塞，加压活塞面积和涂料活塞面积之比越大，所产生的涂料压力也就越高。高压无气喷涂机的高压涂料罐分单动式和复动式两种，气动的喷涂机一般采用复动式高压涂料罐，油压无气喷涂机工作原理与气动式相同，只是用高压油代替压缩空气作为动力源。由于这种喷涂机有气动式的特点，又能克服气动式效率低、噪声大的缺点，所以油压式高压无气喷涂机已成为无气喷涂机的发展方向。

另外还有一种用电作动力源的无气喷涂机，它主要用于无空气压缩机等特殊动力源的情况。随着涂装技术的进步，相继又开发了热喷无气喷涂、静电无气喷涂、热喷静电无气喷涂等新式无气喷涂工艺。

热喷无气喷涂即在无气喷涂机泵后加一个加热器，涂料加热升温使黏度降低，这样就可以在较低压力下雾化喷涂，在被涂物表面也提高了流平性。

静电无气喷涂是静电喷涂和无气喷涂的结合，涂料通过无气喷嘴形成高速漆雾流，在电场作用下，漆雾带负电荷，向带正电荷的被涂物移动，吸附在被涂物表面，形成均匀平滑的厚涂层，最适于形状复杂的被涂物，在正视不可见的部分也能形成均匀的涂层。

热喷静电无气喷涂是上述两种无气喷涂方式的结合，是目前最优异的涂装技术，特别适用于工业涂装，是今后发展的热点。

（2）高压无气喷涂机

高压无气喷涂主要由动力源、高压无气喷涂机、涂料槽、输漆高压软管、喷枪等组成。气动式高压无气喷涂机因其体积小、重量轻、安全可靠而成为应用最广泛的无气喷涂机械。

高压无气喷涂用喷枪与普通空气喷枪不同，没有压缩空气通道，但对枪的密封性和强度提出了更高的要求，一般由枪身、喷嘴、过滤网和连接部件组成。

（3）高压无气喷涂施工要点

① 喷涂压力　喷涂压力是指喷枪入口处的涂料压力，该值是所用空气压力与压力比的乘积。流量是指单位时间内从喷嘴喷出的涂料的量。高压无气喷涂机的能力由下式决定：

$$能力＝喷涂压力×喷涂流量$$

高压无气喷涂机不可能同时发挥其最高喷涂压力和最大喷涂流量，每一种不同类型的高压无气喷涂机都有其特定的压力-流量特性曲线。施工时，必须根据所使用涂料的黏度、进气压力和要求的喷涂能力选择合适的压力流量搭配。

② 涂料的黏度　高压无气喷涂适用于不同黏度的涂料，但黏度不同，所需的喷涂压力不同，在高压软管中的压力损失也就不同。

③ 高压软管与压力　高压无气喷涂机输出端的涂料压力总是大于喷枪入口处的涂料压力。这是由于涂料在经过高压软管时产生了压降，在施工中不能不考虑这个压力损失。简单说来，当涂料黏度一定时，软管内径越小，流动阻力越大，压降也越大；软管越长，压降越大。在涂料黏度一定、软管长度和内径一定时，涂料流量越大，压降也越大。

④ 枪距　喷枪与被涂物之间的距离即枪距，一般以250～350mm为宜。过小，喷涂幅面小，压力大，反冲大，易造成涂膜不匀甚至流挂；过大则喷涂幅面大，压力小，会造成涂膜不规则，浪费涂料。

除一些水性涂料和黏度过小的涂料外，高压无气喷涂几乎适合所有涂料的涂装，它特别适合黏度比较大的厚涂料、防污涂料、阻尼涂料的涂装。高压无气喷涂适宜于建筑、船舶等大面积涂装和一次成膜厚度要求大的工件。高压无气喷涂涂装效率高，几乎是空气喷涂的3倍，在工件的拐角和间隙处也能很好地喷涂。在漆流中没有空气，可消除水分、油分或其他杂质带来的弊病，喷雾分散少，减少了空气污染，涂料压力高，能与底材形成极好的附着力，一次涂装涂层厚。其缺点是由于喷出涂料压力太高，一旦伤人会造成严重后果，涂膜外观质量不如空气喷涂好，操作时喷雾幅度与喷出量不能调节，必须更换喷嘴才行。

六、静电粉末喷涂

粉末涂料的涂装方法很多，包括空气喷涂法、流化床浸涂法、静电流化床浸涂法、静电粉末喷涂法、真空吸引法、火焰喷涂法等，在这些涂装方法中，目前应用最普遍的是静电粉末喷涂法。

对于光固化粉末涂料，多采用静电粉末喷涂工艺。对导电性基材，使用传统电晕喷枪喷涂即可；而对非导体基材，应使用摩擦静电喷枪；对特别不导电基材，预加热会有所帮助，也可以使被涂物表面带上与喷枪相反的电荷，以利于涂布。下面就光固化粉末涂料采用的高压静电喷涂和摩擦静电喷涂工艺进行简要介绍。

1. 高压静电喷涂

（1）高压静电喷涂原理

高压静电喷涂中，高压静电是由高压静电发生器供给的。工件在喷涂时应先接地，在净化的压缩空气的作用下，粉末涂料由供粉器通过输粉管进入静电喷粉枪。喷枪头部装有金属环或极针作为电极，金属环的端部具有尖锐的边缘，当电极接通高压静电后，尖端产生电晕放电，在电极附近产生了密集的负电荷。粉末从静电喷粉枪头部喷出时，捕获电荷成为带电粉末，在气流和电场作用下飞向接地工件，并吸附在其表面。

在粉末静电喷涂过程中，粉末所受到的力可分为粉末自身的重力、压缩空气的推力和静电电场的引力。粉末借助于空气的推力和静电场的引力，克服自身的重力吸附于工件表面上，经固化后形成固态的涂膜。

从粉末静电吸附情况来看，大体上可分为以下三个阶段：

第一阶段：带负电荷的粉末在静电场中沿着电力线飞向工件，粉末均匀地吸附于正极的工件表面。

第二阶段：工件对粉末的吸引力大于粉末之间相互排斥的力，于是粉末密集地堆积，形成一定厚度的涂层。

第三阶段：随着粉末沉积层的不断加厚，粉层对飞来的粉粒的排斥力增大，当工件对粉末的吸引力与粉层对粉末的排斥力相等时，继续飞来的粉末就不再被工件吸附了。

吸附在工件表面的粉末经加热后，就能使原来"松散"堆积在表面的固体颗粒呈熔融态，在紫外线辐照之后化固化成均匀、连续、严整、光滑的涂膜。对于光固化粉末涂料的涂布工艺还有一点需要注意的是，要严格控制涂层的厚度，以免光线不能穿透涂层，固化不彻底。固化粉末涂料是由红外线辐射与紫外线辐射相结合而固化的。红外线辐射使粉末熔融并保持熔融态，紫外线辐射使涂膜固化，在紫外线辐照之后可通过后加热固化工艺使涂膜进一步固化。

高压静电喷涂的施工工艺对粉末成膜的影响至关重要。根据不同的工件，选择相应的工艺参数进行操作，直接关系到产品的外观与质量。

高压静电喷涂的工艺参数包括下列几项：

①　喷涂电压　在一定范围内，喷涂电压增大，粉末附着量增加。但当电压超过 90kV 时，粉末附着量反而随电压的增大而减小；电压增大时，粉层的初始增长率增加，但随着喷涂时间的增加，电压对粉层厚度增加率的影响变小；当喷涂距离增大时，电压对粉层厚度的影响变小。一般距离应掌握在 150～300mm；喷涂电压过高，会使粉末涂层击穿，影响涂层质量。喷涂电压应控制在 60～80kV。

②　供粉气压　供粉气压指供粉器中输粉管的空气压力。在其他喷涂条件不变的情况下，供粉气压适当时，粉末吸附于工件表面的沉积效率最佳。

③　喷粉量　粉层厚度的初始增长率与喷粉量成正比，但随着喷涂时间的增加，喷粉量对粉层厚度增长率的影响不仅变小，还会使沉积效率下降。喷粉量是指单位时间内的喷枪口的出粉量。一般喷涂施工中，喷粉量掌握在 100～200g/min 较为合适。

④　喷涂距离　喷涂距离是指喷枪口到工件表面的距离，当喷枪施加的静电电压不变、喷涂距离变化时，电场强度也将随之发生变化。因此，喷涂距离的大小直接影响工件吸附的粉层厚度和沉积效率。

此外，粉末粒度和粉末的电导率对施工工艺的影响也是较大的。

（2）高压静电喷涂设备

①　静电发生器　高压静电发生器有电子管式和晶体管式。20 世纪 80 年代后期，国内又研制成功微处理式高压发生器，标志着第三代发生器问世。目前，大量应用于生产的晶体管静电发生器的负高压可以无级调节输出量，并且采用了恒流-反馈保护电路，当线路发生意外造成放电打火时，会自动切断高压，保证操作者安全。微处理式高压发生器具有高压接地保护、高压短路自动保护、声光讯号报警和显示工作状态的功能，设备使用寿命长。粉末静电喷涂用的高压静电发生器一般均采用低压电路，要求发生器输出高电压和低电流，这主要从安全角度考虑。通常采用的高电压为 50～100kV，最大允许工作电流为 200～300μA。

②　静电喷粉枪　粉末静电喷粉枪的作用是：产生良好的电晕放电，使喷出来的粉末粒子带上尽可能多的负电荷，以便在静电场的作用下，使粉末朝正电位的工件定向运动，并吸附于工件表面上，达到喷涂的目的。衡量静电喷枪的标准：能保证喷射出来的粉末充分带电；出粉均匀，喷出来的粉末能够均匀地沉积在工件表面上；雾化程度好，无积粉和吐粉现象，能喷涂复杂的表面；能适应不同喷粉量的喷涂，喷出的粉末几何图形可以调节；结构轻巧，使用方便，安全可靠；通用性好，能够方便地组合成固定式多支喷枪的喷涂系统。

静电喷粉枪的技术性能可参考下列技术数据：最高工作电压为 120kV；喷粉量为 50～400g/min；喷粉几何图形的直径在 150～450mm；沉积效率大于 80%；环保效应好。

喷粉枪喷涂质量的好坏很大程度上取决于喷枪嘴。喷枪嘴的结构、大小、电极形状及选用的材料直接影响喷涂图形、上粉率和涂层表面质量。喷嘴上带有导流锥体，不同形状、不同直径的导流锥体可喷涂出不同的图形。根据工件的形状、大小可选择相应的导流锥体。

制造喷粉枪的管壁材料要求具有一定的机械强度，绝缘性能好且耐高电压。此外，还要求枪管壁与粉体的摩擦产生负电荷，这是因为在粉末静电喷涂过程中，喷枪嘴接高压发生器负极，粉体通过喷枪带上的是负电荷，同时粉体通过枪内管壁时必然发生摩擦。如果摩擦产生的电荷是负电荷，粉体带电量就会增大；反之，带电量就会减小，导致粉末的沉积效率下降。

高压静电喷枪的充电结构形式可分为内带电式和外带电式两种。枪身内部使粉末充电的称为内带电式，内带电式喷枪是使粉末通过枪身内的极针与环状电极之间的电晕空间带电，这个空间的电场强度为 $6\sim8kV/cm$，喷枪与工件之间外电场强度一般只有 $0.3\sim1.7kV/cm$。在喷枪口使粉末充电的称为外带电式，外带电式喷枪是通过枪口与工件之间的电晕空间使粉末带上电荷，这种枪的外电场强度较大，一般可达 $1.0\sim3.5kV/cm$。二者主要差别在于：内带电喷枪的外电场强度较小，不易发生电晕现象，所以当喷粉量较大时，尤其是喷涂形状复杂，附有凹角的工件时，一般应采用内带电式喷枪。而外带电式喷枪的电场强度较大，涂覆效率较高，应用范围相对较广，适用性也强。

常用的静电喷粉枪分手提式和固定式两种。近年来还研制出了多种形式、结构独特新颖的静电喷粉枪，如栅式电极喷枪、转盘式粉末自动喷枪以及钢管内壁专用喷枪。这些新型喷枪的主要特点是具有较高的带电效应，操作简便、安全，能长时间连续工作，适用于喷涂流水线工作。此外，不需要高压静电发生器的摩擦静电喷枪也已成功地应用于生产过程中。

③ 供粉器　供粉器的作用是给喷枪提供粉流，是喷涂工艺中的一个关键设备。它的功能是将粉末连续、均匀、定量地供给喷枪，是粉末静电喷涂取得高效率、高质量的关键部件。供粉器要满足如下性能：供粉连续、均匀、稳定；供粉量在一定范围内可随意调节；不产生粉雾、外溢；装卸粉末方便。供粉器一般有三种结构类型，即压力式供粉器、抽吸式供粉器和抽吸式流化床供粉器。

a. 压力式供粉器。压力式供粉器结构是一个密封型结构。其原理是经过油水分离净化后的压缩空气从进气管进入，在喇叭口下（内有一道槽及四个倾斜角为 $45°$ 的出气小通道）形成旋流，从而使粉末成为雾化状态随气流从出粉口输至喷粉枪。供粉器内喇叭头会随着粉末减少而自动下降。调节压缩空气的压力就可以改变供粉量的大小。压力式供粉器的容积一般在 $15\sim25L$。由于它是密封结构，不能连续加粉，因此，只能作单件喷粉使用，不能在喷涂流水线中使用。而其突出优点是可以大大提高喷粉量，喷粉量可达 $1kg/min$ 以上，有些场合下的喷涂作业可起到特殊作用，压力式供粉器使用的空气压力一般为 $0.10\sim0.15MPa$。

b. 抽吸式供粉器。抽吸式供粉器主要由射嘴、集粉嘴和粉斗组成。其原理是净化的压缩空气从射嘴喷出进入集粉嘴之间的间隙处，气流在渐缩区流速加快，形成负压区，因而粉斗里的粉末被吸入集粉嘴的混合段，经增压段后，粉末气流被送至喷粉枪。抽吸式供粉器结构简单，与压力式供粉器相比，整个结构没有活动部件，易于操作、保养、维修。喷粉时，供粉器不需密封，在供粉的同时可向供粉器加粉。粉末用完后，筒内积粉少，易于清理换粉，即使用少量粉末也可进行喷涂试验。

抽吸式供粉器对供粉气压适应佳。$0.01MPa$ 的气压下也可以供粉；在一定的供气压力范围内，供粉量受压力波动的影响较小，改变供粉气压或改变射嘴与集粉嘴之间的距离，即可调节供粉量，供粉量的波动度为 $5\%\sim15\%$。当射嘴的输气端面与集粉嘴的进粉端面在同一片面内时，在同样的供气压力下，供粉量可达到最大值。

c. 抽吸式流化床供粉器。抽吸式流化床供粉器是利用文丘里泵的抽吸作用来输送粉末的。其原理是在压缩空气通过（正压输送）的管路中设置文丘里射流泵（亦称之为粉泵），空气射流会使插入粉层的吸粉管口产生低于大气压的负压，处于该负压周围的粉末就被吸入管道中，并被射流加速，再从管道中输送至喷枪。但是，在粉末吸入口的周围会产生粉末空穴，造成断粉现象。因此，必须解决供粉器中的粉末不断向吸粉口流动的问题，使喷出的粉雾均匀、连续。流化床内的粉末具有类似液体流动的特性，粉末会从高处向低处流动，这样就能保证粉末不断向吸粉口流动。但是，如果流化床的供气量太大，粉末虽然流化得好，但飞扬严重，效果反而不佳。一般气流速度为 $0.8\sim1.3m/min$。另外，流化床内的粉末粒径太小或粉末结块、不松散，粉桶中的粉末就不易悬浮硫化，气流会从粉层中几个孔渠排出，产生"大起泡"和"沟流"现象。粉相中放置的粉层太厚，也不易流化均匀。因此，有的粉桶内安装搅拌器来达到粉末流化均匀的目的，特别是在流化初始阶段，搅拌器促使粉末达到均匀流化的效果是比较明显的。目前，抽吸式流化床供粉器已发展成多种形式，如振动型、搅拌型等。但最基本的流化床抽吸式供粉器分为两种形式：横向抽吸式和纵向抽吸式。

生产中应用最多的是纵向抽吸式流化床供粉器，这种供粉器的优点是：供粉均匀、稳定，供粉相密封性能好，可以用几支粉泵共置于一个供粉相，粉泵内清理积粉方便，供粉精度高。

④ 喷粉柜 喷粉柜又称粉末喷涂室，它是实施粉末喷涂的操作室，其制作的材料、形式和尺寸直接关系到产品喷涂的质量。喷粉柜可用金属板制成，也可用塑料板加工。选用哪种材料制作喷粉柜，主要根据经济性、耐久性和便于施工等因素进行考虑。喷粉柜的大小，取决于被涂物的大小、工件传送速度和喷枪的粉量。通常情况下，喷枪数量少，粉末喷涂能力偏低。喷粉室内选择多少支喷枪主要取决于工件的形状、喷涂的表面积、传输链速度和单班产量等因素。

喷粉柜内空气流通的状况是决定其性能的重要依据之一。影响空气流通状况的因素有：被涂物的最大长度、宽度和高度；喷涂方式，是手工喷涂还是自动喷涂；传送速度的设计值；单位时间内喷涂工件的表面积。

喷粉柜中空气流通的方式一般有三种：空气向下吸走，空气水平方向吸入，两种方式的组合。向下吸的喷粉柜，在底部制成漏斗状的吸风口，适用于大型的喷粉柜；水平方向吸入为背部抽风型的喷粉柜，其优点是粉末通过被涂物后作为排气而吸入，适于直线形传送带喷涂板形工件用。常用的喷粉柜是底部和背部两个方向排风，空气流通较为均匀。

选用喷粉柜时，还要考虑到便于清理粉末和粉末的换色问题，同时还应考虑粉末回收时的风速和风量等因素。风量应掌握在不能将喷涂在工件表面的粉末涂层吹掉，不能让粉末从喷粉室开空口部位飞扬出来，减少粉末浪费和环境污染。喷粉柜内粉末浓度应低于该粉末爆炸极限的下限值。喷粉柜窗口的风速以 0.5m/s 左右为宜。

根据喷粉柜的大小和操作要求来决定吸入涂敷室的空气量 Q_1，其量值可按涂敷室全部开口部的面积乘以一个经验系数 K 来求得，K 值取 1.8～3.6，开口部的面积除工件进出口外，还应包括涂敷室其他部位开设的调整抽风速度和方向的开口面积。开口处吸入空气的速度最好设计为 0.5m/s 左右。根据开口部位吸入的均匀风速和涂敷室内风向的要求来决定开口部位的形状、排风口和进风口的位置和形状。

在设计涂敷室时，还要考虑到粉末涂料的粉尘爆炸极限浓度，以确定回收装置的排风量：

$$Q_2 = \frac{D(1-\eta)}{P} \tag{5-1}$$

式中 Q_2——涂敷室内理论排风量；

    D——涂敷时总的喷粉量；

    η——粉末沉积效率；

    P——粉末涂料爆炸极限的下限浓度。

前面从两个不同角度来考虑涂敷室的排风量，而实际排风量 Q 应该是：

$$Q \geqslant Q_1 > Q_2$$

上式说明，实际排风量 Q 应不小于经验计算排风量 Q_1，这两者的风量都应大于考虑粉尘爆炸极限浓度时的最低排风量 Q_2。

⑤ 粉末回收装置　粉末涂料在静电喷涂过程中，工件的上粉率为 50％～70％，有 30％～50％的粉末飞扬在喷涂室空中或散落在喷涂室底面。这一部分粉末必须通过回收装置收集，经重新过筛后，送回供粉桶备用。否则，不仅浪费粉末涂料，还会污染环境，带来公害，危害操作人员的健康。

选用什么样的粉末回收系统，必须从产品的结构形状、生产批量、作业方式、粉末品种和换色频率等方面来综合考虑。粉末回收装置的种类较多，在生产实际应用中效果较好的回收装置有下面几种。

a. 旋风布袋二级回收器。二级回收装置主要包括旋风分离器的一级回收和布袋回收器的二级回收。该回收器第一级旋风分离器与喷粉柜相连接，它收集了大部分的回收粉末，占粉末回收总量的 70％～90％；第二级布袋回收器起到帮助旋风分离器提高回收率的作用，同时将第一级回收除不掉的细粉全部回收，这种二级回收器的总除尘效率可达 99％以上。

b. 滤带式回收器。滤带式回收器在整个喷涂室的底部，通过一条牢固的传送带支撑快速循环运动的过滤带，在过滤带风机产生的由上而下充满喷涂室的安全气流作用下，滤带不但盛接了全部掉落于喷涂室内的粉末，而且将所有飘浮在空中的粉末与上述粉末汇合一起，在持续循环旋转中将它们都送到滤带端头的回收气流口，吸嘴再将滤带上的粉末回收吸除，回收粉末不断送往旋风分离器以过滤分离，滤带也同时不断地清理干净。

c. 滤芯技术。脉冲滤芯式回收是目前比较流行的粉末回收方式。由于布袋回收器中的布袋容易吸水，使得布袋的纤维膨胀，降低了通风量。采用羊皮纸代替布袋做成的滤芯，并配以 5Pa 以上的脉冲反吹装置，可以大大提高粉末回收率。

滤芯中的羊皮纸做成扇形，增加了通风面积，其通风量可达 $800m^3/h$，每个滤芯的顶端都有一个连通贮气罐的喷气口，贮气罐内净化的压缩空气通过脉冲控制器可使每个滤芯有均等的被高压空气反吹的机会，这样就可以保证清除附在滤芯外表面的积粉，使它保持畅通的回收能力。

d. 列管式小旋风回收器。其原理是让携带粉尘的气流高速进入分离器，随导向管道向下旋转流动，因为它的外壳是圆锥形的，所以这个气流往下旋转的速度变得越来越快，气流中的粉末因离心作用被抛至管道内壁而落至下面的粉相内。与其他过滤器相比，它结构简单，设备的保养维修要求低。将若干个口径较小的单元小旋风回收器组合成一台列管式小旋风回收器，粉末回收量将大大提高。这种回收器清理粉末非常方便，只需很短时间就能将回收器内的粉末清理干净。

e. 烧结板过滤器。烧结板过滤器采用陶瓷或树脂粉末制成，耐用性好。原料中没有任何因为潮湿而膨胀的物质，因此不受空气湿度影响，能够过滤的细粉直径比其他滤材要小，它可以直接贴在喷房侧边作一级回收，也可以连接小旋风回收器作二级回收。

粉末静电喷涂技术的特点是工件可以在室温下涂装；粉末的利用率高，可达 95％以上；涂膜薄而均匀，平滑、无流挂现象，即使在工件尖锐的边缘和粗糙的表面亦能形成连续、平整、光滑的涂膜，便于实现“工业化”流水线生产。

2. 摩擦静电喷涂

(1) 摩擦静电喷涂原理

摩擦静电喷涂的基本原理是选用恰当的材料作为喷枪枪体。涂装时，粉末在压缩空气的推动下与枪体内壁以及输粉管内壁发生摩擦而使粉末带电，带电粉末粒子离开枪体飞向工件，吸附于工件表面上。

该方法不需要高压静电发生器。在摩擦静电系统中，枪体通常使用电阴性材料。两物体摩擦时，弱电阴性材料产生正电，强电阴性材料则产生负电。喷涂时由于粉末粒子之间的碰撞以及粉末与强电阴性材质制作的枪体之间的摩擦，使粉末粒子带上正电荷。而枪体内壁则产生负电荷，此负电荷通过接地电缆引入大地。带正电的粉末粒子在气流的作用下飞向工件并被吸附在工件表面上，经固化后形成涂膜，从而达到涂装的目的。

摩擦静电喷涂的特点是喷涂时粉末所带的电荷不是由外电场提供的，而是粉末与枪壁发生摩擦带上的。喷出枪口的带电粉末粒子形成一个空间电场，电场强度取决于空间电荷密度和电场的几何形状，即取决于粉末粒子的带电量、粉末在气粉混合物中所占的比例和喷枪口的喷射图形。由喷枪喷出的气混合物，因气流的扩散效应和同种电荷的斥力，气粉混合物体积逐渐膨胀，电荷密度下降，电场减弱。电场减弱的方向与气流方向一致，粉末的受力方向与气流方向相同。当粉末离开枪体后，粉末移动的动力主要是空气，粉末粒子能够到达工件的每个角度，并与工件产生很好的附着效应，形成致密的粉末涂层。由于不存在外电场，摩擦静电喷涂法能较好地克服法拉第屏蔽效应。有关数据表明：在摩擦静电喷涂时，反电离现象发生在喷枪启动后的 10～20s 内，这就可能提高工件的一次上粉率。一次上粉率提高，明显减少了粉末的回收量。

由于摩擦喷枪具有不同于高压枪的带电方式和电场，因此在静电喷涂中显示出其独特的优点。

① 节省了设备投资　高压静电喷涂时，粉末所带的电荷来自高压静电发生器，而摩擦喷枪的粉末带电主要是由粉末和枪体摩擦而产生，这就省去了高压静电发生器，从而节约了设备投资。

② 消除了事故隐患　枪内无金属电极，喷涂中不会出现电极与工件短路引起的火花放电，从而消除了引起粉尘燃烧、爆炸的事故隐患。

③ 操作简捷　用摩擦喷枪喷涂操作比较方便。它不接高压电缆，枪头移动空间范围广，且受喷涂影响小，喷枪离工件距离远些或近些，喷涂效果相近。

④ 适用范围广　小型工件或形状比较复杂的工件表面用摩擦喷枪喷涂时，效果好得多，比高压静电喷枪更为适用。

⑤ 喷枪不积粉　摩擦喷枪内无金属电极，因而不会出现电极积粉现象，也就避免了喷涂中出现的吐粉弊病，保证了粉层表面的光洁和平整。

⑥ 可以喷涂较厚的涂层　高压静电枪喷涂的粉层超过一定厚度时，由于产生反离子流击穿现象，使涂层表面出现"雪花"状、凹坑、麻点等缺陷。而摩擦喷枪不存在像高压枪那样的电场，且不容易产生反电离现象，所以可喷涂较厚的涂层。

⑦ 可以满足喷涂生产线的需要　摩擦喷枪喷涂的粉层和附着力虽然比高压静电枪喷出来的粉层附着力要小些，但已能很好地满足喷涂生产线的需要。

⑧ 粉末沉积效率高　就粉末沉积效率而言，在小喷粉量、近距离喷涂时，摩擦喷枪喷涂的粉末沉积率要高于高压静电喷枪。

（2）施工工艺

摩擦静电喷涂的施工工艺有其独特的要求。

① 摩擦喷枪的带电性　摩擦喷枪正常工作情况的标志是粉末带电性能良好，粉末输送均匀。粉末带电状况的好坏直接影响工件涂膜质量和粉末沉积效率。为了增强摩擦喷枪的粉末带电效应，供粉、输粉以及喷枪都应设置相应的带电措施，使喷出枪口的粉末粒子充分地带上电荷。

② 对气压的要求　为保证粉末获得足够的摩擦，要求供粉气压有一定的范围。流化床的供气气压为 0.02MPa，一次气压为 0.1～0.22MPa，二次气压为 0.01～0.05MPa。

③ 对粉末的要求　摩擦喷枪内供粉末通过的摩擦通道窄小，约为 1mm，所以对粉末的

选用要求比较严格。

a. 粉末品种。适用于摩擦喷枪的粉末涂料有环氧类粉末和聚酯改性环氧类粉末。其他粉末摩擦带电效果较差。

b. 对粉末清洁度的要求。供摩擦静电喷涂用的粉末必须严格过筛，筛去纤结、硬粒等杂质，以免堵塞枪口。

c. 对喷涂操作环境的要求。粉末的受潮程度和周围环境空气湿度等因素明显影响摩擦喷枪的带电效应和粉末沉积效率。空气湿度越低，粉末越干燥，则粉末带电性越好，涂装效果越佳。反之，粉末电阻率降低，使其所带电荷容易逸走，从而影响静电吸附效果。因此，当空气湿度较高时，就需加大喷粉气压来增加喷粉量，满足喷涂要求。

d. 粉末要干燥。为防止粉末因潮湿结块，影响带电效果，在喷涂前，粉末一定要烘干，尽量去除水分。还要注意平时粉末的防潮，受潮的粉末不能用于摩擦喷涂。

④ 压缩空气必须净化　经过空压机输出的空气要充分净化，去油、去水，空气中无尘埃，其要求比高压静电喷涂用的空气更为严格。

⑤ 喷粉量　摩擦喷枪的喷粉量要掌握适当，根据不同工件的要求来选择冷喷操作或者热喷操作，如喷粉量超过了范围即会影响喷涂效果。平面喷涂时，喷粉量为 $80\sim100g/min$；管道内壁喷涂时，喷粉量在 $100\sim250g/min$ 为宜。

⑥ 喷涂距离　摩擦静电喷涂时，喷涂距离不像高压静电喷涂操作那样严格，距离范围有一定的伸缩性。一般距离最近不低于 50mm，最远不超过 300mm。

⑦ 沉积效率　采用摩擦静电喷涂，沉积效率小于 60%；采用摩擦静电热喷涂，沉积效率可达 80%～85%，并且还能增加涂层厚度，提高涂层的均匀性。

（3）喷枪的结构

在摩擦静电喷涂设备中，充电效果与摩擦喷枪枪管的形状特征及粉末的材料选择紧密相连。尽管大多数粉末都适用于摩擦系统，但当粉末涂料与枪体材料的相对电阴性接近时，粉末涂料的带电效果就差些。像环氧树脂、聚酯、聚酰胺、聚氨酯材料要比聚氯乙烯、聚丙烯和聚四氟乙烯容易获得正电荷。从表 5-37 所示的几种不同材料的相对电阴性情况可知，选用聚四氟乙烯制造的摩擦喷枪，在喷涂环氧粉末时可获得很高的带电效果。

表 5-37　几种不同材料相对电阴性

材料	相对电阴性
聚氨酯	弱电阴性
环氧树脂	
聚酰胺	↓
聚酯	
聚氯乙烯	
聚丙烯	
聚乙烯	强电阳性
聚四氟乙烯	

摩擦静电喷枪的结构主要由枪体和枪芯组成。根据应用场合的不同，可分为三种形式。

① 手提式　手提式摩擦静电喷枪设计较为轻巧，枪身整个重量不超过 750g，枪长 540mm，喷粉量为 $60\sim250g/min$。枪体和枪芯用聚四氟乙烯制造，其应用范围较广。

② 固定式　固定式摩擦静电喷枪结构比手提式更为简单，主要与摩擦静电喷涂装置配套使用，安装于一固定架子上或自动升降机上，适用于自动化流水线喷涂。

固定式喷枪比手提式省去了手柄、挂钩、电磁阀开关等部件，其结构为一圆柱体。为了保证一定的出粉量，常设计成多通道摩擦枪体。即在一支喷枪内，设计成多层摩擦通道，增加了粉末的摩擦面积，使粉末与枪体发生较多的摩擦而获得较多的电荷，又加大了出粉量，从而保证了流水线喷涂节拍的需求。

③ 专用型 专用型摩擦静电喷枪是为某种特定的涂装对象而设计制造的，如钢管内壁喷涂用摩擦喷枪，要满足下面几个要素：出粉量大，荷质比高，具有足够的长度及多样化的喷射图形。控制喷粉量与一次风量的调节有关，但风量不能太大，因为粉末与枪体之间的磨损增大将会影响枪的寿命。由于受到工件形状及管道直径的限制，不能将枪体制作得很粗大，一般设计成单体双通道式。

为了增加摩擦面积，使粉末与粉末之间、粉末与枪体之间的摩擦更充分，粉末有足够的带电量，可以设计成几种不同形状、规格的喷嘴，如图 5-3 所示。

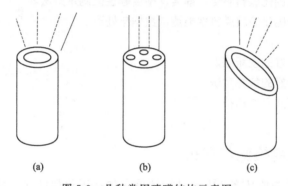

（a）　　　　　　　　　（b）　　　　　　　　　（c）

图 5-3　几种常用喷嘴结构示意图

（a）喷嘴呈圆柱形，粉末离开喷口时的形状为发散形，适合于喷涂工件外表面；

（b）喷嘴呈圆孔形，粉末喷射时为直线形，适合于喷涂工件的凹槽；

（c）喷嘴呈椭圆孔形，粉末喷射时为扇形，适合于喷涂容器的内表面。

摩擦静电喷枪也有以下不足之处。

a. 使用寿命较短。因为摩擦静电是通过磨损枪体而获得的，为了保证较好的静电效果，需要对摩擦喷枪的芯阀定期更换，同高压静电枪相比，喷枪的使用寿命较短。

b. 应用场合受到限制。因为适用于摩擦喷枪喷涂的粉末品种受到限制，有些粉末品种的摩擦带电效果较差，例如聚乙烯粉末涂料的摩擦带电效果就不理想，所以粉末涂料的应用场合受到限制。

c. 粉末带电量不充足。与高压静电喷枪相比，粉末摩擦带电的吸附能力要弱一些。

d. 对环境、气源的要求严格。摩擦静电喷涂工艺对环境、气源的要求比较严格，某种程度上限制了它的应用范围。

摩擦静电喷枪可以在一把枪头上安装几种类型的喷嘴，使一把枪能完成多种喷涂图形，确保粉末在复杂形状工件表面的有效沉积。

思考题

1. UV 涂料的涂布方法有哪些？

2. 简述空气喷涂的施工要点。

3. UV 粉末涂料的涂装方法有哪些？

第四节　光固化涂料的性能测试

 **教学目标**

能力目标

① 能正确选择合适的方法测定光固化涂料性能。

② 能熟练操作性能测试仪器。

③ 能依据国家标准出具测试报告。

知识目标

① 了解光固化涂料测试参考标准。

② 掌握光固化涂料黏度、细度、硬度等性能测定方法。

③ 掌握光固化涂料原料性能测试数据与处理。

素质目标

① 培养良好的创新意识。

② 培养良好的争先意识。

③ 培养团队合作精神。

一、光固化涂料检测与评价

光固化涂料的性能需要从多个方面进行评价，包括固化前的涂料性能、固化交联性能、固化后涂膜的各项性能，甚至包括光固化原材料的性能。这就决定了涂料的检验内容既包括涂料原材料质量、涂料产品的性能检测，又包括涂料的施工性能，还要检查涂膜的物理力学性能和涂膜的特殊保护性能。

1. 光固化涂料产品取样

光固化涂料产品检验的取样很重要，取样正确与否直接关系到被测样品结果的准确性，取样的主要原则如下。

① 所取漆样在该批产品中应具有足够的代表性。所取的样品数量应分为两份，一份用作测试，另一份密封贮存以备日后需要时对某些性能做复试。

② 盛样容器为内部不涂漆的金属罐、棕色或透明的可密封玻璃瓶、纸袋或塑料袋，容器必须洁净。

③ 取样器具能使产品尽可能混合均匀，取出具有代表性的样品。取样器具必须清洁。

④ 取样数目产品交付时，应记录产品的包装件数。按随机取样法，对同一生产厂家生产的相同包装的产品进行取样。取样数目应符合以下要求：

$$N \geqslant \sqrt{\frac{n}{2}} \tag{5-2}$$

式中　N——取样数；

　　　n——产品的包装件数。

⑤ 在样品上贴上标记。标记应包括以下内容：制造厂名，样品的名称、品种和型号、批号、贮槽号等，生产日期和取样日期，交付产品的总数，取样地点和取样者。按照

GB/T 3186—2006 及 ISO 15528：2000 进行。

2. 光固化涂料产品性能检测

光固化涂料产品性能检验包括：外观（颜色和透明度）、黏度、细度、贮存稳定性等。

（1）外观（颜色和透明度）

涂料通常为不含颜料的产品，检查项目是看其是否含有机械杂质和透明程度如何。外观测定是将试样装入干燥洁净的比色管中，调整到温度（25±1）℃，于暗箱的透射光下观察是否含有机械杂质。透明度的测定是将试样倒入干燥洁净的比色管中，调整到温度（25±1）℃，于暗箱的透射光下与一系列不同混浊程度的标准液（无色的用无色标准液，有色的用有色标准液）比较，试样的透明度等级直接以标准液的等级表示。原漆颜色按 GB/T 1722—1992 中的甲法规定进行评定，在实际应用上，有时浅色的清漆在干燥时颜色会显著变深。因此，在评定清漆颜色时，还要测定干漆膜的颜色。

光固化涂料一般为无色或微黄色透明液，大多有较强的丙烯酸酯气味，固化后该气味应基本消失。涂料本体应均匀，不含未溶解完全的高黏度块状物，高黏度树脂或固体树脂应均匀溶解于活性稀释剂中，溶解不完全的团块肉眼不易发现，在涂料调配过程中应特别注意。通常的方法是在涂料装罐前用细纱网对涂料进行过滤，将非均匀团块以及可能存在的固体杂质过滤除去。

（2）黏度

黏度即涂料稀稠的程度。黏度是液体和胶体体系的主要物理化学特性，黏度对涂膜的性能有直接影响。在施工过程中黏度高会造成使用上的困难，黏度低容易造成流挂。

光固化涂料根据使用场合和施工工艺不同，黏度有很大不同，常见光固化涂料黏度从 0.1Pa·s 到几帕秒。一般而言，低黏度涂料有利于涂装流平，但也容易出现流挂等弊病。光固化涂料较低的黏度意味着使用较多数量的活性稀释剂，大量活性稀释剂的存在容易导致涂料整体固化收缩率较高，影响固化膜与涂装基材的附着力。涂料过稀、刮涂或辊涂将获得较低的膜厚，而且在平整度不高的涂装表面容易出现涂层厚薄不均匀的现象，涂料流动太快，基材低凹部分膜层较厚，凸起部分膜层较薄。黏度较高时则涂料不易涂展，膜层流平所需时间较长，不符合光固化涂料高效快捷的施工特点，可添加流平助剂适当改善。大多数光固化涂料表现为牛顿流体，不具有触变性，添加触变剂（如气相二氧化硅等）其静态黏度提高，甚至呈糊状，但随着剪切时间的延长和剪切速率的增加，黏度有所降低。适当的触变性可平衡流挂与流平的矛盾。一般黏度较大的光固化涂料宜采用刮涂、辊涂的涂布方法，黏度较小的涂料宜采用淋涂、喷涂的非接触式涂布工艺。

涂料黏度的测量方法可采用乌式黏度计、斯托默黏度计和涂-4 杯法。测定光固化涂料的黏度，涂-4 杯黏度按照 GB/T 1723—93 的规定进行测定，动力黏度按 GB/T 2794—2013 的规定进行测定。

（3）细度

细度主要是检查色漆或漆浆内颜料、填料等颗粒的大小或分散的均匀程度，以微米来表示。涂料细度的大小直接影响漆膜的光泽、透水性及贮存稳定性。由于品种和要求的不同，各种底漆、面漆细度不同。

目前测定细度使用最为普遍的是刮板细度计（详见 GB/T 1724—2019 及 ISO 1524：2000），这是测量颜料分散情况的一种最简便的方法。其优点是速度快，但它不能反映颜料质量的真实情况，只表示出颜料的聚集体，显示不出颜料粒径的分布及粒子的状态。

细度也可通过测量涂膜的光泽来判断。颜料分散得好，涂膜表面的粗糙度低，光的漫反射低，光泽高。反之，涂膜表面粗糙，光的漫反射程度高，光泽低。所以通过测量涂膜的光泽度高低可判断颜料分散的好坏。

另外，也可用拍摄电镜、光谱分析、测定涂料贮存黏度变化等方法来评价颜料分散质量好坏。

（4）贮存稳定性

涂料贮存稳定性是指液态色漆和清漆在密闭容器中放置于自然环境或加速条件下贮存后，其黏度及其他性能的变化。

光固化涂料的贮存稳定性主要是指暗固化性能，光固化涂料应在避光、室温条件下贮存3个月以上而没有明显的黏度上升或暗聚合发生。光固化涂料的贮存稳定性主要由光引发剂的性质决定，某些热稳定性较差的光引发剂即使在避光条件下也会缓慢热分解产生活性自由基，导致涂料在贮存过程中聚合交联，因此选择合适的光引发剂非常重要。另外，光固化涂料产品中应含有少许的阻聚剂以保证涂料在贮存过程中的稳定性（通常大多数丙烯酸酯单体和低聚物原材料在装罐前或在合成过程中已添加了微量酚类阻聚剂）。光固化涂料产品要求避光密封贮存，尽可能避免阳光直射。

对于光固化涂料的贮存稳定性，除考虑聚合稳定性外，对含有颜料或无机填料的配方，还涉及颜料或无机填料的絮凝沉降的问题，必要时可在分散过程中添加少量防沉降助剂。

涂料贮存稳定性的测定方法是将试样装入容积为0.4L的金属罐，盖好罐盖，在(50±2)℃加速条件下贮存30d或自然环境条件下贮存6～12个月后检查橘皮、腐蚀及腐败味、颜料沉降程度、漆膜颗粒、胶块及刷痕、黏度变化等（详见GB 6753.3—86）。

3. 光固化涂料施工性能的检测

光固化涂料施工性能的检验包括：涂布量、流平性、光固化速率、打磨性等。

（1）涂布量

涂布量是指涂料在正常施工情况下，涂刷单位面积所需的数量，以g/m^2来表示。涂布量的测定，可供施工用料计算时参考。它与着色颜料的多少无关，但产品的黏度影响较大。涂布量的测量公式如下。

$$R = \frac{A-C}{B} \times 10000 \qquad (5\text{-}3)$$

式中　R——涂布量，g/m^2；

　　　A——涂刷后板之质量，g；

　　　C——涂刷前板之质量，g；

　　　B——涂刷面，m^2。

（2）流平性

涂料的流平性是将涂料刷涂或喷涂在表面平整的基材上，经一定时间后观察，以刷纹消失和形成平滑漆膜表面所需时间来表示。流平性与涂料的黏度、表面张力和使用的溶剂有关。

涂料流平性能的评价一般采用目测判断，观察涂膜平整光滑的程度，有无条痕、缩孔、橘皮、流挂等现象。也可采用测定涂膜的光泽度来评价涂料的流平性。涂膜的光泽度数值是比较准确的反映，光泽度越高，就表示该涂料流平性越好。对于液体涂料的流平性，采用刷涂法或喷涂法，简单、方便、经济，只是不能定量评出流平等级。也可采用涂刮测定法，此法十分简单、方便、经济、实用，可对流平效果评出等级。

a. 刷涂法　刷涂时，应迅速先纵向后横向地涂刷，涂刷时间不多于 3min，然后在样板中部纵向地由一边到另一边刷涂一道（有刷痕而不露底）。自刷子离开样板的同时，开启秒表，测定刷子滑过的刷痕消失和形成完全平滑涂膜表面所需的时间。时间越短流平性越好。

b. 喷涂法　观察涂膜表面达到均匀、光滑、无皱时所需时间。

c. 涂刮法　将试验底材平放于玻璃板上，涂刮导板放在试验底材表面一侧。将流平刮刀紧靠导板，刮刀槽口向下，开口向操作者，置于试验底材远端。然后把 10mL 涂料试样倒入流平刮刀内沿，一手紧握导板，另一手持流平刮刀沿着导板由远至近匀速涂刮。将刮好的涂样水平放置，按涂料产品标准或施工条件规定进行干燥。涂样干燥后，统计试样表面上已流在一起的平行带对数量，对照流平等级图定出流平等级。每一试样要平行测行 3 次，2 次测定的流平等级相同才能定出测定结果。

（3）光固化速率

涂料从流体层变成固体漆膜的物理化学过程称为干燥。对光固化涂料，经 UV 光照射从液态变成固体膜的过程称为光固化。光固化过程的两个关键指标是固化速率和固化程度。

表征光固化过程较为客观的方法是检测光固化过程中体系反应性双键的转化情况。检测方法包括以下几种：

① 实时红外（real-time FTIR）光谱法　该方法可及时跟踪检测 C＝C 双键随光照时间的变化，从而获得聚合转化率曲线和聚合速率曲线，所检测的红外特征峰一般为丙烯酸酯 C＝C 双键的伸缩振动峰（1630cm^{-1} 附近）和 C＝C 双键上 C—H 面外弯曲振动的特征峰（810cm^{-1} 附近）。

② 光照差示扫描量热法（photo-DSC）　自由基光聚合与阳离子光聚合一般伴随着放热效应，在常规 DSC 分析仪上加装紫外辐照光源，通过测定光聚合过程中的放热速率获得光聚合速率曲线，并转换成聚合转化率曲线。以上方法通常用于光聚合动力学过程的研究，测定聚合活化能、链增长速率常数及链终止速率常数等。

③ 实时黏度法　将石英玻璃板替换锥板黏度计的承载板，UV 光源的光线由石英玻璃板底部向上射入照到待固化样品，转子旋转过程中开光源，随固化进行，黏度上升，记录下黏度随光照时间的变化曲线。这是跟踪光固化体系反应程度、表征光固化速率的有效方法。

④荧光探针法　在光固化配方中添加结构较为稳定的荧光探针分子，随体系聚合交联的进行，环境的极性和黏度发生变化，荧光探针分子的发射光强度和波长位置会随之改变，通过检测探针分子荧光变化，并将其和聚合转化率关联起来，可实现光聚合过程的荧光探针跟踪检测。

另外，测定涂层一定光照时间后的凝胶含量、失重率及硬度等指标也可以表征其固化情况。

工业上，通常采用简便易行的方法检测评价光固化速率。

① 以履带速率为指标　以 UV 光固化机承载涂覆物件履带的行走速率为指标，不断提高履带速率，以获得固化膜指定硬度的最大履带速率，衡量其固化速率。履带速率越高，说明所需的辐照时间越短，光固化速率越快。测量单位以 "m/min" 表示。

② 指干法　涂层光照时间不够，固化不完全，涂层表面发黏，会形成明显的指纹印，固化完全后，涂膜表面干爽。以涂层表面固化干爽程度所需时间来衡量固化速率，测量单位以 "s" 表示。

影响光固化速率的因素很多，包括光引发剂的活性与浓度、活性稀释剂的反应性、低聚物的反应活性、光源、氧的阻聚作用等。各种因素相互制约，共同影响固化效果。

4. 光固化涂料涂膜物理力学性能检测

将涂料试样均匀地涂刷或喷涂在各种材料（金属、玻璃、木材等）的底板上，UV 光辐照后制成厚度符合要求的固化膜，再对其分别进行光泽、颜色及外观、厚度、硬度、柔韧性、拉伸性能与拉伸强度、耐冲击强度、附着力、耐磨性等测定。

（1）光泽

光泽是指固化表面把投射其上的光线向一个方向反射出去的能力，反射的光亮越大，则其光泽越高。固化膜的光泽对于装饰性涂层来说是一项很重要的指标。测量涂料光泽所使用的仪器为光电光泽度仪，一般采用 30°角或 60°角测定，60°角测定结果往往高于 30°角的测定结果。按规定 60°光泽度仪测量的涂料光泽分类如表 5-38 所示。

表 5-38　涂料光泽分类（60°光泽度仪）

名称	光泽	名称	光泽
高光泽	≥70%	蛋壳光至平光	2%～6%
半光或中等光泽	30%～70%	平光	≤2%
蛋壳光	6%～30%		

光固化涂料较容易获得高光泽度固化表面，如果配方中添加流平助剂，光泽度可能更高，常见光固化涂料的光泽度可以轻易达到 100% 或以上。溶剂型涂料在成膜干燥过程中有大量溶剂挥发，对涂层表面扰动较大，影响微观平整度，光泽度容易下降。

（2）颜色及外观

固化膜颜色是物体反射（或透过）光特征的描述。例如物体对光全部反射，则物体的颜色呈现白色；物体对光全部透过，则物体的颜色呈现黑色；物体对光部分反射和部分透过，则物体的颜色根据反射或透过光的不同呈现不同的颜色。

固化膜颜色测定分为标准样品法和标准色板法，前者是将测定样品与标准样品比较，后者是将测定样品与标准色板比较，都是用肉眼观察。虽然一般用肉眼可以区分漆膜颜色的差别，但不可避免会有人为误差的产生，因而现在已采用光电色差仪来对颜色进行测定。

固化膜外观主要是检查漆膜是否平整、干爽、平滑或符合产品标准规定。对于光固化涂料，如果固化时间不足或由于氧阻聚作用造成交联固化不完全，固化膜表面发黏，形成明显指纹印，可在固化膜表面放置小团棉花，用嘴吹走棉花团，检查固化膜表面是否粘有棉花纤维，如粘有较多棉花纤维，说明固化膜表面固化不理想，干爽程度不够。

（3）厚度

固化膜的性能与厚度有密切的关系。涂层太薄，将影响光泽、外观和防腐蚀性能；涂层太厚，可能导致底层光固化不完全，影响附着力等综合性能。光固化涂层的厚度一般在数十微米，标准厚度为 $25\mu m$。

固化膜厚度采用杠杆千分尺或磁性测厚仪测定，一般都是在规定的厚度范围内进行固化膜各项性能的测定，这样测得的结果才有可比性。

（4）硬度

固化膜硬度是评价涂膜质量的关键指标。其物理意义可以理解为涂膜表面对作用其上的另一硬度较大的物体所表现的阻力。物体能经受破坏其表面的机械应力的性能，就是其硬度的最主要特性。

　　检测固化涂层硬度的方法有摆杆硬度、铅笔硬度、邵氏硬度等。摆杆硬度为相对硬度，在试验研究上经常采用，摆杆阻尼试验测定的涂膜硬度以摆幅由 6°到 3°（科尼格摆）或由 12°到 4°（珀尼兹摆）的时间计。铅笔硬度简单易操作，工业上应用较广泛，铅笔硬度是以不损伤涂膜的铅笔硬度代表所测涂膜的铅笔硬度，见图 5-4。

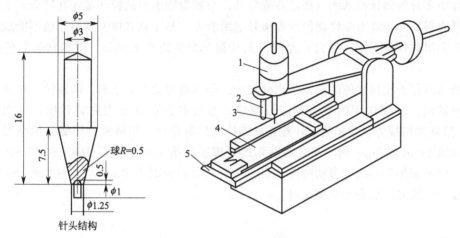

图 5-4　铅笔硬度试验仪示意图（单位：mm）

1—负载；2—挡杆；3—针；4—样品；5—装料台

（5）柔韧性

　　色漆、清漆涂层在标准条件下绕圆柱弯曲时的抗开裂或从金属底板上剥离的性能通常称为漆膜的柔韧性。很多被涂底材具有一定可变形性，要求涂层具有相应柔顺性，例如纸张、软质塑料、皮革等。

　　漆膜柔韧性测定在柔韧性测定器或弯曲试验仪上进行。

（6）拉伸性能与拉伸强度

　　固化膜的拉伸性能与柔顺性密切相关。在材料试验机上对马蹄形固化膜施加不断增强的拉伸力，膜层断裂时的伸长率来表征其拉伸性能，拉伸应力转化成拉伸强度，较高的拉伸率和拉伸强度意味着固化膜具有较好的柔韧性。拉伸性能好的膜层一般柔顺性也较高，但韧性不一定高。柔韧性是评价固化涂层力学性能的重要指标，拉伸强度关系到涂层抗机械破坏能力。

（7）耐冲击强度

　　耐冲击强度表示涂膜在受外力冲击时所能经受的抗开裂或抗与金属底材分离的能力。涂膜的变形大小不仅取决于张力，而且取决于作用时间。当变形进行较慢时，涂膜能松弛下来，且其变形程度也是较大的。在变形速率很大时，则弹性涂膜在静载荷下就可能成为刚性的和脆性的。涂膜的耐冲击性能表现了涂膜的弹性及其对底板的附着力。

　　涂膜耐冲击强度采用冲击试验器测定。冲击钢球直径为 8mm，考察漆膜受冲击后有无裂纹、皱纹及剥落等现象。在温度为（23±2）℃和相对湿度为（50±5）%试验条件下，将试样放在冲击仪的底座上，使重块从预定的高度下落，检查试样被冲击的凹槽内涂膜是否开裂或涂膜与底板是否脱开，改变高度，求出涂层不出现开裂或脱开的最大高度。每个冲击点的边缘相距应不少于 15mm，冲击部分距试样边缘不少于 15mm，每块试样测两点。耐冲击强度数据为涂膜不出现开裂或脱开的最大高度。

（8）附着力

所谓附着力就是涂膜与基材间相互黏结的性能。通常把附着力分成机械的和化学的两种。机械附着力是由于涂料渗透到基材上而呈现出来的，这种附着力取决于基材的物理性质和粗糙度、多孔性等；化学附着力取决于涂膜和基材的化学性质。根据吸附学说，黏结性是由于涂膜中聚合物的极性基团（如羟基或羧基）与被涂物表面的极性基相互结合产生的。如果涂膜具有很高的物理力学性能但没有很好的附着力，易于从表面上脱落，也不能成为具有抗腐蚀性和耐候性的涂层。因此，涂膜对其所涂基材的附着力愈好，对基材的保护性能就愈好。

附着力是评价涂层性能的最基本指标之一。检测附着力的方法有：画圈法、拉开法、划格法、胶带法。画圈法用附着力测定仪测定，检查各部位的涂膜完整程度，见图 5-5 和图 5-6。拉开法用拉力试验机测定，检查试样拉开的负荷值。划格法是用锋利的小刀在漆膜上划出间隔 1mm 或 2mm 的小格，观察划线处漆膜脱落情况，详见 GB/T 9286—1998。工业检测上常常采用简易的胶带法测定，用 600 的黏胶带黏附于涂层上，按 90°或 180°两种方式剥离胶带，检验涂层是否剥离底材。

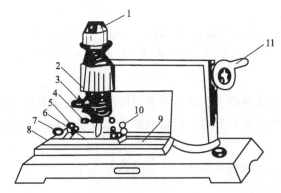

图 5-5　附着力测定仪

1—荷重盘；2—升降棒；3—卡针盘；4—回转半径调整螺栓；
5—固定样板调整螺栓；6—试验台；7—半截螺帽；8—固定样
板调整螺栓；9—试验台丝柱；10—调整螺栓；11—摇柄

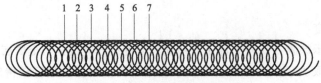

图 5-6　标准划痕圆滚线示意图

1—一级；2—二级；3—三级；4—四级；5—五级；6—六级；7—七级

画圈法测定法以试样划痕为检查目标，依次标出 1～7 七个部位，相应分为七个等级。按顺序检查各部位的涂膜完整程度，如某一部位的格子有 70% 以上完好，则定为该部位是完好的，否则应认为损坏。例如部位 1 涂膜完好，则附着力最佳，定为一级；部位 1 涂膜损坏而部位 2 完好，附着力次之，定为二级，依此类推，七级为附着力最差。

划格法测定法用锋利的刀具按 20～50mm/s 的划格速度，在涂膜上连续平稳地划割出规定条数和间距的平行线条，再在与已划出的割线交叉呈 90°角的方向上划出相等数量和相同间距的平行线条，形成一个十字网格图形（必须切至基底），然后用软刷子顺着网格图形的交叉处轻轻地刷拭样板，向前向后各 5 次，观察检验划割表面，按表 5-39 评定等级。

表 5-39　评定等级

级别	说明
0	划格边缘十分平整,无割落现象
1	划格线交叉处涂层有小块剥离,受影响的十字格面积不大于 5%
2	沿边缘或在划格线交叉处涂层已经剥离,受影响的十字格面积大于 5%,但小于 15%
3	部分或整个涂层划格边缘呈带状剥离和或者不同部分的方块部分或整块脱落,受影响的十字格面积大于 15%,但小于 35%
4	涂层沿格线边缘整条地剥离或者有些方块部分或整块脱落,受影响的十字格面积大于 35%,但小于 65%
5	剥落程度明显大于 4 级

（9）耐磨性

耐磨性即涂膜的耐磨程度，耐磨性实际上是涂膜的硬度、附着力和内聚力综合效应的体现。耐磨性与温度和环境条件有关，通常是采用砂粒（落砂法）或砂轮（磨耗仪）等来测定涂膜的耐磨性。落砂法是让一定大小的砂粒，以规定的高度落到试验样板上，称取将漆膜破坏所需要的砂量，其结果以磨耗系数 V/T 来表示，其中 V 为砂的体积（L），T 为涂层厚度（μm）。磨耗仪测定法是使试验样板达到规定耐磨转数时，取出试板，抹去浮屑，称重。前后重量之差——涂膜的失重即表示所测的耐磨性，以"mg"表示。

光固化涂料的耐磨性一般高于传统溶剂型涂料，主要是前者固化后形成了较高的交联网络结构。地板涂料的耐磨性要求较高，耐磨性一般通过磨耗仪测定，将光固化涂料涂覆于测试用的圆形玻璃板上，光固化后置于磨耗测试台上，加负载，启动机器旋转，设定转数，以涂层质量的损失率作为衡量耐磨性的指标，磨耗率越高，说明涂层耐磨性越差，详见 GB/T 1768—2006。

5. 光固化涂料涂膜特殊保护性能的检测

涂膜特殊保护性能的检测包括：耐水性、耐热性、耐寒性、耐霉菌性、耐化学腐蚀性、耐候性等。

（1）耐水性

涂膜耐水性即涂膜对水的抵抗能力。耐水性是涂膜抗腐蚀性能的重要指标。耐水性可以理解为膨胀性和透水性两项数值的总和。许多高分子物质形成的涂膜都具有在水以及大气湿度作用下膨胀的性质。成膜物质分子中羟基及其他极性基的数目增多以及各种低分子水溶性的杂质增多，都能促进水膨胀性的增大以及在一定程度上促进涂膜透水性的增大。

涂膜耐水性的测定分为"浸水试验"和"浸沸水试验"。浸水试验是将涂膜样板放入温度为（25±1）℃的蒸馏水中；浸沸水试验是将涂膜样板放入沸腾的蒸馏水中；待达到产品标准规定的浸泡时间后取出，观察漆膜有无剥落、起皱、起泡、失光、变色、生锈等现象，详见 GB/T 1733—93。试验用水应符合 GB/T 6682—2008 中三级水的要求。

（2）耐热性

测定涂膜受热后有无变黏、变软、起层、皱皮、鼓泡、开裂、变色等现象。耐湿热性测定按产品标准规定的温度在鼓风恒温烘箱（或高炉）内进行，详见《色漆和清漆　耐热性的测定》（GB/T 1735—2009）。

一般装饰性光固化涂料无须考虑耐热稳定性的问题，但用于发热电器装置或受热器件涂装，需考虑其长期耐热性。由于光固化涂料较高的交联度，耐热稳定性一般高于溶剂型或热固化涂料。

表征固化膜热稳定性的方法还有热重法、差示扫描量热法等。

（3）耐寒性

测定涂膜受冷冻后的变化情况，漆膜耐寒性在低温箱中进行，据此可说明漆膜是否适宜在低温条件下使用。

（4）耐霉菌性

耐霉菌性即涂膜防止霉菌繁殖生长的能力。测试方法是将菌种或混合霉菌孢子（种子）悬浮液喷洒在漆膜上，放在 29～30℃的保温箱中培养。经过一段时间后观察漆膜表面上有无霉菌繁殖生长现象。

（5）耐化学腐蚀性

耐化学腐蚀性指涂膜经受化学腐蚀介质（酸、碱、溶剂、汽油、盐水或其他腐蚀性气体）的能力。这是检查耐腐蚀涂料的主要项目。测定方法是将涂膜浸入或放置在规定的介质中，达到产品标准规定的时间后，取出并观察涂膜有无剥落、起皱、起泡、起斑、生锈、变色、失光等现象。

光固化膜的耐蚀性能包括对稀酸、稀碱及有机溶剂的耐受能力，可以从固化膜的溶解和溶胀两方面评价，它反映膜层对溶剂破坏的耐受性能。具体方法：①用棉球蘸取溶剂对膜层进行双向擦拭，以涂层被擦穿见底材时的擦拭次数作为耐溶剂性能评价指标；②用溶剂溶胀法表征，以固定溶胀时间下膜层增重率作为评价指标。

（6）耐候性

涂料的质量除了取决于各项物理力学性能外，更重要的是其使用寿命，即涂料本身对大气的耐久性。这种耐久性的表现代表了该涂料的真正实用价值，是该涂料各种技术性能指标的综合体现。涂料在使用过程中受到不同条件因素的作用，使涂层的物理化学和力学性能引起不可逆的变化，并最终导致涂层的破坏。涂料的耐候性试验是测定在自然环境或模拟自然环境条件下，涂层的耐久性能，考察涂膜的失光、变色、粉化、裂纹、起泡、锈蚀等程度。

固化膜耐候性可通过光老化、热老化及对化学介质的耐受性等几个方面的性能综合反映，光固化涂料的耐候性问题主要还是光老化，涂料本身需要紫外线为能量使液膜交联固化，而紫外线长时间的照射，可导致膜层质量劣化。日光中所含有的 UVA 及 UVB 紫外线长期照射光固化涂层，往往容易造成老化。常采用红外光谱法测定光老化膜层的羟基指数或羰基指数，可以科学评价固化膜的光稳定性。

另外，通过测定固化膜在加速光老化条件下的各项物理性能变化，也是表征光老化的直观有效方法。

光固化涂料泛黄是涂层光老化的表现之一，研究泛黄现象可用红外吸收光谱仪测定羰基吸收变化情况，以羰基指数衡量泛黄程度。工业上可采用标准色度仪测定涂层的黄度指数。

二、光固化原材料的测试方法

为了保证光固化产品的最终质量，除了要对光固化涂料性能进行诸多检测外，也要对光固化涂料所含有的原材料质量进行必要的检测，包括光引发剂的吸收光谱以及低聚物和活性稀释剂的酸值、碘值、羟值、环氧值、异氰酸酯基等。

1. 酸值

酸值是衡量待测物中所含游离酸多少的物理量，它是用中和 1g 待测物中的酸性物质所消耗的氢氧化钾的毫克数来表示的。

准确称取一定量的待测试样，以乙醇或丙酮溶解，加入 2～4 滴酚酞指示剂，在不停摇动下，以经过标定的 0.1mol/L 左右的氢氧化钾溶液滴至指示剂略显改变颜色为止，酸值按下式计算：

$$A = \frac{56.1VN}{m} \tag{5-4}$$

式中　　A——酸值，mg/g；

　　　　V——滴定用去的氢氧化钾的体积，mL；

　　　　N——氢氧化钾摩尔浓度，mol/L；

　　56.1——氢氧化钾的摩尔质量，g/mol；

　　　　m——样品质量，g。

2. 碘值

碘值是衡量体系不饱和程度的物理量，它用 1g 样品消耗碘的毫克（mg）数表示。

（1）测试原理

卤素中氯、溴、碘与不饱和化合物都可以反应，但是是有差异的。氯既能发生加成反应，又能发生取代作用；溴只能发生加成反应；碘只能被不饱和体系缓慢吸收而发生加成反应，但它可以使不饱和体系完全变成饱和的化合物。所以，测定碘值不使用单质形态的碘，通常采用氯化碘、溴化碘等化合物。不饱和体系的每个双键可以加成一个氯化碘分子，由此得到饱和化合物。根据氯化碘的用量，便可以计算出碘值。

实际测定时，在样品内加入过量的卤素，再用碘化钾还原反应余下的卤素，然后用淀粉作指示剂，用硫代硫酸钠溶液来滴定。测定碘值的方法有很多，其中维氏法应用较为普遍。

（2）试剂

维氏法测定碘值需要准备好以下试剂。

① 维氏溶液。将 13g 碘溶于 1000mL 冰乙酸内（不易溶解时可稍加热，但温度不可太高），冷却后取出 200mL，其余部分通入干燥的氯气（氯气需经过洗气瓶水洗、酸洗），则发生下列反应，至橘红色游离碘消失为止。

$$I_2 + Cl_2 \longrightarrow 2ICl$$

② 氯气。可用下列反应制得：

$$MnO_2 + 2NaCl + 2H_2SO_4 \longrightarrow Cl_2 + MnSO_4 + Na_2SO_4 + 2H_2O$$

③ 0.1mol/L $K_2Cr_2O_7$ 溶液。

④ 0.1mol/L Na_2SO_3 溶液。

⑤ 1% 淀粉指示剂：将可溶解淀粉 10g 以蒸馏水溶成糊状，然后将其倒入 1000mL 沸腾的蒸馏水中，急速搅拌并冷却。如需长期存放，可加入 1.25g 水杨酸作防腐剂，存放于 4～10℃ 条件下。

⑥ 15% KI 溶液。

⑦ 氯仿 $CHCl_3$。

⑧ 碘。

⑨ 冰乙酸不能含有还原性杂质，必要时需精制，方法是将 800mL 乙酸中加入 8～10g

高锰酸钾后，放于圆底烧瓶，装上回流冷凝管，加热回流使其充分氧化后，移入蒸馏瓶内蒸馏，取 118～119℃馏出物。

（3）测试方法

锥形瓶称取样品，加 10mL 氯仿，摇动使其溶解，用滴定管加入维氏液 25mL，塞严（塞口可涂以 KI 溶液但不能流入瓶中），于暗处在 20℃存放 30～60min（一般碘值低于 150g/mg 时，可存放 30min，高于 150g/mg 时，可存放 60min）。然后再加入 KI 溶液 15～20mL，蒸馏水 100mL，用 0.1mol/L Na_2SO_3 溶液滴定未被吸收的多余碘，直至黄色将褪尽时，加入淀粉指示剂 1mL，再以 0.1mol/L Na_2SO_3 溶液滴至蓝色完全消失为止。建议：同时做一空白试验，除不加样品外，其他完全相同。

碘值按下式计算：

$$I = \frac{(V_2 - V_1) \times N \times 0.1269 \times 100}{m} \tag{5-5}$$

式中　I——碘值，mg/g；

　　　V_2——空白试验所用去的 Na_2SO_3，mL；

　　　V_1——样品试验所用去的 Na_2SO_3，mL；

　　　N——Na_2SO_3 的摩尔浓度，mol/L；

　0.1269——碘的毫克当量数；

　　　m——样品质量，g。

3. 羟值

羟值表示低聚物中羟基的含量，以每克样品相当的氢氧化钾的毫克数表示。

羟值的分析有苯酐吡啶法、醋酐吡啶法及苯异氰酸酯法，以醋酐吡啶法采用最普遍。醋酐吡啶法对伯羟基的反应迅速，但对仲羟基的反应则比苯酐吡啶法缓慢。因此，对于兼有伯羟基和仲羟基的树脂，苯酐吡啶法得到的结果比醋酐吡啶法的数值高。

（1）苯酐吡啶法

① 试剂

a. 苯酐吡啶液。42g 苯酐溶于 300mL 无水吡啶中。

b. 指示剂。1％酚酞吡啶溶液。

c. 滴定液。0.5mol/L 氢氧化钾乙醇溶液。

d. 无水吡啶。含水量小于 0.1％。

② 测试方法　精确称取约 2g 样品，加入带有回流冷凝器的磨口锥形瓶内，用移液管加入 10mL 苯酐吡啶液，并用吡啶将瓶塞润湿，接上冷凝器置于油浴加热，在 115℃下回流，间歇地摇荡，保持 1.5h 左右；冷却到室温，加 15mL 吡啶冲洗冷凝器，加 15mL 蒸馏水以使多余的苯酐水解，加 5 滴指示剂，以 0.5mol/L 氢氧化钾滴定至终点，保持 15s 不褪色，同样条件做空白试验。

按式（5-6）、式（5-7）计算羟值及羟基含量：

$$羟值 = \frac{(V - V_0) \times C \times 56.1}{m} + 酸值 \tag{5-6}$$

$$羟基含量/\% = \frac{(V - V_0) \times C \times 1.7}{m} \times 100\% \tag{5-7}$$

式中　V_0——空白滴定消耗氢氧化钾的体积，mL；

V——样品滴定消耗氢氧化钾的体积，mL；

C——氢氧化钾的浓度，mol/L；

m——样品质量，g。

（2）醋酐吡啶法

① 试剂

a. 乙酰化试剂。称取 4.0g 对甲苯磺酸于 100mL 乙酸乙酯（AR）中，搅拌至溶解。在搅拌下慢慢加入 33mL 乙酸酐（AR），使最终取此液 5mL 消耗氢氧化钾滴定液（0.5mol/L）40～50mL。

b. 酚酞指示剂。

c. 吡啶与水混合液（3：1）。

d. 甲苯与乙醇混合液（1：2）。

e. 0.5mol/L 氢氧化钾乙醇溶液。

f. 乙酸乙酯（AR）。

② 测试方法　准确称取样品，加入 5mL 乙酸乙酯到样品瓶中溶解样品，然后准确加入 (5 ± 0.02)mL 乙酰化试剂，在 50℃水浴上加热回流 20min。反应完毕后加入 2mL 水，用力振荡，再加入 10mL 吡啶与水（3：1）混合液，振摇，室温下放置 10min，然后视样品溶液的混浊情况，加入一定量的甲苯与乙醇（1：2）混合液，再加数滴酚酞指示剂，用 0.5mol/L 氢氧化钾乙醇标准溶液滴定至溶液呈粉红色，即为终点。

计算公式同苯酐吡啶法。

4. 环氧值

环氧值是表征环氧树脂中环氧基含量的物理量，它有几种表示方法。

① 环氧值 A 表示 100g 环氧树脂总含有环氧基的摩尔数，我国多采用此表示法。

② 环氧指数 B 表示每千克环氧树脂中含有环氧基的摩尔数，汽车公司用此表示法。

③ 环氧当量 C 表示含有 1mol 环氧基的树脂质量，壳牌化学、道化学采用此种表示法。

三种表示法之间的关系为：

$$环氧当量=1000/环氧指数，即 C=1000/B$$
$$环氧当量=100/环氧值，即 C=100/A$$
$$环氧指数=10/环氧值，即 B=10/A$$

（1）高氯酸法

这是国际上通用的环氧值的分析方法，它适用于各类环氧树脂。

该方法是通过高氯酸与溴化四乙基铵反应，产生的溴化氢与环氧基定量反应。以结晶紫为指示剂，滴定多余的溴化氢即可测出环氧值大小。

① 试剂　要求所有试剂的配制都应在通风橱中进行，并戴防护眼镜或面罩予以保护。

a. 高氯酸溶液在烧杯中依次缓慢加入 250mL 冰乙酸（AR）、13mL 浓度为 60％的高氯酸（AR）和 50mL 乙酸酐（AR），混合后转移至 1L 的容量瓶中，以冰乙酸稀释至刻度，充分混合后静置 8h 以上，使乙酸酐与水充分反应。

高氯酸溶液的标定方法有两种。

ⓐ 邻苯二甲酸氢钾标定法。准确称取约 0.4g 邻苯二甲酸氢钾（基准试剂），加入 50L 冰乙酸中，微热使其溶解，加入 6～8 滴结晶紫指示剂，在磁力搅拌下以高氯酸溶液滴定（滴定管应是底部进液贮瓶式，顶部装有干燥管）至由蓝变为绿（持续 2min 不褪色），高氯

酸浓度由下式计算：

$$C(HClO_4) = 1000 \times (m/204.2) \times V \tag{5-7}$$

式中 $C(HClO_4)$——高氯酸浓度，mol/L；

　　　　m——称取邻苯二甲酸氢钾质量，g；

　　　　V——滴定用去的高氯酸溶液体积，mL。

　　ⓑ 双酚 A 二缩水甘油醚标定法。准确称取约 0.4g 双酚 A 二缩水甘油醚（AR），溶入 10mL 二氯甲烷中，在磁力搅拌下使之溶解，加入 10mL 溴化四乙基铵试剂，再加入 6～8 滴结晶紫指示剂，以高氯酸溶液滴定至由蓝变为绿，高氯酸浓度由下式计算：

$$C(HClO_4) = 1000 \times m/(E \times V) \tag{5-8}$$

式中 m——双酚 A 二缩水甘油酸质量，g；

　　　　E——标样的环氧当量，正常值为 170.6；

　　　　V——滴定用去的高氯酸溶液体积，mL。

　　开始时高氯酸溶液用方法ⓐ标定，以后每周用方法ⓑ或方法ⓐ，至少标定 1 次。

　　b. 二氯甲烷（AR）。

　　c. 溴化四乙基铵（AR）。

　　d. 结晶紫指示剂。

　　② 测试方法   按估计样品的环氧当量准确称取一定量的环氧树脂至三角烧瓶，加入 10～15mL 二氯甲烷，在磁力搅拌下加入 100mL 溴化四乙基铵及 6～8 滴结晶紫指示剂，用高氯酸滴至颜色由蓝变绿并持续 2min 为终点。

　　环氧当量 E 由下式计算：

$$E = \frac{1000 \times m}{V \times C} \tag{5-9}$$

式中 E——环氧当量，g/mol；

　　　　m——环氧树脂样品质量，g；

　　　　V——滴定用去的高氯酸溶液体积，mL；

　　　　C——高氯酸溶液的浓度，mol/L。

　　建议：使用该方法时，在由同一分析人员操作时，两次分析结果误差应小于 0.25%；由不同实验室的不同人员操作，两次的分析结果误差应小于 0.5%。

　　（2）盐酸丙酮法

　　我国多用此方法，该方法适用于分子量小于 1500 的环氧树脂。

　　该方法利用盐酸可与环氧基定量发生加成反应，多余的盐酸由氢氧化钠滴定而测出环氧值。

　　① 试剂

　　a. 盐酸丙酮溶液：1mL 相对密度 1.19 的盐酸溶于 40mL 丙酮中，混匀，现用现配。

　　b. 甲基红指示剂。

　　c. 0.1mol/L 标准氢氧化钠溶液。

　　② 测试方法   精确称取 0.5～1.5g 树脂，放入有塞的三角烧瓶中，用移液管加入 20mL 盐酸丙酮溶液，加塞摇荡使树脂充分溶解后，在阴凉处（15℃左右）放置 1h，加入甲基红指示剂 3 滴，用浓度约为 0.1mol/L 的氢氧化钠标准溶液滴定到颜色由红变黄为终点。同样操作，不加树脂，做空白试验。

按下式计算树脂的环氧值：

$$EV = \frac{(V_1 - V_2) \times C}{10 \times m} \quad\quad (5-10)$$

式中 EV——环氧值；

    V_1——空白试验消耗氢氧化钠溶液的体积，mL；

    V_2——样品消耗氢氧化钠溶液的体积，mL；

    C——氢氧化钠标准溶液浓度，mol/L；

    m——样品质量，g。

(3) 盐酸吡啶法

我国多用此法，该法适用于分子量大于 1500 的环氧树脂。该方法利用盐酸与吡啶的加成产物可与环氧基定量发生开环反应，多余的盐酸由氢氧化钠滴定而测定环氧值。

① 试剂

a. 盐酸吡啶溶液。17mL 相对密度 1.19 的盐酸溶于 984mL 吡啶中混匀。

b. 酚酞指示剂。

c. 0.1mol/L 标准氢氧化钠溶液。

d. 丙酮 (AR)。

② 测试方法 精确称取样品 5g 左右，放入 250mL 标准磨口的三角烧瓶中，用移液管加入 25mL 盐酸吡啶溶液，烧瓶装上磨口回流冷凝管，缓慢加热，回流 40min 后，冷却至室温，用 20mL 丙酮冲洗冷凝器，然后取下烧瓶加酚酞指示剂 3 滴，用氢氧化钠标准溶液滴定至显微红色，并在 30s 内不消失为终点。同样操作，不加树脂做空白试验。

树脂样品环氧值计算方法同盐酸丙酮法。

5. 异氰酸酯基

本方法利用异氰酸酯基可与二丁胺定量反应生成脲，过量的二丁胺以盐酸滴定而测定异氰酸酯基含量。

(1) 试剂

① 溴甲酚绿 (0.1%)。0.100g 溴甲酚绿指示剂加入 1.5mL 0.1mol/L 的氢氧化钠溶液中，溶解后用水稀释至 100mL。

② 二丁胺溶液 (258g/L)。258g 新蒸无水二丁胺，用无水甲苯稀释至 1L，浓度为 2mol/L，装入棕色瓶中。

③ 盐酸溶液 1mol/L。

④ 无水甲苯经干燥处理。

⑤ 乙醇 (AR)。

(2) 测试方法

① 异氰酸酯的含量 加 40mL 无水甲苯于干燥、洁净的 500mL 碘瓶内，用移液管加入 50mL 二丁胺溶液，6.5～7.0g 甲苯二异氰酸酯 (TPI) 样品到碘瓶内 (精确到 0.001g)，小心摇荡碘瓶。以 10mL 无水甲苯洗涤瓶口，轻塞瓶口，在常温下放置 15min，待反应完毕后，加 225mL 乙醇和 0.8mL 溴甲酚绿指示剂，以浓度为 1mol/L 的盐酸溶液滴定至盐酸从蓝变黄，且保持 15s 即为终点。用同样方法，不加试样做空白试验。

用下式计算异氰酸酯基含量：

$$TDI\ 的百分含量 = \frac{(V_0 - V) \times N \times E \times 100}{1000 \times m} \tag{5-11}$$

式中　V_0——空白试验所用盐酸的体积，mL；

V——滴定样品耗用盐酸的体积，mL；

E——TDI 当量 87.08，如测其他异氰酸酯，则换以相应的当量；

m——样品质量，g；

N——盐酸准确浓度，mol/L。

② 低聚物中异氰酸酯基的含量　准确称取约 1g 低聚物样品加入 250mL 碘瓶中，加入无水甲苯 25mL，加塞并溶解（必要时可加热溶解）。用移液管加入 0.1mol/L 的二丁胺溶液 25mL，加塞摇匀，15min 后加入异丙醇 100mL、溴甲酚绿指示剂 4～6 滴，用盐酸溶液滴定至黄色终点，同时做空白试验。

按下式计算异氰酸酯基（—NCO）含量：

$$NCO\ 的百分含量 = \frac{(V_0 - V) \times N \times 4.2}{m} \tag{5-12}$$

式中　V_0——空白试验所用盐酸的体积，mL；

V——滴定样品所用盐酸的体积，mL；

N——盐酸准确浓度，mol/L；

m——样品质量，g。

思 考 题

1. 衡量光固化涂料性能的常用参数有哪些？
2. 简述光固化涂料动力黏度测试方法。
3. 简述划格法测试光固化涂料附着力测试方法。
4. 简述—NCO 含量测试方法。

参考文献

[1] 冯立明，牛玉超，张殿平．涂装工艺与设备．北京：化学工业出版社，2004．

[2] 刘国杰．现代涂料与涂装技术．北京：中国轻工业出版社，2002．

[3] 2017年我国涂料产量预计将突破2000万吨．石油和化工节能，2017，3：58-58．

[4] 韩永奇．我国涂料行业2014年市场分析．新材料产业，2014，10：52-54．

[5] 李蒋，吕翼峰．汽车面漆修补质量影响因素的分析与研究．汽车实用技术，2017，7：50-51．

[6] 《中国涂料》刊记者．迈入新时代的涂料企业：2018年上半年回顾及下半年展望．中国涂料，2018，9：1-13．

[7] 中国新型涂料网．环保水性涂料崛起引领涂料市场变革．建材发展导向，2016，16：106-106．

[8] 中国涂料工业协会，涂料产业技术创新联盟．中国涂料行业"十三五"规划（一）．中国涂料，2016，31（3）：1-12．

[9] 赵晓栋，杨婕，张倩，等．海洋腐蚀与生物污损防护技术．武汉：华中科技大学出版社，2017．

[10] 祝季华．我国涂料工业"十二五"发展规划思路与建议．中国涂料，2010，25（5）：1-5．

[11] 中国涂料工业协会．2017年中国涂料行业经济运行情况分析及未来走势．中国涂料，2018，3：27-39．

[12] 吕柏廷，能子礼超，龙沁．环保型涂料种类及应用中存在问题浅析．教育教学论坛，2018，20：225-226．

[13] 中国涂料工业协会秘书处．中国涂料行业"十二五"规划（之三）：环保发展规划．中国涂料，2011，26（5）：1-6．

[14] 陈泽森．水性建筑涂料生产技术．2版．北京：中国纺织出版社，2010．

[15] 鲁钢，徐翠香，宋艳．涂料化学与涂装技术基础．北京：化学工业出版社，2012．

[16] 徐峰，王惠明．建筑涂料．北京：中国建筑工业出版社，2007．

[17] 童忠良，夏宇正，杨飞华，等．功能涂料及其应用．北京：中国纺织出版社，2007．

[18] 孙道兴，魏燕彦．涂料调制与配色技术．北京：中国纺织出版社，2008．

[19] 刘登良．涂料工艺．4版．北京：化学工业出版社，2009．

[20] 周强，金祝年．涂料化学．北京：化学工业出版社，2007．

[21] 洪啸吟，冯汉保．涂料化学．2版．北京：科学出版社，2005．

[22] 张奇，辛秀兰，肖阳．丹尼尔流动点在水性油墨中的应用与研究．包装工程，2005，26（2）：29-30．

[23] 武利民，李丹，游波．现代涂料配方设计．北京：化学工业出版社，2000．

[24] 刘国杰，耿耀宗，等．涂料应用科学与工艺学．北京：中国轻工业出版社，1994．

[25] 谢芳诚，刘国杰．最新涂料品种配方和工艺集．北京：中国轻工业出版社，1996．

[26] 沈球旺，刘忠，周荣华．高固体分丙烯酸改性聚氨酯涂料的研制．现代涂料与涂装，2009，12（9）：14-18．

[27] 欧文，邹新阳，周如东，等．高固体分聚氨酯航空涂料的配方设计要点．涂料工业，2015，45（8）：83-87．

[28] 向斌，杨永锋，韦奉．高固体分涂料的应用及发展趋势．现代涂料与涂装，2007（10）：40-42，47．

[29] 刘国杰．高固体分涂料一些思考及研发与应用简况．中国涂料，2018，33（4）：23-31．

[30] 常彩彩，张爱黎，贾艳红，等．高固体分羟基丙烯酸树脂的制备．电镀与涂饰，2016，35（6）：281-285．

[31] 勾运书，陈斌，王木立．高固体分树脂研究进展．涂料工业，2015，45（12）：73-77．

[32] 王小刚，马宁博，武建斌，等．一种高固体分环氧防腐涂料的研制．中国涂料，2014，29（1）：27-30．

[33] 王朝晖，周晓红，任志慧，等．快干高固体分丙烯酸改性醇酸树脂及其涂料的制备．上海涂料，2012，50（10）：15-19．

[34] 张学敏．涂料工艺学．2版．北京：化学工业出版社，2006．

[35] 梁治齐，熊楚才．涂料喷涂工艺与技术．北京：化学工业出版社，2006．

[36] 南仁植．粉末涂料与涂装技术．北京：化学工业出版社，2000．

[37] 冯素兰，张昱斐．粉末涂料．北京：化学工业出版社，2004．

[38] 冯素兰，张昱斐．粉末涂料．北京：化学工业出版社，2004．

[39] 刘宁，刘治猛，刘煜，等．紫外固化粉末涂料的合成及固化研究．弹性体，2010，20（1）：23-26．

[40] 南仁植．粉末涂料与涂装实用技术问答．北京：化学工业出版社，2004．

[41] 刘继宪．丙烯酸粉末涂料及其发展．上海涂料，2002，40（4）：18-20．

[42] 张俊智．粉末涂料与涂装工艺学．北京：化学工业出版社，2008．

［43］　冯素兰．国外粉末涂料发展动态（十八）．粉末涂料与涂装，1999，19（4）：1-6.

［44］　张昱斐．UV固化粉末涂料．涂料工业，2002，32（6）：22-24.

［45］　魏杰，金养智．光固化涂料．北京：化学工业出版社，2013.

［46］　武利民．涂料技术基础．北京：化学工业出版社，1999.

［47］　刘栋，张玉龙．建筑涂料配方设计与制造技术．北京：中国石化出版社，2008.

［48］　田建军，李鸣．UV固化水性脂环族环氧丙烯酸酯的研究．化工新材料，2013：112-114.

［49］　庄宏清，肖华．UV固化水性环氧树脂的合成研究．热固性树脂，2008：14-18.

［50］　刘建中，舒武炳．UV固化水性环氧树脂的改性研究．涂料工业，2004：8-10.

［51］　刁兆银，顾嫒娟．UV固化耐热不饱和聚酯树脂的制备与性能研究．工程塑料应用，2010：18-21.

［52］　韩建祥，胡孝勇．UV固化聚氨酯丙烯酸酯涂料的研制及其应用．涂料工业，2013：15-18.

［53］　臧利敏，郭金山．UV固化环氧丙烯酸酯的合成和水性化研究．现代涂料与涂装，2010：37-40.

［54］　徐贵红．UV固化不饱和聚酯树脂在涂料中的应用研究．热固性树脂，2013：36-38.

［55］　柳红霞．新型UV固化多官能度有机硅功能低聚物的合成及应用．有机硅材料，2017：274-280.